高职高专"十三五"规划教材

辽宁省能源装备智能制造高水平特色专业群建设成果系列教材

王 辉 主编

网络设备配置与管理项目化教程

李 静 张松林 李树波 主编

化学工业出版社

·北京·

内 容 提 要

《网络设备配置与管理项目化教程》共 6 个项目，17 个任务，介绍了构建中小型网络工程项目中所涉及的交换、路由、安全以及设备管理等方面的专业技术。按照一般网络项目实施的工作流程，共设计了网络规划与设计、构建交换式局域网、局域网互联技术、网络访问控制和网络设备的管理 5 个项目共 15 个任务，逐步讲解网络拓扑与 IP 地址规划、虚拟局域网 VLAN 技术、生成树、链路聚合、动态主机配置协议 DHCP、静态路由、动态路由、ACL、NAT、PPP 和设备管理等网络组建相关理论和操作技能，最后一个项目以一个典型工程案例分两个任务完成综合项目训练任务。

本书适合作为应用型本科和高职高专计算机类专业的教材，也可以作为网络从业技术人员的学习用书。

图书在版编目（CIP）数据

网络设备配置与管理项目化教程/李静，张松林，李树波主编．
—北京：化学工业出版社，2020.8（2023.2重印）
高职高专"十三五"规划教材　辽宁省能源装备智能制造高
水平特色专业群建设成果系列教材
ISBN 978-7-122-37159-1

Ⅰ.①网…　Ⅱ.①李…②张…③李…　Ⅲ.①网络设备-
配置-高等职业教育-教材②网络设备-设备管理-高等职业
教育-教材　Ⅳ.①TN915.05

中国版本图书馆 CIP 数据核字（2020）第 094115 号

责任编辑：刘丽菲　　　　　　　　　　文字编辑：林　丹　师明远
责任校对：张雨彤　　　　　　　　　　装帧设计：张　辉

出版发行：化学工业出版社（北京市东城区青年湖南街 13 号　邮政编码 100011）
印　　装：天津盛通数码科技有限公司
787mm×1092mm　1/16　印张 14¾　字数 383 千字　2023 年 2 月北京第 1 版第 3 次印刷

购书咨询：010-64518888　　　　　　　售后服务：010-64518899
网　　址：http://www.cip.com.cn
凡购买本书，如有缺损质量问题，本社销售中心负责调换。

定　　价：45.00 元　　　　　　　　　　　　　　　　　　　　版权所有　违者必究

辽宁省能源装备智能制造高水平特色专业群建设成果系列教材编写人员

主　　编：王　辉

副 主 编：段艳超　孙　伟　尤建祥

编　　委：孙宏伟　李树波　魏孔鹏　张洪雷

　　　　　张　慧　黄清学　张忠哲　高　建

　　　　　李正任　陈　军　李金良　刘　馥

前言

随着全球信息化浪潮的到来，建立以网络为核心的工作、学习及生活方式，成为未来发展的趋势。在此背景下，互联网产业的人才需求必将迎来较大的增长，互联网技术人才的培养也迫在眉睫。

本书的编写体现以学生为中心，按照实际网络工程中需要掌握的技能和网络工程师必须具备的知识，以逐步分阶段实践、分层记忆、过程监管的方式来提高教与学两方面的效果。书中详细介绍了网络构建过程中所涉及的网络规划、交换、路由、安全以及广域网、网络接入等领域的专业技术，包括网络拓扑、IP 规划、VLAN、STP/ RSTP/MSTP、链路聚合、DHCP、静态路由、RIP、OSPF、ACL、NAT、PPP 等内容，帮助读者了解网络基础协议知识和网络建设相关技术，掌握网络设备的配置调试方法，了解网络故障的排除思路，帮助读者进行网络建设技术的积累，以便在实际工作中恰当地运用这些技术，解决实际网络建设中遇到的各种问题。

本书针对 H3C 网络设备开展交换机、路由器等硬件的项目实战。项目 1 介绍网络结构规划与 IP 地址规划；项目 2 介绍交换网络 VLAN、生成树、链路聚合以及 DHCP 等技术；项目 3 介绍各种路由技术，包括静态路由、RIP 和 OSPF 等；项目 4 介绍各种网络访问控制技术，包括 ACL、NAT 以及 PPP 等；项目 5 介绍交换机与路由器的远程访问以及文件管理等技术；项目 6 通过一个综合项目，提高读者对网络建设的整体认识。本书既可以作为高职高专计算机类专业的教学用书，也可以作为网络从业技术人员的学习用书。

本书由李静、张松林、李树波主编，共设计了 6 大项目，17 个任务。其中项目 2、项目 5 中任务 5.1 由李静编写，项目 1、项目 3 由张松林编写，项目 4、项目 5 中任务 5.2 和项目 6 由李树波编写。孙伟、高建、高天哲、直敏和佟宏博参与了部分章节的编写工作。院系相关部门领导在教材的编写中给予了大力支持和帮助，在此表示感谢。

由于作者水平有限，书中难免存在不足之处，恳请广大读者批评指正。

编者
2020 年 5 月

目录

项目 1 网络规划与设计 / 001

任务 1.1 网络结构规划与设计 / 002
- 1.1.1 任务目标 / 002
- 1.1.2 技术准备 / 002
- 1.1.3 任务描述 / 011
- 1.1.4 任务分析 / 011
- 1.1.5 任务实施 / 012
- 1.1.6 课后习题 / 014

任务 1.2 网络 IP 地址规划与分配 / 014
- 1.2.1 任务目标 / 015
- 1.2.2 技术准备 / 015
- 1.2.3 任务描述 / 020
- 1.2.4 任务分析 / 020
- 1.2.5 任务实施 / 021
- 1.2.6 课后习题 / 021

项目 2 构建交换式局域网 / 023

任务 2.1 交换机的基本配置 / 024
- 2.1.1 任务目标 / 024
- 2.1.2 技术准备 / 024
- 2.1.3 任务描述 / 037
- 2.1.4 任务分析 / 038
- 2.1.5 任务实施 / 038
- 2.1.6 课后习题 / 038

任务 2.2 虚拟局域网 VLAN 技术 / 039
- 2.2.1 任务目标 / 039
- 2.2.2 技术准备 / 039
- 2.2.3 任务描述 / 057
- 2.2.4 任务分析 / 057
- 2.2.5 任务实施 / 058
- 2.2.6 课后习题 / 058

任务 2.3 生成树协议 STP / 059
- 2.3.1 任务目标 / 059
- 2.3.2 技术准备 / 059
- 2.3.3 任务描述 / 081

CONTENTS 目录

　　2.3.4　任务分析 / 081
　　2.3.5　任务实施 / 081
　　2.3.6　课后习题 / 081
任务 2.4　链路聚合技术 / 083
　　2.4.1　任务目标 / 083
　　2.4.2　技术准备 / 083
　　2.4.3　任务描述 / 093
　　2.4.4　任务分析 / 094
　　2.4.5　任务实施 / 094
　　2.4.6　课后习题 / 094
任务 2.5　动态主机配置协议 DHCP / 095
　　2.5.1　任务目标 / 095
　　2.5.2　技术准备 / 096
　　2.5.3　任务描述 / 104
　　2.5.4　任务分析 / 105
　　2.5.5　任务实施 / 105
　　2.5.6　课后习题 / 105

任务 3.1　静态路由部署与配置 / 106
　　3.1.1　任务目标 / 106
　　3.1.2　技术准备 / 106
　　3.1.3　任务描述 / 116
　　3.1.4　任务分析 / 116
　　3.1.5　任务实施 / 116
　　3.1.6　课后习题 / 118
任务 3.2　RIP 路由部署与配置 / 119
　　3.2.1　任务目标 / 119
　　3.2.2　技术准备 / 119
　　3.2.3　任务描述 / 133
　　3.2.4　任务分析 / 133
　　3.2.5　任务实施 / 133
　　3.2.6　课后习题 / 133
任务 3.3　OSPF 路由部署与配置 / 134
　　3.3.1　任务目标 / 134

项目 3
局域网互联技术

106

3.3.2 技术准备 / 134
3.3.3 任务描述 / 145
3.3.4 任务分析 / 146
3.3.5 任务实施 / 146
3.3.6 课后习题 / 146

任务 4.1 访问控制列表 ACL / 149
4.1.1 任务目标 / 149
4.1.2 技术准备 / 149
4.1.3 任务描述 / 158
4.1.4 任务分析 / 159
4.1.5 任务实施 / 159
4.1.6 课后习题 / 163

任务 4.2 网络地址转换技术 NAT / 164
4.2.1 任务目标 / 164
4.2.2 技术准备 / 164
4.2.3 任务描述 / 179
4.2.4 任务分析 / 180
4.2.5 任务实施 / 180
4.2.6 课后习题 / 185

任务 4.3 广域网技术 PPP / 187
4.3.1 任务目标 / 187
4.3.2 技术准备 / 187
4.3.3 任务描述 / 193
4.3.4 任务分析 / 194
4.3.5 任务实施 / 194
4.3.6 课后习题 / 201

任务 5.1 网络设备远程访问管理 / 204
5.1.1 任务目标 / 204
5.1.2 技术准备 / 204
5.1.3 任务描述 / 210

项目 4
网络访问控制

148

项目 5
网络设备的管理

203

5.1.4 任务分析 / 210
5.1.5 任务实施 / 210
5.1.6 课后习题 / 211

任务 5.2 网络设备文件管理 / 211
5.2.1 任务目标 / 212
5.2.2 技术准备 / 212
5.2.3 任务描述 / 220
5.2.4 任务分析 / 220
5.2.5 任务实施 / 220
5.2.6 课后习题 / 220

项目 6 综合实训项目 / 221

任务 6.1 项目背景 / 221
6.1.1 项目描述 / 221
6.1.2 网络拓扑 / 221
6.1.3 服务规划 / 221

任务 6.2 云计算网络构建 / 223
6.2.1 PPP 部署 / 223
6.2.2 链路聚合 / 223
6.2.3 虚拟局域网 / 223
6.2.4 IPv4 地址部署 / 224
6.2.5 IPv4 IGP 路由部署 / 225
6.2.6 IPv4 BGP 路由部署 / 225
6.2.7 路由优化部署 / 225
6.2.8 PBR / 226
6.2.9 MSTP 及 VRRP 部署 / 226
6.2.10 QoS 部署 / 227
6.2.11 设备与网络管理部署 / 227

参考文献 / 228

项目 1 网络规划与设计

随着计算机网络的发展，人们对网络的依赖程度逐步增加，对网络的性能提出更高的要求。科学而合理的网络规划与设计是成功构建网络的前提，关系到计算机网络各个方面的性能与应用。

项目1包括如下2个训练任务：

任务1.1　网络结构规划与设计；

任务1.2　网络IP地址规划与分配。

通过以上2个任务的学习和技能训练，能够实现对一个校园网络的网络结构以及IP地址的规划与设计，掌握网络规划与设计的相关知识与技能。

任务1.1介绍了网络的拓扑结构、网络的层次化结构设计以及设备选型的相关知识，训练学生网络拓扑结构设计的能力。

任务1.2通过介绍IP地址的分类和作用、IP子网划分等知识，使学生掌握网络IP地址规划与分配的技能。

任务 1.1　网络结构规划与设计

在充分满足用户对网络的需求的同时，遵循可靠性、经济性、实用性、可扩展性和可管理性等原则，选择合理的网络设备来构建层次化的网络结构。通过对本项目的学习能够了解网络层次化设计的优点、组网设备的选择以及根据需求规划设计校园网络拓扑结构。

需解决问题
1. 网络各层的功能及特点。
2. 不同层次化网络中各种网络设备的应用场合。
3. 分析客户需求，选择网络设备，进行网络拓扑结构设计。

1.1.1　任务目标

3A 网络技术有限公司承接某大学校园网络组建项目，通过与客户的前期沟通与交流，公司网络设计人员要根据客户提出的要求，完成校园网络的结构规划与设计，充分考虑业务目标和技术需求，制定相关拓扑结构以及选择能满足需求的网络设备。

1.1.2　技术准备

1.1.2.1　理论知识

（1）网络概述

计算机网络是利用通信设备和传输线路，将分布在不同地理位置的具有独立功能的多个计算机系统连接起来，通过网络通信协议、网络操作系统实现资源共享及传递信息的系统。

建设计算机网络的目的是提供服务和降低设备费用。网络使得计算机之间可以共享资源，对于用户来说，计算机网络提供的是一种透明的传输机构，用户在访问网络共享资源时，可以不考虑这些资源的物理位置，以网络服务的形式来提供网络功能和透明性访问。主要的网络服务有文件服务、打印服务、电子邮件服务（E-mail）、信息发布服务等。图 1-1 为现代计算机网络的组网结构图。

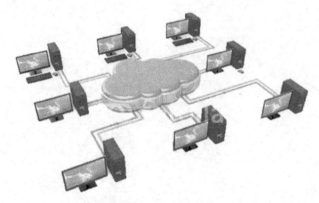

图 1-1　现代计算机网络的组网结构图

（2）网络分类

按网络所覆盖的地理范围，计算机网络可分为局域网、城域网、广域网，三者之间的差异主要体现在覆盖范围和传输速率上。

① 局域网。局域网覆盖范围较小，通常限于几公里之内，如一个办公室、几栋楼、一个大院区等，传输速率为10兆比特每秒到百兆比特每秒，甚至可以达到千兆比特每秒。局域网主要用来构建一个单位的内部网络如学校的校园网、企业的企业网等。局域网通常属单位所有，单位拥有自主管理权，以共享网络资源为主要目的，例如共享打印机和数据库。局域网的特点是传输速率高、组网灵活、成本低。

② 城域网。城域网覆盖范围通常为一座城市，从几公里到几十公里，传输速率为百兆比特每秒以上，它是对局域网的延伸，用于局域网之间的连接。城域网主要指城市范围内的政府部门、大型企业、机关、公司、ISP、电信部门、有线电视台和市政府构建的专用网络和公用网络，可以实现大量用户的多媒体信息的传输，包括语音、动画和视频图像以及电子邮件及超文本网页等。

③ 广域网。广域网覆盖范围很大，一般为几个城市、一个国家甚至全球。广域网主要指使用通信网所组成的计算机网络，如Internet。广域网的特点是地理范围没有限制、容易出现错误、可以连接多种局域网和成本高等。

（3）网络的拓扑结构

网络拓扑结构是指抛开网络中的具体设备，如服务器、交换机、计算机等，将其抽象为"点"，把网络中的传输介质抽象为"线"，由这种"点"和"线"组成的几何图形就是网络拓扑。

网络拓扑结构主要有四种结构：总线型、星型、环型、网状。

① 总线型拓扑结构。总线型拓扑结构是将网络中所有的主机直接连接到共享的总线上，即所有主机共用一根传输介质，如图1-2所示。因为所有主机共享传输介质，主机之间通信时易产生数据碰撞，即冲突。总线型拓扑结构是传统的以太网使用的拓扑结构，因为缺点突出，采用半双工的通信方式，逐渐被可以实现全双工通信的星型拓扑结构代替。

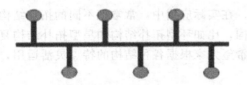 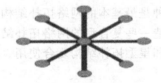

图1-2 总线型拓扑结构　　　　图1-3 星型拓扑结构

总线型拓扑结构的优点主要是：结构简单，建设成本低；主机接入易于实现，便于扩展；布线简单，易于实施；可靠性高。其缺点是：由于多个节点共享一条传输信道，需要竞争总线，容易产生冲突；用户数越多，信道利用率越低；故障诊断和隔离比较困难。

② 星型拓扑结构。星型拓扑结构是目前应用最广、实用性最好的一种拓扑结构。

星型拓扑结构是以中心节点为中心，通过中心节点连接其他各节点组成的网络，如图1-3所示。多个节点与中心节点通过点到点的方式连接，由中心节点对通信采取集中控制方式，因此中心节点相当复杂，负荷比其他各节点重得多。

星型拓扑结构的优点是：网络结构简单，便于控制和管理；网络扩展容易；网络时延较小。这种结构的缺点是：中心节点负荷太重，如果中心设备失效就会导致网络瘫痪，所以要选用高可靠性、容错性高的设备。

星型拓扑结构一般应用于局域网接入层的 PC 机与交换机以及交换机与交换机之间的连接。星型的扩展就是树型，在局域网中交换网络一般都是采用树型结构来组网的。

③ 环型拓扑结构。环型拓扑结构中各节点连在一条互相连接的闭合环形通信线路中，如图 1-4 所示。环上任何节点均可请求发送信息。环型拓扑结构网络信息传递的主要特点是信息在网络中沿固定方向流动，两个节点间只有一条通路，避免了数据在传输介质中发生冲突。通信的控制分散在每个节点上。

环型拓扑结构的优点是：传输控制机制比较简单，数据传输的方向固定。其缺点也很突出，主要有：网络不便于扩充；可靠性低，一个节点出现故障，将会造成全网瘫痪；维护难度大，对发生故障定位困难。

④ 网状拓扑结构。网状拓扑结构分为完全网状和部分网状两种拓扑结构。
完全网状拓扑结构是指每个节点均与其他每一个节点直接相连，每个节点到达其他节点有多条通路可以选择，如图 1-5 所示。

不难看出，完全网状结构的优点是多条链路提供了冗余连接，网络可靠性高，通信路径灵活，可以适应多种传输速率和通信的需求，它的缺点是网络结构复杂，建设成本高，维护工作量大。

 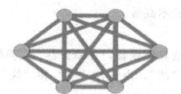 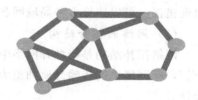

图 1-4　环型拓扑结构　　　图 1-5　完全网状拓扑结构　　　图 1-6　部分网状拓扑结构

部分网状拓扑结构又称为无规则型拓扑结构，如图 1-6 所示。节点间的连接是任意的，不存在规律，既克服了完全网状的缺点，同时也保留了完全网状的优点，是广域网中最常采用的一种形式，因特网的通信子网部分就是采用这种结构，利用分组交换技术实现通信。

以上四种是最基本的网络拓扑结构，在实际应用中，常常把不同的拓扑结构类型复合起来使用，构造一些复合型的网络拓扑结构，比如环型拓扑结构和星型拓扑结构复合应用，网状拓扑结构和星型拓扑结构复合使用。希望大家根据各种结构的特点灵活运用，去分析或者设计网络。

（4）层次化网络结构

在组建计算机网络时，为了使网络工作更有效率，工程人员普遍采用三层结构的层次化网络结构设计。

层次化网络结构设计能将复杂的网络设计分成不同的层次，每个层次重点解决某些特定问题，使复杂的大问题变成若干简单小问题进行解决。层次化网络设计能够从物理、逻辑和功能等多角度出发进行设计，将网络划分为接入层、汇聚层和核心层，如图 1-7 所示。

每一层都执行特定的功能和应用，同时为其他各层提供服务，互相协调工作带来最高的网络性能。接入层为用户提供对网络的访问接口，是整个网络的可见部分，也是用户与该网的连接场所，如图 1-8 所示。

接入层通常包括实现 LAN 设备（例如工作站和服务器）互联的第二层交换机，可以建立独立的冲突域，也可以运用 ACL、端口安全等技术来部署接入安全用户的安全接入控制策略。此外接入层的另一个工作是建立工作组主机和汇聚层的链接。

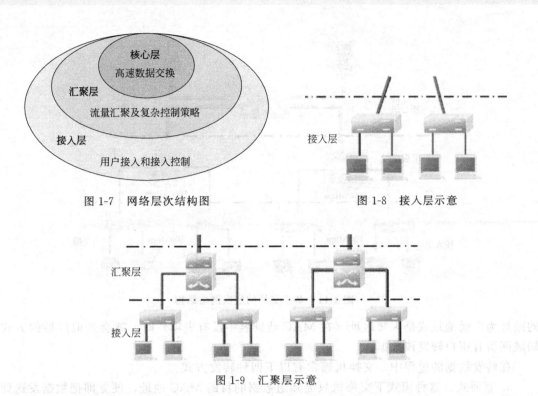

图 1-7　网络层次结构图　　　　图 1-8　接入层示意

图 1-9　汇聚层示意

汇聚层负责将接入层路径进行汇聚和集中以及连接接入层和核心层，如图 1-9 所示。除此之外，汇聚层可以通过 LAN 来划分广播域，更重要的是可以利用三层功能实现接入层中不同网段间的通信，以减轻核心层转发不同网段数据的压力，并且汇聚层可以采用 ACL 等安全技术实现某网段或某几个网段的安全访问策略，即工作组级的安全访问控制。

核心层如图 1-10 所示，为网络提供了骨干组件或高速交换组件，主要完成网络中的数据高速转发任务，又因为核心层是网络连通的关键环节，所以它提供了高可靠、可冗余、能快速升级等特点，以保证网络数据的高速转发和网络的稳定性，并且能够快速地适应路由选择和拓扑的变更。

图 1-10　核心层示意

在局域网中，基于交换的层次网络结构示例如图 1-11 所示。

（5）交换机与路由器

局域网中最主要的网络设备是交换机和路由器，下面分别对两种设备进行简单介绍。

① 交换机。交换机是一个扩大网络规模的通信设备，能使更多的计算机连接到网络。目前，以太网技术已成为当今最重要的一种局域网组网技术，通常所说的交换机也就是普遍使用的以太网交换机。

传统以太网的共享式工作机制限制了数据传输的速率，也限制了网络的规模，而交换机的出现克服了传统以太网的缺点，从而使以太网得到飞速发展。它的工作原理和 MAC 地址表是分不开的。一般情况下，每个用户都有特定的网卡，而每个网卡都有自己特定的标识，这个标识就是 MAC 地址。MAC 地址表里存放了网卡的 MAC 地址与交换机相应端口的对应关系，当连接到交换机的一个网卡向另外一个网卡发出数据到达交换机后，交换机会在 MAC 地址表中查找该目的 MAC 地址与端口的对应关系，从而从对应的端口转发出去，而不再像集线器一样把所有数据都广播到局域网。当然也有特殊情况，当交换机收到的数据目

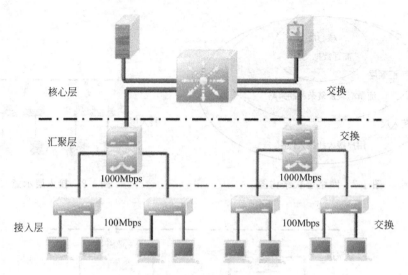

图 1-11 基于交换的层次网络结构

的地址为广播地址或是未知地址（在 MAC 地址表中没有表项）时，就会采取广播的方式向局域网所有用户转发该数据。

在转发数据的过程中，交换机通常有以下四种转发方式：

a. 直通式。这种模式下交换机只需知道数据的目的 MAC 地址，便立即把数据发送到目的端口。它的优点是不需要存储，延迟非常小，交换非常快；但缺点是由于没有缓存，数据内容不能被交换机保存，因此无法检查所传送的数据是否有误，不能提供错误检测能力，而且容易丢包。

b. 存储转发式。这种模式下交换机是将输入端口的数据先存储起来，然后进行检查，在对错误处理后，才取出数据目的地址，通过查找 MAC 地址表，转换成输出口送出数据，由于这种方式可以对进入交换机的数据进行错误检测，使网格中的无效帧大大减少，因此可有效地改善网格性能，但缺点是由于需要存储再转发，导致数据处理时延大。然而随着 ASIC 专用集成电路成本的降低以及处理器速度的增加，使得交换机可以在很短的时间内完成整数个数据帧的检查，因此这种交换方式应用比较广泛。

c. 碎片隔离。这种模式是上述两种模式的综合，它检查数据的长度是否够 64 字节，如果小于这个值说明是假包，则丢弃该包，如果大于这个值则发送该包。这种方式也不能提供数据校验，它的数据处理速度比存储转发式快，比直通式慢。

d. 智能交换。这种模式集中了直通式和存储转发式两者的优点，只要可能，交换机总是采用直通式模式，但是一旦网络出错率超过了事先设定的阈值，交换机将采用存储转发模式工作，当网络出错率下降后又重新开始直通模式工作。

按照 OSI 的七层网络模型，交换机可以分为二层交换机和三层交换机，它们分别工作在数据链路层和网络层，执行不同的网络功能。二层交换机技术发展比较成熟，它是属于数据链路层的设备，可以识别数据帧中的 MAC 地址信息，根据 MAC 地址进行转发，并将这些 MAC 地址与对应的端口记录在自己内部的一个地址表中，这个表称为 MAC 地址-端口对应表。三层交换机既工作在数据链路层也工作在网络层，将交换机和路由的功能都融在一起。交换机是由硬件转发数据，而路由器是由软件转发数据，三层交换机把网络层的数据也实现用硬件进行转发，所以三层交换机充分提高了转发数据的速度。这也是三层交换机的最大亮点，所以价格也是比较昂贵的，它用于在局域网内部实现各 VLAN 间的数据转发与路由选择。

交换机的产品型号很多,通常分为数据中心交换机和园区交换机两个系列产品。而园区交换机又可以分为核心层交换机、汇聚层交换机和接入层交换机。

以 H3C 产品为例,详细产品系列清单如表 1-1 所示。

表 1-1 H3C 交换机产品清单

数据中心交换机产品	
H3C S12500 系列核心路由交换机	H3C S10500 系列核心交换机
H3C S9500E 系列路由交换机	H3C S7500E 系列高端多业务路由交换机
H3C S6800 系列交换机	H3C S5800 系列交换机
H3C S5500 系列以太网交换机	H3C S5120 系列以太网交换机
园区交换机产品	
H3C S5800 系列交换机	H3C S5500 系列以太网交换机
H3C S5120 系列以太网交换机	H3C S5028 以太网交换机
H3C S5000E 系列全千兆安全智能交换机	H3C S5000 系列以太网交换机
H3C S5000 以太网交换机	H3C S3610 系列多协议交换机
H3C S3600 系列以太网交换机	H3C S3600V2 系列以太网交换机
H3C S3100 系列以太网交换机	H3C S2100 系列以太网交换机
H3C S1600 系列安全智能交换机	H3C S1500 系列以太网交换机
H3C S1200 系列以太网交换机	H3C S1000 系列以太网交换机
H3C E 系列以太网交换机	

产品详细参数这里就不再赘述,请参考设备说明手册。

② 路由器。路由器可以用于连接不同的局域网或广域网,故称为"网关"。一个路由器可以连接两个局域网,或者一个局域网和一个广域网,或者是两个广域网,它会根据信道的情况自动选择和设定路由,以最佳路径按前后顺序发送信号。

路由器工作在 OSI 模型的网络层,其工作模式与二层交换机相似,但路由器工作在第三层,这个区别决定了路由和交换在传递包时使用不同的控制信息,实现功能的方式就不同。

路由器工作原理是在路由器的内部也保存着一个表叫"路由表",这个表所指出的是如果一个报文要去某一个目的地,它下一步应该向哪里走,如果能从这个路由表中找到报文下一步往哪里走,那么就再把数据链路层的信息加上后转发出去。如果从这个路由表中找不到报文下一步应该往哪里走,即不能知道报文下一步走向哪里,则路由器将此包丢弃,然后返回一个信息交给发送这个报文的主机。

路由技术实质上来说就是两个功能:先决定最优路由,再转发报文。路由表中保存着各种路由信息,先由路由算法计算出到达目的地址的最佳路径,然后由相对简单直接的转发机制发送报文。接收报文的下一台路由器依照相同的工作方式继续转发,以此类推,直到报文到达目的路由器。

路由器广泛应用在广域网技术中,在局域网中,路由器一般在出口处与 ISP 的路由器进行连接,实现局域网接入广域网,进而满足局域网内主机访问 Internet 的需求。

H3C 公司的路由器产品(根据性能的高低)主要包括 CR 系列核心路由器、SR 系列高端路由器、MSR 系列开放多业务路由器和 ER 系列低端路由器等系列产品。详细产品系列清单如表 1-2 所示。

表 1-2 H3C 路由器产品清单

CR 系列核心路由器	
H3C CR19000 集群路由器	H3C CR16000 核心路由器
SR 系列高端路由器	
H3C SR8800 路由器	H3C SR6600 路由器
H3C SR6602-X 路由器	H3C SR6602 万兆网关
MSR 系列开放多业务路由器	
H3C MSR50-40[60]路由器	H3C MSR50-06 路由器
H3C MSR30 路由器	H3C MSR20-2X[40]路由器
H3C MSR20-1X 路由器	H3C MSR900 路由器
ER 系列路由器	
H3C ER8300 千兆路由器	H3C ER6300 千兆路由器
H3C ER5200 企业级双核宽带路由器	H3C ER3260 企业级宽带路由器
H3C ER3200 企业级宽带路由器	H3C ER3100 企业级 VPN 宽带路由器
H3C ER5100 企业级双核宽带路由器	H3C ER2100 企业级路由器
H3C ER2210 C 3G 路由器	

与交换机类似,路由器设备具体参数请参考设备手册。

(6) 组网设备选型

① 组网设备选型原则。在设备选型时要依据网络对设备功能、性能参数的要求来判定设备型号。设备选型是网络方案规划设计的一个重要方面,应当遵循以下原则。

a. 厂商的选择。所有网络设备尽可能选取同一厂家的产品,这样在设备可互联性、协议互操作性、技术支持和价格等方面都更有优势。从这个角度来看,产品线齐全、技术认证队伍力量雄厚、产品市场占有率高的厂商是网络设备品牌的首选。其产品经过更多用户的检验,产品成熟度高,而且这些厂商出货频繁,生产量大,质保体系完备。但作为设备选型人员,不应依赖于任何一家的产品,应能够根据需求和费用公正地评价各种产品,选择最优的。在制定网络方案之前,应根据用户承受能力来确定网络设备的品牌。

b. 扩展性考虑。在网络的层次结构中,主干设备选择应预留一定的能力,以便将来扩展,而低端设备则够用即可,因为低端设备更新较快,且易于扩展。由于企业网络结构复杂,需要交换机能够支持多种接口,例如光口和电口,百兆、千兆和万兆端口,以及多模光纤接口和长距离的单模光纤接口等。其交换结构也应能根据网络的扩容灵活地扩大容量。其软件应具有独立知识产权,应保证其后续研发和升级,以保证对将来新业务的支持。

c. 根据方案实际需要选型。主要是在参照整体网络设计要求的基础上,根据网络实际带宽性能需求、端口类型和端口密度选型。如果是旧网改造项目,应尽可能保留并延长用户对原有网络设备的投资,减少在资金投入方面的浪费。

d. 选择性能价格比高、质量过硬的产品。为能以较低的成本、较少的人员投入来维持系统运转，网络开通后，会运行许多关键业务，因而要求系统具有较高的可靠性。全系统的可靠性主要体现在网络设备的可靠性，其次是核心骨干交换机的可靠性以及线路的可靠性。作为骨干网络节点，核心交换机、汇聚交换机和接入交换机必须能够提供完全无阻塞的多层交换性能，以保证业务的顺畅。

e. 可管理性。一个大型网络可管理程度的高低直接影响着运行成本和业务质量，因此网络中所有的节点都应是可网管的，而且需要有一个强有力且简洁的网络管理系统，能够对网络的业务流量、运行状况等进行全方位的监控和管理。

f. 可靠性与安全性。随着网络的普及和发展，各种各样的攻击也在威胁着网络的安全，不仅仅是接入交换机，骨干层次的交换机也应考虑安全防范的问题，例如访问控制、带宽控制等，从而有效控制不良业务对整个骨干网络的侵害。

g. QoS 控制能力。随着网络上多媒体业务流（如语音、视频等）越来越多，人们对核心交换节点提出了更高的要求，不仅要能进行一般的线速交换，还要能根据不同的业务流的特点，对它们的优先级和带宽进行有效的控制，从而保证重要业务和时间敏感业务的顺畅。

h. 标准性和开放性。由于网络往往是一个具有多种厂商设备的环境，因此，所选择的设备必须能够支持业界通用的开放标准和协议，以便能够和其他厂商的设备有效地互通。

② 选择网络设备。网络是由设备组建起来的，在了解了层次化网络结构和网络设备后，在相应的网络层次选择合适的网络设备显得非常重要，网络设备的选择与各网络层次需要提供的功能有关。

接入层需要提供二层数据的快速转发，支持多用户的接入，提供和链路层的设备连接的高带宽设备，支持 ACL、端口安全等安全功能，保证安全接入，支持网络远程管理。满足这些需要的设备主要是安全二层交换机，如 H3C E528、H3C S3100 和 H3C S3600 等。

汇聚层需要提供不同 IP 网络之间的数据转发，具有高效的安全策略管理能力，提供高带宽链路，支持提供负载均衡和自动冗余链路，支持远程网络管理。由于需要提供 IP 网络之间的数据转发，因此满足这些需要的是三层交换机，如 H3C S3600、H3C S5100、H3C S5200、H3C S5500、H3C S5600 和 H3C S5800 等。

核心层设备需要提供高速数据交换、高稳定性、路由功能，以及提供数据负载均衡和自动冗余链路。典型的设备有 H3C S12500、H3C S10500、H3C S9500 和 H3C S7500 等。

在某些网络环境中，汇聚层并不一定采用三层设备，采用二层设备也可以实现。采用三层设备的好处是可以分担核心层的路由压力，使网络规划和管理更灵活。

1.1.2.2 实践技能

（1）小型校园网组网配置方案

根据层次网络结构设计以及 H3C 网络设备特性，由于中小学校园网络规模较小，信息点在 100 个以下，数据流量不会很大，并且校园对网络的依赖性不会很强，因此核心层选择单核心即可，核心设备性能要求也不需要很高。由于节点数很少，因此接入层交换机直接连接到核心交换机。依据需求分析，进行设备选型以及绘制网络拓扑结构，如图 1-12 所示。

校园网核心设备选择 H3C S5500-28C-EI，该设备支持 128GB 的交换容量，满足大量千兆设备的接入和线速转发，同时支持 96GB 的堆叠带宽，支持万兆接口和 IPv6 协议的扩展，极大地方便了今后设备的升级，支持双电源输入，提高了设备的可靠性。

网络出口要求高吞吐量，支持多出口路由等功能，H3C MSR30-16 设备的明文吞吐量高达 180kbps，加密性能高达 200Mbps，支持 RIP/OSPF/BGP 路由策略及策略路由，一台

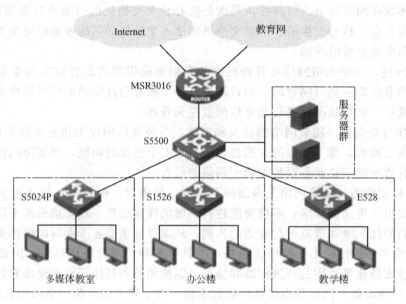

图 1-12 小型校园网网络拓扑结构

设备同时满足防火墙、VPN、路由功能，节省了投资。

对于办公区、教学区、实验区和图书室等区域，一般要求千兆上行，百兆接入，同时对安全也有要求。E528 交换机具有 12GB 的交换容量，支持端口和 MAC 的绑定、双向端口镜像、端口限速和广播风暴抑制，保证了教师和学生使用网络的安全。

对于多媒体教室，多媒体课件需要消耗很大的带宽，因此千兆接入成为主流技术。S5024P 全千兆交换机具有极高的性价比，支持 48GB 的交换容量，可以保证所有端口全千兆线速转发，以及多媒体教学的质量和效果，而价格只相当于普通百兆交换机的价格。

此方案拓扑图中所给出的设备型号都是中小型校园中所采用的主打设备，如果考虑资金，也可以采用低价设备，也会满足网络需求，这里就不再列举。

(2) 中型校园网组网配置方案

网络拓扑结构及设备型号如图 1-13 所示。

中型校园网的信息点数基本在 500 个以下，网络核心要求更高的可靠性和更大的扩展性。H3C S7502 有高达 192GB 的交换容量，支持双主控和双电源设计，保证了校园网的高性能和高可靠性，同时具有很高的性价比，是非常理想的中型校园核心设备。

网络出口要求高转发性能和较强的安全控制策略。MSR50-06 路由器是教育行业唯一一款支持千兆线速转发的路由器，转发率高达 600Mbps，带机量高达 500～1000 台，同时支持丰富的安全特性，支持防攻击和应用过滤等功能，可以充分保证校园网的安全。

对于办公区、教学区、实验区和图书室等区域，要求千兆上行、百兆接入，同时要考虑安全，E126SI 交换机具有 128GB 的交换容量，支持端口和 MAC 的绑定、双向端口镜像、端口限速和广播风暴抑制，保证了教师和学生使用网络的安全。同时 E126SI 支持上行口光电接口复用，灵活方便，采用无风扇静音设计，符合 ROLS 绿色环保标准。

对于多媒体教室，交换机 S5100-24P-SI 支持全千兆线速转发，有强大的 QoS 和安全能力，充分保证了多媒体课件的教学效果。

设备的选择方案不唯一，可以根据需求以及预算选择其他设备。

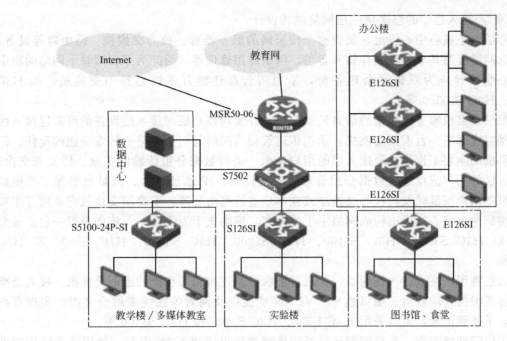

图 1-13 中型校园网网络拓扑结构

1.1.3 任务描述

某高校随着学校网上教学和学生网上应用的增长，校园网以光纤连接了全校近 20 栋楼宇，覆盖了 90% 的教学办公场所和 75% 的学生宿舍。共有 2 万多个网络端口，其中 1.2 万多个布线端口连通了网络设备，共接入计算机 6000 多台，有固定注册用户约 6000 人。原有网络设备已经无法满足新环境下的网络应用，因此该校决定重新规划建设校园网，3A 网络技术有限公司承建此项目，通过前期沟通得出新建网络需要满足如下要求。

① 要适应学校的网络特点要求。用户数量庞大，网络应用复杂，不能在终端上限制网络用户行为，只能在网络设备上解决网络问题。

② 要能够达到轻载要求。低负载，高带宽，简单，有效。

③ 要具有先进的技术性。支持线速转发，具备高密度的万兆端口，核心设备支持 T 级以上的背板设计，硬件实现 ACL、QoS、组播等功能。

④ 要稳定，可靠。确保物理层、链路层、网络层、病毒环境下的稳定、可靠。

⑤ 要有健壮的安全性。不以牺牲网络性能为代价，实现病毒和攻击的防护、用户接入控制，路由协议安全。

⑥ 要易于管理。具备网络拓扑发现、网络设备集中统一管理、性能监视和预警、分类查看管理事件的能力。

⑦ 要能实现弹性扩展。包括背板带宽、交换容量、转发能力、端口密度、业务能力的可扩展。

完成本项目的拓扑结构设计以及网络设备选型。

1.1.4 任务分析

综合上述需求，考虑建成后的校园网络具有大规模、大流量分布式应用服务的特点，整个校园网络系统设计是"万兆主干、千兆支干、百兆交换桌面"，校园网络结构应采用"核心层-汇聚层-接入层"的层次化三层网络结构设计。

核心层处于核心中心机房，负责整个校园网的服务器群、核心交换机、路由器等设备，包括信息网络资源共享、数据存储和备份、网络应用管理等，因此为了保障骨干网络的稳定性，核心层设计应为双机冗余热备份，采用两台高性能万兆核心路由交换机，如 H3C S12500、H3C S10500 等。

汇聚层负责校园各建筑楼的信息汇聚交换，并实现核心层与接入层设备的可靠连接，因此每栋楼都应部署一台汇聚交换机，承担该建筑楼内网络的网关和路由转发功能的重任。汇聚层交换机的主要工作是汇聚接入层的用户流量，进行数据分组传输的汇聚、转发与交换，根据接入层的用户流量进行数据分组管理、安全控制、IP 地址转换、流量整形等，再根据处理结果把用户流量转发到核心交换层或在本地进行路由处理。汇聚层交换机应采用万兆双链路连接到两台核心交换机构成网络主干为万兆，网络支干为千兆，每栋楼设置一台汇聚交换机，如 H3C S3600、H3C S5100、H3C S5200、H3C S5500、H3C S5600 和 H3C S5800 等。

接入层将用户终端接入到网络，再通过上联链路连接到所在楼的汇聚交换机。接入交换机的选择要根据终端数量、端口速率、VLAN 功能以及网管等性能来综合考虑，实现百兆到桌面，千兆到汇聚，可以采用 H3C E528、H3C S3100 和 H3C S3600 等。

为了保障网络安全，在校园网出口处应该部署防火墙和 VPN 设备。使用防火墙控制外部网络和内部网络之间的访问，通过 VPN 设备方便校外访问内部校园网络。

校园网络中根据需求还要提供各种各样的服务器，对外提供 WWW、DNS 和 FTP 等服务器，对内也要提供教务管理、办公自动化、精品课程和教学资源库等服务器。

在校园网出口处可以部署路由器设备，将校园网接入到相应的 ISP 的路由器上实现校园网络连接到 Internet 上，同时连接到 CERNET 中国教育和科研计算机网。

1.1.5 任务实施

1.1.5.1 网络拓扑规划与设备选型

根据项目分析，构建该项目的拓扑结构，如图 1-14 所示。

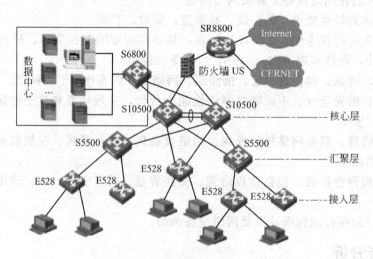

图 1-14 校园网络拓扑结构

校园网络拓扑结构中包含了接入层、汇聚层和核心层，这三层网络构成校园网络的基础，将校园的各间办公室、各间教室、各栋大楼连接起来，形成校园内部网络；同时校园网络还部署了服务器群，为校园的教学和办公提供自动化；为了保障校园网络安全，在出口处部署防火墙实现内外网访问控制；在出口处部署相关的服务提供商，实现校园网络接入 Internet。

根据网络功能以及资金预算，其中出口路由器选择 H3C SR8800，核心层交换机选择 H3C S10508，数据中心交换机选择 H3C S6800，汇聚层交换机选择 H3C S5500 系列交换机，接入层选择 E528 交换机，满足网络功能需求以及扩展性要求。

1.1.5.2 教学项目网络拓扑规划

图 1-14 是 3A 网络技术有限公司承建某高校校园网络项目的网络拓扑结构，考虑教学内容与要求，我们采用一个简化版本来进行模拟调测，如图 1-15 所示。

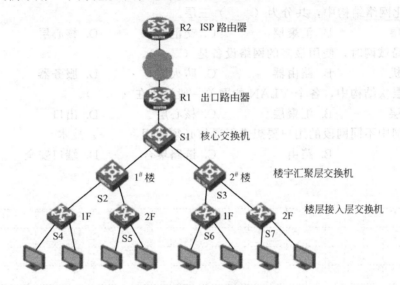

图 1-15　校园网络简化拓扑结构

通过该拓扑图，可以实现交换式网络构建、局域网互联、网络安全接入 Internet 以及网络设备管理等教学内容。

根据网络结构拓扑图进行设备物理连线规划，如表 1-3 所示。

表 1-3　设备物理连线规划

源设备名称	设备接口	接口描述	目标设备名称	设备接口

每一台网络设备都应有一个具体的名称，尤其在网络中交换机数量比较多的情况下，这样有利于管理员对网络的维护和管理。在规划主机名时，一般以地址位置或行政划分+设备型号+编号来为设备命名，如 JXHJ-S5500-01，表示该设备是编号为 1 的型号为 H3C S5500 的教学楼汇聚层交换机。参考例子完成如表 1-4 所示的设备名称规划。

根据上述网络拓扑结构的规划与设计完成网络拓扑搭建，根据设备物理连接表完成设备连接，根据设备名称表完成设备的命名、端口描述以及设备描述等配置信息。

表 1-4　设备名称规划

拓扑图中设备名称	配置主机名（hostname 名）	说明

1.1.6　课后习题

1. 层次化网络结构中，共分为（　　）三层。
   A. 接入层　　　　B. 汇聚层　　　　C. 交汇层　　　　D. 核心层
2. 组建局域网时，使用最多的网络设备是（　　）。
   A. 交换机　　　　B. 路由器　　　　C. 防火墙　　　　D. 服务器
3. 网络层次结构中，各个 VLAN 的网关一般设置在（　　）。
   A. 接入层　　　　B. 汇聚层　　　　C. 核心层　　　　D. 出口
4. 局域网中不同网段的用户要想进行通信必须使用（　　）技术。
   A. 交换　　　　　B. 路由　　　　　C. 链路聚合　　　D. 端口安全

记一记：

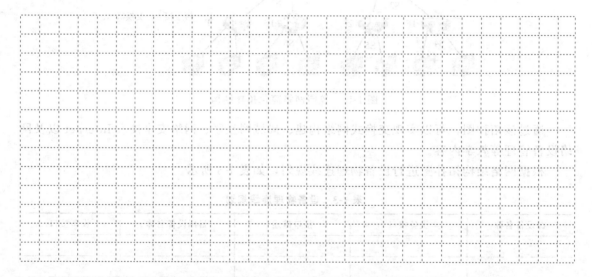

任务 1.2　网络 IP 地址规划与分配

IP 地址规划直接影响网络运行的质量，要坚持唯一性、连续性、扩展性、实意性的原则。在组建内部网络之前，要为网上的所有设备分配一个唯一的 IP 地址。考虑到今后的扩展、维护等问题，内部网的 IP 地址不仅应符合国际标准，还应有规律、易记忆，能反映内部网的特点。不同单位的内部网有各自不同的特点，IP 地址的规划也需要考虑不同的因素。

需解决问题

1. IP 地址的分类与作用。
2. IP 子网地址的划分与应用。
3. 能够根据内网特点进行合理的 IP 地址规划。

1.2.1 任务目标

3A 网络技术有限公司根据校园网需求已经完成网络拓扑结构的设计以及网络设备的选型，接下来该公司要根据校园网的建筑分布、节点数等信息为整个校园网规划 IP 地址。

1.2.2 技术准备

1.2.2.1 理论知识

（1）IP 地址基础知识

IP 地址就是网络中的计算机、交换机、路由器等设备的"身份证"，通过 IP 地址唯一地标识网络中的某一台设备，也是通过 IP 地址实现了网络中任意两台主机间的通信。

1）IP 地址的组成

目前，互联网中仍旧广泛采用 IPv4 作为 IP 地址分配方案。在 IPv4 中，IP 地址由两部分组成：网络号和主机号。网络号标识一个逻辑网络，主机号标识网络中一台主机，如图 1-16 所示。

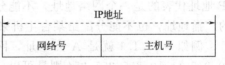

图 1-16 IP 地址结构

在 Internet 中，一台主机至少有一个 IP 地址，而且这个 IP 地址是全网唯一的。IP 地址中的网络号确定了计算机从属的物理网络，主机号确定了该网络上的一台主机。Internet 中的每一个物理网络分配一个唯一的值作为网络号。同一个物理网络中的每台计算机分配一个唯一的主机号，即两个网络不能分配相同的网络号，同一网络内的两台计算机不能分配相同的主机号。但是，一个主机号可以在多个不同的网络中使用。

IP 地址由 32 位二进制数组成，每 8 位为一组，分 4 组。为了便于用户阅读和理解，IP 地址通常采用"点分十进制"方法来表示，也就是说，将 IP 地址分为 4 字节，且每字节用十进制表示，并用点号"."隔开，每一组十进制数值范围是 0～255。点分十进制更便于用户阅读和理解 IP 地址。例如：

二进制地址： 11001010.01110001.00011101.00000111

点分十进制地址： 202. 113. 29. 7

从理论上计算，全部 32 位都可用来表示 IP 地址，可以有 2^{32} 个地址，40 亿多个地址。虽然这个数值十分庞大，但随着 Internet 的发展，已经不能适用于国际互联网的发展需要，地址已经几乎分配用完。因此，在未来的地址规划方案中，IPv6 将具有更强的生命力，它由 16 个 8 位组（共 128 位二进制数）组成，可以提供更多的 IP 地址。

2）IP 地址分类

IP 地址分为网络号和主机号两部分。网络号需要足够的位数，以保证每一个物理网络都能分配到一个唯一的网络号；主机号也需要有足够的位数，同一网络中的每一台计算机都能分配一个主机号。网络号增加一位，主机号相应就减少一位，意味着网络中能容纳的主机数量将减少。可见，网络号位数多，可以容纳的网络也越多，但每个网络能容纳的主机总数将减少。反过来，主机号位数多，每个物理网络能容纳的主机增多，但网络的总数减少。为了能满足 Internet 中各种网络的不同需要，IP 地址空间划分为五类：A 类、B 类、C 类、D 类和 E 类，每类有不同长度的网络号和主机号，具体分配如下。

① A 类地址。如图 1-17 所示，A 类 IP 地址的第 1 字节表示网络号，后 3 个字节表示主机号，并且网络号的第 1 个字节中的第 1 位必须为"0"，其余 7 位表示网络地址。

图 1-17　A 类地址结构

从图 1-17 中可以看出，A 类地址中，网络号由 00000001～01111111，如果用十进制表示则是 1～127，127 是回环地址，不能分配给网络，因此 A 类地址的第 1 字节的数值是 1～126。在每个网络中可以容纳的主机数是 $2^{24}-2=16777214$，可见 A 类网络是个庞大的网络。

在 A 类地址中，主机号位数是 24 位，则主机号一共有 2^{24} 个。主机号全"0"，这样的 IP 地址代表的是一个网络地址，不能分配给主机来使用，主机号全"1"代表的是这个网络的广播地址，也不能分配给某台主机来使用，因此 A 类地址中能容纳的主机数是 $2^{24}-2$ 个。

例如 10.1.1.1 就是 A 类地址，网络地址是 10.0.0.0，广播地址是 10.255.255.255，10.0.0.1～10.255.255.254 则是可以分配给主机使用的 IP 地址。

② B 类地址。如图 1-18 所示，B 类地址是前 2 个字节表示网络号，后 2 个字节表示主机号。其中在网络号的第 1 个字节的前 2 位设为"10"，接下来的 14 位表示网络号。B 类地址最多可以表示 $2^{14}=16384$ 个网络，每个网络拥有 $2^{16}-2=65534$ 台主机。

图 1-18　B 类地址结构

B 类地址的第 1 字节表示为 10000000～10111111，如果用十进制表示，B 类地址的第一个字节在 128～191 之间。

例如 172.168.1.1 就是 B 类地址，其网络地址是 172.168.0.0，广播地址是 172.168.255.255，172.168.0.1～172.168.255.254 则是可以分配给主机使用的 IP 地址。

③ C 类地址。如图 1-19 所示，C 类地址前 3 个字节表示网络号，后 1 个字节表示主机号，其中网络号的第 1 个字节的前三位应为"110"，接下来的 21 位表示网络号。C 类地址可以表示 2^{21} 个网络，每个网络拥有 $2^{8}-2=254$ 台主机。

C 类地址的第 1 字节的表示为 11000000～11011111，如果用十进制表示，C 类地址的第一个字节在 192～223 之间。

例如 192.168.1.1 就是 C 类地址，网络地址是 192.168.1.0，广播地址是 192.168.1.255，192.168.1.1～192.168.1.254 则是可以分配给主机使用的 IP 地址。

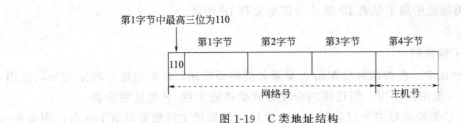

图 1-19　C 类地址结构

A 类、B 类和 C 类地址是可以给主机分配的 IP 地址，还有 D 类是组播地址，E 类是保留或是实验地址。D 类和 E 类地址结构如图 1-20、图 1-21 所示。

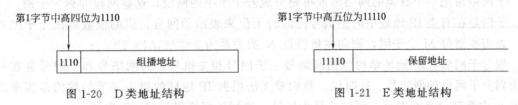

图 1-20　D 类地址结构　　　　　图 1-21　E 类地址结构

表 1-5 总结了 A、B、C 三类 IP 地址的特点。

表 1-5　A、B、C 三类 IP 地址特点

类别	第1字节范围	最大主机数目	地址范围	有效地址范围	网络规模
A	1～126	1677214	1.0.0.0～126.255.255.255	1.0.0.1～126.255.255.254	大
B	128～191	65534	128.0.0.0～191.255.255.255	128.0.0.1～191.255.255.254	中
C	192～223	254	192.0.0.0～223.255.255.255	192.0.0.1～223.255.255.254	小

3）私有地址与公有地址

IP 地址按不同的使用范围，可分为公有地址和私有地址。公有地址是可以直接访问互联网的 IP 地址，而私有地址只能在某个企事业单位的内部局域网中使用。

① 私有地址。私有地址是只能应用于局域网内部，而不能够在互联网上使用的地址。

也就是说，如果在一个连接互联网的网络节点上使用了私有 IP 地址，那么该节点将不能和互联网上的任何其他节点通信，因为互联网的其他节点会认为该节点使用了一个非法的 IP 地址。

在 IP 地址的 A、B、C 类地址中，分别留出了三块 IP 地址空间作为私有的内部使用的地址，它们是 A 类 10.0.0.0～10.255.255.255、B 类 172.16.0.0～172.31.255.255 和 C 类 192.168.0.0～192.168.255.255。这三个地址范围只能应用在局域网内部，在互联网上是不能识别的。并且在不同的局域网内私有地址是可以重复使用的。

由于私有地址无法直接连接到互联网上，因此局域网内部的主机在出网的时候需要将私有地址转换成公有地址后才能与 Internet 上的主机进行通信。

② 公有地址。与私有地址相反，应用于 Internet 中的 IP 地址称为公有地址。公有地址可以访问互联网，由因特网信息中心 InterNIC 负责集中管理，企事业单位的内部局域网如果想要接入到 Internet，就必须根据网络规模向服务提供商申请若干公有 IP 地址，实现内网私有 IP 地址到公有 IP 地址的转换。

A、B、C 类地址中除了私有 IP 地址外都是公有 IP 地址。

(2) 子网划分

1) 子网及子网掩码

在分类 IP 地址中，A 类地址分配给大型服务提供商使用，B 类地址分配给大公司使用，C 类地址分配给一般用户使用。但这样的分配方式会造成大量 IP 地址的浪费。

例如，一个 C 类地址最多可以容纳 254 台主机，但如果主机数量只有 100 台，则多余的 154 个 IP 地址将不能再被使用，造成了 IP 地址的浪费。因此，为了节约 IP 地址，将一个有类地址再划分成若干个小网络，这样便产生了子网与子网掩码。

子网是指把一个有类的网络地址再划分成若干个小的网段，这些网段即称为子网。

子网是在有类 IP 地址中向主机号位借若干位来表示子网号，借的位数取决于子网的个数，如需要划分 M 个子网，则向主机借位 N 的关系为 $2^{N-1}<M\leqslant 2^N$。

划分子网后，IP 地址结构包括网络号、子网号和主机号，而网络号和子网号合在一起称为划分子网后的网络号。这时候，我们就无法根据 IP 地址的第 1 字节的数值范围来决定 IP 地址中哪部分是网络号，哪部分是主机号，这样子网掩码就应运而生了。

子网掩码的格式同 IP 地址一样，是一个 32 位的二进制数，由连续的"1"和连续的"0"构成。与 IP 地址一样也通常用点分十进制来表示。

在子网掩码中，对应于 IP 地址的网络号部分，子网掩码的所有位都设为"1"，对应于 IP 地址的主机号部分，子网掩码的所有位都设置为"0"。因此子网掩码是由一连串的"1"和一连串的"0"构成的，"1"所对应的 IP 地址位是网络地址，而"0"所对应的 IP 地址位是主机地址，因此，可以通过子网掩码来判断一个 IP 地址中哪些位是网络地址，哪些位是主机地址。

例如，IP 地址为 10.10.10.1，子网掩码是 255.255.255.0，则可以知道这个 IP 所在的网络号是 10.10.10，主机号是 1。

子网掩码也可以用子网掩码中"1"的位数来表示，叫做子网掩码长度，用"/+1 的位数"来表示。比如，有一个 IP 地址 192.168.10.2，子网掩码 255.255.255.0，如果用子网掩码长度来表示的话，则是 192.168.10.2/24。用子网掩码长度来表示更加简单。

2) 子网划分方法

子网划分实际上就是设计子网掩码的过程，也就是确定子网掩码长度的过程。具体过程如下。

步骤 1：根据子网中主机数量 M 来确定 IP 地址中主机位数 N，二者满足 $2^N-2\geqslant M$（N 取最小值）。例如，有一个网络主机数为 34，则该网络中 IP 地址中主机位数 N 为 $2^N-2\geqslant 34$，求得 N 的最小值为 6，也就是本子网 32 位的 IP 地址中主机位为 6，其余的 32-6=26 位为网络地址位，也就是子网掩码长度为 26。

步骤 2：确定子网中的地址。如果对一个 C 类地址 192.168.1.0/24 进行子网划分，我们根据步骤 1，可以划分出一个子网，该子网的子网掩码长度为 26，主机位为 6，该网络中的 IP 地址一共有 $2^6=64$ 个，我们从"0"开始分配，则该子网的 IP 地址为 192.168.1.0/26~192.168.1.63/26，共 64 个 IP 地址，第一个 IP 地址 192.168.1.0/26 是该子网的网络地址，最后一个地址 192.168.1.63/26 是该子网的广播地址，从 192.168.1.1/26 ~ 192.168.1.62/26 共 62 个地址是本子网中可以给主机分配的 IP 地址。如果还有其他子网，则根据计算，从 192.168.1.64 开始往后分配。

在子网划分过程中，首先根据网络内主机数量来确定主机位数，进而确定子网掩码长度，再根据主机位数确定该子网中所需要的 IP 地址数，进而确定子网的网络地址、广播地址和可分配的 IP 地址。

在子网划分中，当子网掩码长度为 30 位时，主机位为 2，则可用的 IP 地址个数为 $2^2-2=2$ 个，这种情况下是最小的子网，适合两台路由器之间连接链路的 IP 地址规划。

1.2.2.2 实践技能

为了满足经营、管理的需要，某公司准备建立公司信息化网络。总部办公区设有市场部、财务部、人力资源部、信息技术部、总经理及董事会办公室 5 个部门，各部门信息点具体需求如表 1-6 所示。

表 1-6　各部门信息点分布

部门	市场部	财务部	人力资源部	信息技术部	总经理及董事会办公室
信息点	100	40	17	35	10

由于公网地址紧张，所以在公司内网只能使用私有地址。计划使用 10.0.0.0/23 地址段，完成各部门地址规划。

规划分析如下：

① 首先将 10.0.0.0/23 地址分为 10.0.0.0/24 和 10.0.1.0/24 两部分。

② 各部门 IP 地址规划。

(1) 确定市场部的 IP 地址

根据市场部的信息点数 100 来确定市场部网络 IP 地址的主机地址位数 N，二者应满足 $2^N-2 \geqslant 100 \geqslant 2^{N-1}-2$。通过计算 $N=7$，因此主机地址位数为 7，网络地址位数为 $32-7=25$，也就是子网掩码长度为 25，由于主机地址位数为 7，因此该网络中 IP 地址数为 $2^7=128$，这里以市场部采用 10.0.0.0/24 部分地址进行子网划分为例，则从 10.0.0.0 开始数出 128 个地址分给市场部，市场部 IP 规划应为 10.0.0.0/25～10.0.0.127/25，其中 10.0.0.0/25 是该网络的网络地址，10.0.0.127/25 是该网络的广播地址，可以为主机分配的 IP 地址是 10.0.0.1/25～10.0.0.126/25。

(2) 确定财务部的 IP 地址

根据财务部的信息点数 40，来确定财务部网络 IP 地址的主机地址位数 N，二者应满足 $2^N-2 \geqslant 40 \geqslant 2^{N-1}-2$。通过计算 $N=6$，因此主机地址位数为 6，网络地址位数为 $32-6=26$，也就是子网掩码长度为 26，由于主机地址位数为 6，因此该网络中 IP 地址数为 $2^6=64$，则应从 10.0.0.128 开始数出 64 个地址分给财务部，财务部 IP 规划应为 10.0.0.128/26～10.0.0.191/26，其中 10.0.0.128/26 是该网络的网络地址，10.0.0.191/26 是该网络的广播地址，可以为主机分配的 IP 地址是 10.0.0.129/26～10.0.0.190/26。

(3) 确定人力资源部的 IP 地址

根据人力资源部的信息点数 17，来确定人力资源部网络 IP 地址的主机地址位数 N，二者应满足 $2^N-2 \geqslant 17 \geqslant 2^{N-1}-2$。通过计算 $N=5$，因此主机地址位数为 5，网络地址位数为 $32-5=27$，也就是子网掩码长度为 27，由于主机地址位数为 5，因此该网络中 IP 地址数为 $2^5=32$，则应从 10.0.0.192 开始数出 32 个地址分给人力资源部，人力资源部 IP 规划应为 10.0.0.192/27～10.0.0.223/27，其中 10.0.0.192/27 是该网络的网络地址，10.0.0.223/

27 是该网络的广播地址，可以为主机分配的 IP 地址是 10.0.0.193/27～10.0.0.222/27。

（4）确定信息技术部的 IP 地址

根据信息技术部的信息点数 35，来确定信息技术部网络 IP 地址的主机地址位数 N，二者应满足 $2^N-2 \geqslant 35 \geqslant 2^{N-1}-2$。通过计算 $N=6$，因此主机地址位数为 6，网络地址位数为 $32-6=26$，也就是子网掩码长度为 26，由于主机地址位数为 6，因此该网络中 IP 地址数为 $2^6=64$，但是因为 10.0.0.223～10.0.0.254 一共还剩下 32 个 IP 地址，并不能满足信息技术部的需求，因此这时我们采用 10.0.1.0/24 网段进行子网划分，根据之前的分析，我们知道信息技术部的 IP 规划可以从 10.0.1.0/26～10.0.1.63/26，其中 10.0.1.0/26 是该网络的网络地址，10.0.1.63/26 是该网络的广播地址，可以为主机分配的 IP 地址是 10.0.1.1/26～10.0.1.62/26。

（5）确定总经理及董事会办公室的 IP 地址

根据总经理及董事会办公室的信息点数 10，来确定办公室网络 IP 地址的主机地址位数 N，二者应满足 $2^N-2 \geqslant 10 \geqslant 2^{N-1}-2$。通过计算 $N=4$，因此主机地址位数为 4，网络地址位数为 $32-4=28$，也就是子网掩码长度为 28，由于主机地址位数为 4，因此该网络中 IP 地址数为 $2^4=16$，则可以从 10.0.0.224 开始数出 16 个地址分给总经理及董事会办公室（此时则是从 10.0.0.0/24 网段划分子网），也可以从 10.0.1.64 开始数出 16 个地址分给总经理及董事会办公室（此时则是从 10.0.1.0/24 划分子网）。这里我们将总经理及董事会办公室 IP 规划为 10.0.0.224/28～10.0.0.239/28，其中 10.0.0.224/28 是该网络的网络地址，10.0.0.239/28 是该网络的广播地址，可以为主机分配的 IP 地址是 10.0.0.225/28～10.0.0.238/28。

表 1-7 是对各部门 IP 规划的汇总。

表 1-7 各部门 IP 规划

部门	网络地址	广播地址	可分配地址范围
市场部	10.0.0.0/25	10.0.0.127/25	10.0.0.1/25～10.0.0.126/25
财务部	10.0.0.128/26	10.0.0.191/26	10.0.0.129/26～10.0.0.190/26
人力资源部	10.0.0.192/27	10.0.0.223/27	10.0.0.193/27～10.0.0.222/27
信息技术部	10.0.1.0/26	10.0.1.63/26	10.0.1.1/26～10.0.1.62/26
总经理及董事会办公室	10.0.0.224/28	10.0.0.239/28	10.0.0.225/28～10.0.0.238/28

在对各部门进行 IP 地址规划的时候，先为哪个部门规划，后为哪个部门规划是没有区别的，同学们可以自行尝试其他规划方案。

1.2.3 任务描述

3A 网络技术有限公司要规划高校校园网 IP 地址，该高校共有四个教学部门：机电工程系、建筑分院、化学工程系和财经分院，要求每个教学部门为独立的一个网段，完成 IP 地址规划。

1.2.4 任务分析

IP 地址规划一般包含用户地址规划、设备互联地址规划和设备管理地址规划等。

用户地址规划应根据局域网中的子网数量及每个子网的规模选择合适类型的私网 IP；设备互联地址规划要考虑子网掩码长度为 30；设备管理 IP 地址规划，对于交换网络设备要统一规划管理 VLAN 进行 IP 地址设计，对于路由部分设备要统一规划 loopback 环口 IP 地址。

1.2.5 任务实施

（1）规划用户主机地址

在校园网中，用户地址推荐选择 A 类，即 10.XX.YY.ZZ，其中规划 XX 代表局域网中建筑楼宇的编号，YY 代表该楼宇中根据部门或是房间所划分的 VLAN 编号，ZZ 代表主机标识。子网掩码长度要根据各网段的节点数来确定。两幢教学楼内用户主机地址规划推荐如表 1-8 所示。

表 1-8 用户主机 IP 地址规划

建筑物	编号	系部	IP 地址规划	网关
1#教学楼	101	机电工程系	10.101.10.0/24	10.101.10.254/24
		建筑分院	10.101.20.0/24	10.101.20.254/24
2#教学楼	102	化学工程系	10.102.10.0/24	10.102.10.254/24
		财经分院	10.102.20.0/24	10.102.20.254/24

（2）规划网络设备互联 IP 地址

在局域网内部，网络设备之间的互联网段只需要两个可用的 IP 地址即可，因此规划的 IP 地址子网掩码长度应该为 30 位。在本项目中，网络设备互联网段推荐从 10.100.0.0/24 网段中进行子网划分，可依次规划为 10.100.0.0/30、10.100.0.4/30、10.100.0.8/30、10.100.0.12/30 等，根据校园网络结构进行具体规划设计。

出口路由器与 ISP 路由器的连接链路属于公网范围，应该规划公网 IP 地址，并且该 IP 地址应该是由 ISP 分配的。在教学中，我们可以选择任何一个公网 IP 地址，如 202.1.1.1/30。

（3）规划网络设备管理 IP 地址

在局域网内部，为了实现对设备的有效管理，需要对各设备规划管理 IP 地址。在交换网络中，为每栋大楼内的交换机规划 10.XX.1.YY/24，XX 代表楼宇编号，YY 代表交换机编号，每栋楼中交换机管理 IP 地址的网关是 10.XX.1.254/24，配置在楼宇的汇聚层交换机上。对于路由部分设备要统一规划回环（loopback）环口 IP 地址，这里可以统一规划为 11.0.0.ZZ/32，通过 ZZ 来区分不同设备的身份标识。

以上是针对该项目的 IP 地址规划推荐，读者可以自行规划。

1.2.6 课后习题

1. IP 地址是由（　　）两部分构成的。
   A. 网络地址　　B. 主机地址　　C. 广播地址　　D. 回环地址
2. 主机位全 0 的地址是（　　）。
   A. 网络地址　　B. 广播地址　　C. 组播地址　　D. 主机地址
3. 下列（　　）地址代表所有网络。
   A. 0.0.0.0　　　　　　　　　　B. 169.254.0.0

C. 127.0.0.0　　　　　　　　　　　D. 255.255.255.255

4. 下面关于 IP 地址的说法正确的是（　　）。
A. IP 地址由两部分组成：网络号和主机号
B. A 类 IP 地址的网络号有 8 位，实际的可变位数为 7 位
C. D 类 IP 地址通常作为组播地址
D. 地址转换技术通常用于解决 A 类地址到 C 类地址的转换

记一记：

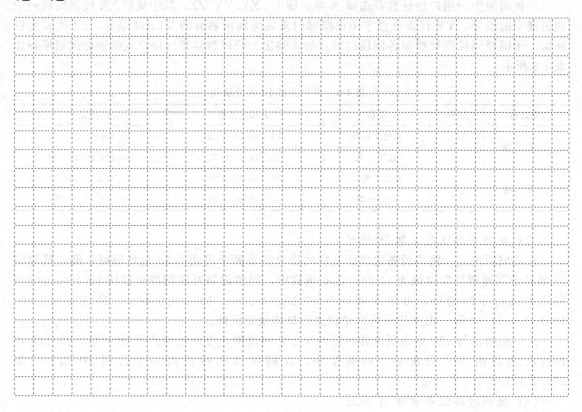

项目 2
构建交换式局域网

高校局域网是以各栋教学楼、实验楼、图书馆以及宿舍楼等建筑内网络为基础而建成的。在完成了网络规划设计、设备选型等项目后，首先要实施的就是完成楼宇建筑内网络的搭建，根据规划进行设备连线以及设备配置，实现楼宇内交换式网络的构建。

项目2包括如下5个训练任务：
任务 2.1　交换机的基本配置；
任务 2.2　虚拟局域网 VLAN 技术；
任务 2.3　生成树协议 STP；
任务 2.4　链路聚合技术；
任务 2.5　动态主机配置协议 DHCP。

任务2.1总体介绍 H3C 交换机 Console 端口登录设备方法、Comware 操作系统的基本操作以及设备的基本配置命令，训练学生网络设备的基本操作能力。

任务2.2通过介绍交换机的工作原理与 VLAN 技术，使学生掌握 VLAN 的划分与基本配置。

任务2.3通过介绍生成树协议 STP 工作原理，使学生掌握冗余网络中防止环路的方法，掌握交换机 STP 特性及配置技能。

任务2.4通过介绍链路聚合技术，使学生掌握链路聚合特性及配置技能。

任务2.5通过介绍动态主机配置协议 DHCP，使学生掌握 DHCP 配置技能。

通过以上五个任务的理论学习与技能训练，使学生掌握交换网络的构建技能，实现楼宇内网络的互联互通，并根据组网需求进行 VLAN 划分、生成树防环配置、聚合端口增加带宽以及实现网络的动态 IP 地址分配等配置以优化交换网络性能。

任务 2.1　交换机的基本配置

通过 Console 端口登录交换机，熟悉 H3C 交换机的各种视图窗口以及 Comware 操作系统的基本操作，并对交换机进行基本操作。

需解决问题
1. 通过 Console 端口访问交换机。
2. Comware 操作系统的基本操作。
3. 交换机的基本配置。

2.1.1　任务目标

3A 网络技术有限公司承接某大学校园网络组建项目，在完成校园网络的规划与设计后，需要通过终端登录交换机设备，熟悉 H3C Comware 基本命令操作，并根据规划实现对交换机的基本配置。

2.1.2　技术准备

2.1.2.1　理论知识

（1）交换机管理方式

交换机管理方式可以分为两种：带外管理和带内管理。带外管理主要是通过控制线连接交换机的 Console 端口和 PC 机的 COM 端口，实现本地访问网络设备，因为不会占用网络带宽，所以叫作带外管理，这种方式是交换机初次使用时所必须采用的登录方式。带内管理有多种方式，如 Telnet 远程登录管理、SSH 远程管理、Web 页面管理以及基于 SNMP 协议的管理等，这些管理方式都会占用网络带宽，所以叫作带内管理，这些管理方式都是以 Console 本地带外管理为基础的。这里我们只讨论学习交换机的带外管理方式，其他的如 Telnet 和 SSH 方式在后续课程学习。

交换机带外方式管理是用控制线连接交换机上的 Console 口和 PC 机的 COM 口。通过 Console 口管理交换机的步骤如下所述。

① 用配置线连接交换机的 Console 口和 PC 机的 COM 口。

② 从【开始】→【程序】→【附件】→【通信】→【超级终端】，打开超级终端程序。

③ 配置超级终端，为连接命名，选择合适的 COM 口，并配置正确参数如表 2-1 所示。也可以单击窗口上的"还原为默认值"，实现表中参数配置。

表 2-1　超级终端配置参数

每秒位数	数据位	奇偶校验	停止位	数据流控
9600	8	无	1	无

完成上述操作，点击"确定"按钮后，就可以成功登录到交换机，进而进行相关操作。

（2）Comware 软件

Comware 是 H3C 网络设备运行的网络操作系统，是 H3C 产品的核心软件平台。它经历了从多产品多平台向统一平台发展和变革的过程。就像计算机的操作系统控制 PC 的作用一样，Comware 负责整个硬件和软件系统的正常运行，并为用户提供管理设备的接口和界面。

Comware 软件平台可以支持不同硬件结构、操作系统、芯片，具有良好的伸缩性和可移植性，是一个具有高度可靠性、可维护性的平台，它具备强大的系统管理功能。

（3）命令行操作基础

H3C Comware 采用基于命令行的用户接口（Command Line Interface，CLI）进行管理和操作，用户可以通过 Console、AUX、Telnet 和 SSH 等多种方法连接到网络设备。为了提高网络的安全性和可管理性，H3C Comware 采用了配置权限的分级控制方法。H3C Comware 还提供了友好的操作界面和灵活而丰富的配置命令，以便用户更好地使用网络设备。

1）命令视图

命令视图是 Comware 命令行接口对用户的一种呈现方式。用户登录到命令行接口后总会处于某种视图之中。当用户处于某个视图中时，就只能执行该视图所允许的特定命令和操作，只能配置该视图限定范围内的特定参数，只能查看该视图限定范围内允许查看的数据。

H3C 设备命令行接口提供多种命令视图，比较常见的命令视图类型包括用户视图、系统视图、接口视图、路由协议视图和用户界面视图等。

① 用户视图。它是网络设备启动后的缺省视图，在该视图下可以查看启动后设备基本运行状态和统计信息，提示符为〈H3C〉。

② 系统视图。它是配置系统全局通用参数的视图，可以在用户视图下使用 system-view 命令进入系统视图，提示符为 [H3C]。

③ 接口视图。配置接口参数的视图称为接口视图。在该视图下可以配置与接口相关的物理属性、链路层特性及 IP 地址等重要参数，在系统视图下使用命令 interface 并指定接口类型及接口编号进入相应的接口视图，提示符为 [H3C-GigabitEthernet1/0/1]。

④ 路由协议视图。路由协议的大部分参数是在路由协议视图进行配置的。比如 OSPF 协议视图、RIP 协议视图等。在系统视图下，使用路由协议启动命令可以进入相应的路由协议视图。

⑤ 用户界面视图。用户界面视图（User-interface-view）是系统提供的一种视图，主要用来管理工作在流方式下的异步接口。通过在用户界面视图下的各种操作，可以达到统一管理各种用户配置的目的。用户界面视图中用得最多的是 VTY（Virtual Type Terminal）虚拟终端用户界面视图，此视图用于配置 VTY 用户界面相关参数。通过 VTY 方式登录的用户使用此界面。VTY 是一种逻辑终端线，用于对设备进行 Telnet 或 SSH 访问。目前每台设备最多支持 64 个 VTY 用户同时访问。

如图 2-1 所示，要进入某个视图，必须进入系统视图。在系统视图下，使用相应的特定命令即能进入某个视图。而要从当前视图返回上一层视图，使用 quit 命令。如果要从任意的非用户视图立即返回到用户视图，可以执行 return 命令，也可以直接按"Ctrl+Z"键。

2）命令行帮助功能

Comware 命令行操作中，初学者会觉得命令复杂，不好记忆，Comware 系统提供方便易用的在线帮助功能，便于用户使用。

①"?"查询。在任意模式下都可以使用"?"来查询命令字符组成、命令格式及其用法。

a. 在任意视图下，键入"?"即可获取该视图下可以使用的所有命令及其简单描述。

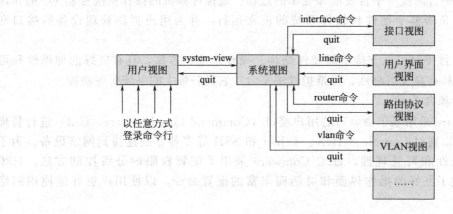

图 2-1 命令与视图间的关系

b. 命令后接以空格分隔的"?",如果该位置为关键字,则列出全部关键字及其简单描述;如果该位置为参数,则列出有关的参数描述;如果该位置无参数,则提示为〈cr〉,直接按回车即可执行。

c. 如果键入命令不完整,其后紧接"?",则会显示以该字符串开头的所有命令关键字。

② 命令的简化输入和自动补全。H3C 设备支持不完整命令和关键字输入,当输入的字符足够匹配唯一的命令或是关键字时,可以不必输入完整命令或关键字。通过这种快捷的输入方式,可以大大提高操作效率。比如在用户视图下输入"sy"可以代替"system-view",在系统视图下输入"int g1/0/1"可以代替"interface GigabitEthernet1/0/1"等。也可以按"Tab"键由系统自动补全关键字,以确认系统的选择是否为所需输入的关键字。当输入的不完整关键字不唯一时,通过连续按"Tab"键会依次显示所匹配的命令。

③ Comware 命令的错误提示信息。当输入 Comware 命令时,系统会自动检查语法,如果命令正确则执行,否则向用户报告错误信息。常见错误提示信息如表 2-2 所示。

表 2-2 常见错误提示信息

错误提示信息	含义
% Unrecognized command found at '^' position.	在符号'^'指示位置的命令不识别
% Incomplete command found at '^' position.	在符号'^'指示位置的命令不完整
% Wrong parameter found at '^' position.	在符号'^'指示位置的参数错误
% Too many parameters found at '^' position.	在符号'^'指示位置的参数过多
% Ambiguous command found at '^' position.	在符号'^'指示位置的参数不明确

④ Comware 命令的历史记录。用户最近输入的命令会自动地保存到 Comware 系统的缓存区中。在进行设备配置的时候,用户可以调出历史命令重新执行或进行编辑。使用向上箭头"↑"或组合键"Ctrl+P"来调用上一条历史命令,使用向下箭头"↓"或组合键"Ctrl+N"来访问下一条历史命令。

3) Comware 命令行的分屏显示

当命令显示信息超过一屏时,Comware 会自动暂停,会在调试终端下面显示"----More----"信息,表示本页没有显示完,还有下一页,这时用户可以有三种操作:

① 按空格键将继续显示下一屏信息；
② 按回车键将继续显示下一行信息；
③ 按"Ctrl+C"组合键将停止显示和命令执行。

(4) 设备基本操作命令

1) 设备命名

默认情况下，所有 H3C 设备的名称均为"H3C"。为了通过设备名称区分开网络中的各台设备，需要对网络中的设备按照规划进行命名。在系统视图下配置设备的名称如下。

[H3C]sysname *sysname*

2) 配置 IP 地址

网络上的每一个设备/接口都要有一个 IP 地址来唯一地标识自己的身份。在对应接口视图下配置该接口的 IP 地址如下。

[H3C-GigabitEthernet0/0]ip address *ip-address mask*

在网络中，接口的类型有很多，可以是物理接口，也可以是虚拟的逻辑接口，不管是哪种类型的接口，都是进入到该类型的接口视图下来为其配置 IP 地址的。

3) 常用查看信息命令

系统提供了丰富的信息查看命令，以便用户查看系统运行和配置参数、状态等信息，这里介绍一些基本的信息查看命令。

① 用户视图下查看操作系统版本号等信息。

〈H3C〉display version

② 用户视图下查看设备当前运行的配置。

〈H3C〉display current configuration

③ 用户视图下显示接口信息。

〈H3C〉display interface

命令将显示设备所有接口的类型、编号、物理层状态、数据链路层协议、IP 地址、接口报文收发统计等全面信息。

④ 显示接口简要信息。

〈H3C〉display interface brief

4) 保存配置

在命令行窗口下所进行的配置命令只是保存在设备的缓存中，一旦设备关机，所有的配置命令都会消失。为了保证配置命令永久生效，可以在用户视图下输入命令 save，按照系统提示进行操作即可将配置信息保存起来。

5) 设备恢复出厂配置

在某些情况下需要将设备的配置文件清空，恢复出厂时的空配置。这时要在设备的用户视图下输入 reset saved-configuration 命令后，根据提示输入"y"后清除设备的已保存配置文件，但是此时设备仍然存在 current-configuration 配置文件，需要输入 reboot 命令重启设备，这样才会清除设备的所有配置，恢复出厂空配置。

2.1.2.2 实践技能

某公司新购进一批 H3C 公司的网络设备，作为一名网络实习生，公司经理要求你跟随厂家技术人员进行设备验收，要求登录网络设备，了解、掌握网络设备的命令行操作以及设备的基本配置。网络拓扑图如图2-2所示。

（1）通过Console端口登录H3C设备

第1步：连接配置电缆。

将PC机的串口通过标准Console电缆与H3C交换机的Console口连接。电缆的RJ-45接头一端连接交换机的Console口，而9针RS-232接口一端连接计算机的串行口。

第2步：启动PC，运行和配置"超级终端"程序。

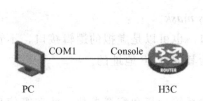

图2-2 网络拓扑图　　　　　　　图2-3 在超级终端中新建连接

① 启动Windows系统下【开始】→【所有程序】→【附件】→【通信】下的"超级终端"程序，建立新的连接，系统弹出如图2-3所示的"连接描述"对话框。

② 在"连接描述"对话框中键入新连接的名称，如"test"，单击"确定"按钮，系统弹出图2-4所示的"连接到"对话框，在"连接时使用"下拉列表中选择使用的串口。如果使用的是没有串口的笔记本电脑，外加USB接口转串行接口的适配器，这里转换出的串行接口可能是COM3、COM4或COM5等，请注意选择。

③ 单击"确定"按钮，系统弹出如图2-5所示的设置连接串口参数的"COM1属性"对话框。设置每秒位数（波特率）为"9600"，数据位为"8"，奇偶校验为"无"，停止位为"1"，数据流控制为"无"。

图2-4 选择新建连接所使用的串口　　　　图2-5 设置串口参数

④ 串口参数设置完成后单击"确定"按钮，新建连接设置成功，系统进入如图2-6所示的"超级终端"界面。

为了保证从 PC 能正常登录到 H3C 交换机上，需要在 PC 上运行终端仿真软件。这里是以 Windows XP 操作系统下使用"超级终端"为例。如果使用其他操作系统，请使用第三方的终端控制软件，如 SecureCRT、PuTTY 等。

第 3 步：启动 H3C 交换机。

确保电源线已连接正确，打开 H3C 交换机电源的开关，查看交换机的启动信息，其中包括 H3C 交换机的设备型号、CPU

图 2-6　新建连接设置成功

和 ROM 启动程序版本、Comware 软件名称及各种存储器的容量等重要信息，这些信息会因软件版本的不同而略有差别。

在设备启动过程中，当出现"Press ENTER to get started"提示信息时，标志着 H3C 交换机的启动已经完成。此时按回车键，在终端屏幕显示〈H3C〉，表示已成功登录 H3C 设备。

```
Press ENTER to get started.
〈H3C〉%Feb 27 10:49:56:701 2020 H3C SHELL/5/SHELL_LOGIN:Console logged in from con0.
〈H3C〉
```

（2）Comware 基本命令操作

第 1 步：Comware 命令视图及切换操作。

设备启动后配置界面处于用户视图下，此时执行相关命令可以实现 Comware 命令行界面中各种视图间的切换操作，具体操作如下。

```
〈H3C〉
〈H3C〉system-view                                              //从用户视图进入系统视图
System View: return to User View with Ctrl+Z.
[H3C]
[H3C]quit                                                     //从当前视图返回上一级视图
〈H3C〉
〈H3C〉system-view
System View: return to User View with Ctrl+Z.
[H3C]
[H3C]interface GigabitEthernet 1/0/1                          //进入接口视图
[H3C-GigabitEthernet1/0/1]
[H3C-GigabitEthernet1/0/1]quit
[H3C]
[H3C]vlan 10                                                  //创建并进入 VLAN 10 视图
[H3C-vlan10]
[H3C-vlan10]quit
[H3C]
[H3C]ospf                                                     //进入 OSPF 路由协议视图
```

[H3C-ospf-1]
[H3C-ospf-1]quit
[H3C]
[H3C]user-interface vty 0 63 .... //进入 VTY 用户界面视图
[H3C-line-vty0-63]
[H3C-line-vty0-63]return .... //从当前视图直接返回用户视图
〈H3C〉

第 2 步：使用 Comware 命令的帮助功能。

① 在任意视图下键入"?"，即可获取该视图下可以使用的所有命令及其简单描述。

```
〈H3C〉?
User view commands：
  access-list              acl
  archive                  Archive configuration
  boot-loader              Software image file management
  bootrom                  Update/read/backup/restore bootrom
  bootrom-access           Bootrom access control
  cd                       Change current directory
  clock                    Specify the system clock
  copy                     Copy a file
---- More ----
```

② 键入一条命令的关键字，后面接以空格分隔的"?"，如果"?"位置为关键字，则列出全部关键字及其简单描述。

```
〈H3C〉display ?
  acl                      Specify ACL configuration information
  adjacent-table           Display adjacent table information
  advpn                    Auto Discovery VPN module
  alarm                    Display alarm information
  alias                    Command alias configuration information
  app-group                Application group information
  application              Application information
---- More ----
```

③ 如果"?"位置为参数，则会列出有关参数的描述。

```
[H3C]user-interface vty ?
  INTEGER〈0-63〉  Number of the first line
[H3C]user-interface vty 0 ?
  INTEGER〈1-63〉  Number of the last line
  〈cr〉
[H3C]user-interface vty 0 63 ?
  〈cr〉
[H3C]user-interface vty 0 63
[H3C-line-vty0-63]
```

"〈cr〉"表示命令行当前位置无参数，直接按回车键即可执行。

④ 如果键入命令的不完整关键字，其后紧接"?"，则会显示以该字符串开头的所有命令关键字。

```
[H3C]sy?
  sysname
  system-working-mode
```

第3步：使用Comware命令的不完整输入和智能补全功能。

① 不完整输入。H3C设备支持不完整命令和关键字输入，当输入的字符足够匹配唯一的命令和关键字时，可以不必输入完整的命令或关键字。通过这种快捷的输入方式，可以大大提高操作效率。

```
〈H3C〉
〈H3C〉sy
System View:return to User View with Ctrl+Z.
[H3C]int g1/0/1
[H3C-GigabitEthernet1/0/1]qu
[H3C]qu
〈H3C〉
```

从上述操作中可以看出，输入"sy"后设备进入到系统视图，输入"int g1/0/1"后设备进入到接口视图，输入"qu"后设备退回到用户视图。也就是说，输入"sy"可代替system-view的完整命令，输入int g1/0/1可以代替interface GigabitEthernet1/0/1的完整命令，输入"qu"可以代替quit的完整命令。

② 智能补全。在输入命令时，不需要输入一条命令的全部字符，仅输入前几个字符，再键入"Tab"，系统会自动补全该命令。如果有多个命令都具有相同的前缀字符的时候，连续键入"Tab"，系统会在这几个命令之间切换。

在系统视图下输入[H3C] sys后键入"Tab"，系统自动补全为[H3C] sysname；在系统视图下输入[H3C] in后键入"Tab"，系统自动补全in开头的第一个命令[H3C] info-center，再键入"Tab"，会显示以in开头的第二个命令[H3C] interface，如果再键入"Tab"，系统在以in为前缀的命令中切换。

第4步：熟悉Comware命令的错误提示信息。

当输入Comware命令时，系统会进行语法检查，如果命令正确则执行，如果命令错误则会报告错误信息。读懂相应的错误提示信息，有助于我们进行正确配置。下面是一些示例及其说明，在键入每一行命令的字符后都按了回车键。

```
〈H3C〉abc
         ^
% Unrecognized command found at '^' position. ...................//表示命令无法识别
〈H3C〉display
            ^
% Incomplete command found at '^' position. ...................//表示命令不完整
[H3C]sy
      ^
% Ambiguous command found at '^' position. ...................//表示参数不明确
〈H3C〉system-view a
```

```
                     ^
% Too many parameters found at '^' position. .................................................//表示参数太多
〈H3C〉display interface GigabitEthernet 0/0/0
                                        ^
% Wrong parameter found at '^' position. .......................................................//表示参数错误
```

第 5 步：Comware 命令行的历史信息。

Comware 系统会将用户最近使用的命令自动保存到设备的历史命令缓存区中，用户可以查看最近执行的命令，以及调用保存的历史命令来进行重复输入或编辑后输入。

① 查看历史命令。

```
〈H3C〉dis history-command ..................................................................................//查看历史命令
  dis history-command
  system-view
    ospf
    qui
```

② 设置历史命令缓存区可以存放的历史命令的条数，默认为 10 条。

```
[H3C]user-interface vty 0 63
[H3C-line-vty0-63]history-command max-size 15
```

③ 可以使用"↑"或"Ctrl＋P"来访问上一条历史命令，使用"↓"或"Ctrl＋N"来访问下一条历史命令。

第 6 步：Comware 命令行的分屏显示输出。

当显示信息较多，超过一屏的容量时，系统会自动暂停，并将信息分屏显示。这时会在调试终端下面显示"---- More ----"字样，表示本页没有显示完，还有下一页，这样能够方便用户查看显示信息。如下所示：

```
〈H3C〉?
User view commands:
  access-list       acl
  archive           Archive configuration
  boot-loader       Software image file management
  bootrom           Update/read/backup/restore bootrom
  bootrom-access    Bootrom access control
---- More ----
```

此时，如果用户需要继续显示下一屏信息则按下空格键，如果用户需要继续显示下一行信息则按下回车键，如果用户想要停止显示和命令执行，则需要键入"Ctrl＋C"组合键。

第 7 步：H3C 设备基本配置命令。

① 更改设备名称。

```
[H3C]sysname SW1                                    //交换机命名为SW1,命令立即生效
[SW1]undo sysname                                   //取消设备命名,恢复默认名称
[H3C]
```

② 配置管理 IP 地址。

```
[H3C]interface Vlan-interface 1/0/1                 //进入并配置 VLAN 1 接口
[H3C-Vlan-interface1]ip address 192.168.1.1 24      //配置 IP 地址并指出掩码
```

③ 交换机端口配置命令。

```
[H3C]interface GigabitEthernet                      //进入端口 GigabitEthernet1/0/1
[H3C-GigabitEthernet1/0/1]description connect to PCA //配置接口描述
[H3C-GigabitEthernet1/0/1]duplex ?                  //配置接口双工模式
  auto   Enable port's duplex negotiation automatically
  full   Full-duplex
  half   Half-duplex
[SWA-GigabitEthernet1/0/1]duplex full               //配置接口全双工模式
```

交换机接口可工作于三种双工模式,分别为 auto(自协商)、full(全双工)和 half(半双工)。默认情况下,以太网端口的双工模式为 auto,一般情况下不需要更改。

```
[SWA-GigabitEthernet1/0/1]speed ?                   //配置接口速率
  10      Specify speed as 10 Mbps
  100     Specify speed as 100 Mbps
  1000    Specify speed as 1000 Mbps
  auto    Enable port's speed negotiation automatically
[SWA-GigabitEthernet1/0/1]speed 1000                //配置接口速率为 1000Mbps
```

交换机端口速率配置可根据实际情况来进行,默认情况下,以太网端口的速率为 auto,即自协商。

```
[SWA-GigabitEthernet1/0/1]mdi ?                     //配置以太网端口的 MDI 模式
  automdix  Configures port for automatic detection of the cable
  mdi       Configures port for connecting a PC with a crossover cable
  mdix      Configures port for connecting a PC with a straight-through cable
```

交换机以太网端口的 MDI 模式可以配置为三种。
automdix:端口自动检测电缆自协商决定物理引脚接收和发送报文。
mid:端口通过交叉电缆连接 PC。
mdix:端口通过直通电缆连接 PC。
默认情况下,以太网端口的 MDI 模式为 automdiX,即通过自协商决定物理引脚接收和发送报文。
以太网的双绞线缆有两种,分别是直通线缆和交叉线缆。通过 MDI 特性,可以协商来改变线缆接收和发送数据的线序,使设备之间可以使用直通线缆或交叉线缆。

[SWA-GigabitEthernet1/0/1]shutdown   //关闭交换机的端口
[SWA-GigabitEthernet1/0/1]undo shutdown   //开启交换机的端口
[SWA-GigabitEthernet1/0/1]
〈SWA〉display interface GigabitEthernet 1/0/1   //显示接口信息
GigabitEthernet1/0/1
Current state:DOWN
Line protocol state:DOWN
IP Packet Frame Type:PKTFMT_ETHNT_2,Hardware Address:6e1c-7213-0100
Description:connect to PCA
Bandwidth:1000000kbps
Loopback is not set
1000Mbps-speed mode,full-duplex mode
Link speed type is force link,link duplex type is force link
Flow-control is not enabled
The Maximum Frame Length is 9216
Allow jumbo frame to pass
Broadcast MAX-ratio:100%
Multicast MAX-ratio:100%
Unicast MAX-ratio:100%
PVID:1
Mdi type:automdix
Port link-type:access
Tagged Vlan: none
UnTagged Vlan:1
Port priority:2
---- More ----
〈SWA〉display interface brief   //显示接口概要信息
Brief information on interface(s) under route mode:
Link:ADM - administratively down;Stby - standby
Protocol:(s) - spoofing

Interface	Link	Protocol	Main IP	Description
InLoop0	UP	UP(s)	--	
MGE0/0/0	DOWN	DOWN	--	
NULL0	UP	UP(s)	--	
REG0	UP	--	--	
Vlan1	UP	UP	192.168.1.254	

Brief information on interface(s) under bridge mode:
Link:ADM - administratively down;Stby - standby
Speed or Duplex:(a)/A - auto;H - half;F - full
Type:A - access;T - trunk;H - hybrid

Interface	Link	Speed	Duplex	Type	PVID	Description
FGE1/0/53	DOWN	40G	A	A	1	
FGE1/0/54	DOWN	40G	A	A	1	
GE1/0/1	UP	1G	F	A	1	connect to PCA
GE1/0/2	UP	1G	A	A	1	connect to PCB
GE1/0/3	DOWN	auto	A	A	1	
GE1/0/4	DOWN	auto	A	A	1	
GE1/0/5	DOWN	auto	A	A	1	
GE1/0/6	DOWN	auto	A	A	1	

---- More ----

④ 更改系统时间。

```
〈H3C〉display clock                                              //显示系统时间
00:13:06 UTC Thu 08/17/2017
〈H3C〉clock datetime ?                                            //设置设备的时间和日期
  TIME   Specify the time (hh:mm:ss)
〈H3C〉clock datetime 12:15:41 ?
  DATE   Specify the date from 2000 to 2035 (MM/DD/YYYY or YYYY/MM/DD)
〈H3C〉clock datetime 12:15:41 12/02/2017
To manually set the system time, execute the clock protocol none command first.
〈H3C〉display clock
00:14:10 UTC Thu 08/17/2017
〈H3C〉system-view
System View: return to User View with Ctrl+Z.
[H3C]clock protocol ?                                            //默认设备时钟协议 NTP
  none   Manually set the system time at the CLI
  ntp    Use the Network Time Protocol (NTP)
[H3C]clock protocol none
〈H3C〉clock datetime 12:15:45 12/25/2017
〈H3C〉display clock
12:15:54 UTC Mon 12/25/2017
〈H3C〉
```

在对设备进行手动时间配置时，需要首先使用命令 clock protocol none 取消设备所采取的网络时间协议 NTP，然后就可以使用命令 clock datetime 来进行设备时间和日期的配置。

⑤ H3C 设备的常用查看命令。查看命令是配置和维护网络设备时的常用命令，H3C 设备有很多查看命令，它们大多是由 display 命令后面加各种关键字构成的。

```
〈H3C〉display version                                             //显示系统版本信息
H3C Comware Software, Version 7.1.059, Alpha 7159
Copyright (c) 2004-2014 Hangzhou H3C Tech. Co., Ltd. All rights reserved.
H3C MSR36 uptime is 0 weeks, 0 days, 0 hours, 18 minutes
Last reboot reason: User reboot
Boot image: flash:/msr36-cmw710-boot-a5901.bin
```

```
Boot image version:7.1.059，Alpha 7159
    Compiled Sep 24 2014 16:10:27
Boot image:flash:/msr36-cmw710-system-a5901.bin
Boot image version:7.1.059，Alpha 7159
    Compiled Sep 24 2014 16:10:27
CPU ID:0x2
512M bytes DDR3 SDRAM Memory
1024M bytes Flash Memory
PCB              Version:    2.0
CPLD             Version:    1.0
Basic   BootWare Version:    1.42
Extended BootWare Version:   1.42
<H3C>display current-configuration           //显示 H3C 设备当前生效的配置
#
version 7.1.059，Alpha 7159
#
sysname H3C
#
clock protocol none
#
---- More ----
<H3C>display saved-configuration             //显示设备已保存的配置
version 7.1.059，Alpha 7159
#
sysname H3C
#
---- More ----
[H3C]display this                            //显示当前视图下生效的配置
#
sysname H3C
#
clock protocol none
#
system-working-mode standard
xbar load-single
password-recovery enable
lpu-type f-series
#
scheduler logfile size 16
#
domain default enable system
#
Return
```

⑥ 配置的保存、删除和清空。

```
<H3C>save ..................................................................//保存配置
The current configuration will be written to the device. Are you sure?[Y/N]:y
Please input the file name(*.cfg)[flash:/startup.cfg]:
(To leave the existing filename unchanged, press the enter key):
flash:/startup.cfg exists, overwrite?[Y/N]:y
Validating file. Please wait...
Configuration is saved to device successfully.
```

当需要删除某条命令时,可以使用 undo 命令进行逐条删除。例如删除 sysname 命令后,设备名称恢复成 H3C。

```
[H3C]sysname R1
[R1]undo sysname
[H3C]
```

当需要恢复到出厂默认配置时,首先在用户视图下执行 reset saved-configuration 命令用于清空保存配置(只是清除保存配置,当前配置还是存在的),在执行 reboot 重启整机后,配置恢复到出厂默认配置。

```
<H3C>reset saved-configuration ..............................................//擦除保存配置
The saved configuration file will be erased. Are you sure?[Y/N]:y
Configuration file in flash:is being cleared.
Please wait...
Configuration file is cleared.
<H3C>reboot ..................................................................//重启设备
Start to check configuration with next startup configuration file, please wait.........DONE!
Current configuration may be lost after the reboot, save current configuration?[Y/N]:n
This command will reboot the device. Continue?[Y/N]:y
Now rebooting, please wait...
%Dec 25 12:55:11:103 2017 H3C DEV/5/SYSTEM_REBOOT:System is rebooting now.
```

在上述操作中,执行 reset saved-configuration 命令后,系统提示保存的配置文件将会被擦除,你确认吗?输入"y"擦除配置文件,输入"n"取消命令。擦除配置文件后执行"reboot"命令重启设备,这时需要用户进行二次确认。首先系统提示:当设备重启后,目前配置会丢失,是否保存配置文件?此时需要输入"n",不保存当前配置。随后系统会提示:该命令会重启设备,继续吗?此时需要输入"y",重启设备。设备重启后就恢复为出厂时的空配置了。

2.1.3 任务描述

3A 网络技术有限公司在承建高校校园网项目的过程中,现场工程师遇到的第一件事就是同设备供应商、用户共同对设备进行验收测试,登录网络设备,检查设备型号、软件版本、基本功能等,根据项目 1 中规划内容进行网络设备的基本信息配置。

2.1.4 任务分析

初次登录网络设备必须采用 Console 端口的本地登录方法，通过超级终端或是其他第三方软件登录到网络设备上进行设备基本信息的查看，并进行设备名称、接口描述、设备互联 IP 地址以及管理 IP 的配置。

2.1.5 任务实施

① 通过 Console 端口访问 H3C 网络设备，观察计算机 COM 与路由器 Console 端口所使用线缆，注意超级终端参数配置，熟悉 Comware 命令行的入门使用。

② 根据项目 1 规划，配置交换机与路由器的设备名称、接口描述、设备互联 IP、交换机的管理 IP 以及路由器 loopback 口 IP 地址等基本配置。

③ 查看网络设备的相关配置信息，保存配置。

2.1.6 课后习题

1. 交换机第一次启动时，只能采用（　　）方式进行登录。
   A. 通过 Console 端口连接　　　　B. 通过 Telnet 连接
   C. 通过 Web 连接　　　　　　　　D. 通过 SNMP 连接
2. 要为一个接口配置 IP 地址，应在（　　）视图下进行配置。
   A. 用户　　　B. 系统　　　C. 用户接口　　　D. 接口
3. 要为交换机配置主机名 SWA，可采用下列（　　）命令。
   A. sysname SWA　　　　　　　　B. hostname SWA
   C. SYSNAME SWA　　　　　　　D. system-name SWA
4. 要查看网络设备使用的当前配置信息，可采用下列（　　）。
   A. show current-configuration　　　B. display current-configuration
   C. show configuration　　　　　　D. display configuration
5. 用（　　）命令可指定下次启动使用的操作系统软件。
   A. startup　　　B. boot-loader　　　C. bootfile　　　D. boot startup
6. 通过控制台（Console）端口配置刚出厂未经配置的 MSR 路由器，终端的串口波特率应设置为（　　）。
   A. 9600　　　B. 2400　　　C. 115200　　　D. 38400
7. 如果需要在 MSR 上配置以太口的 IP 地址，应该在（　　）下配置。
   A. 系统视图　　　B. 用户视图　　　C. 接口视图　　　D. 路由协议视图

记一记：

任务 2.2 虚拟局域网 VLAN 技术

随着信息技术的发展，局域网的应用范围越来越广泛。但由于局域网内使用广播传输的工作机制，随着局域网内的主机数量日益增多，网络内部大量的广播和冲突带来的带宽浪费、安全等问题变得越来越突出。

为了解决局域网内部广播和安全的问题，行之有效的方法之一就是使用三层网络设备，将网络改造成由三层设备连接的多个子网，隔离广播和冲突域。但这会改造企业的网络架构，增加企业网设备的投入。另一种行之有效的解决方案是在现有二层架构的网络上将局域网划分成若干个逻辑上相互独立的虚拟的局域网技术，即虚拟局域网（Virtual Local Area Network，VLAN）技术，它能很好地解决广播风暴问题，同时还方便网络管理，灵活划分各广播域而不受物理位置的限制，并能提高网络安全性。

需解决问题

1. 交换机 VLAN 工作原理、作用和用途。
2. 根据业务需求规划交换机 VLAN，并进行相应的配置。
3. 根据业务需求配置三层交换机实现不同 VLAN 间通信。

2.2.1 任务目标

3A 网络技术有限公司通过前期规划了解到该大学校园网是一个以网络中心为核心，以实验楼、教学楼、图书馆、体育馆、文体中心、学生宿舍为二级分中心的大型网络结构，因此必须采取 VLAN 技术来有效地解决广播风暴问题，对不同的应用需求划分各自的虚拟子网，子网间既相互联系又彼此隔离，充分满足校园网络的安全及带宽管理的要求，并且利用三层交换技术完成楼宇内 VLAN 之间的通信，实现楼宇内网络的互联互通。

2.2.2 技术准备

2.2.2.1 理论知识

（1）VLAN 概述

VLAN 是虚拟局域网（Virtual Local Area Network）的简称，利用二层交换设备把一个物理网络划分出若干个相互独立的逻辑网络。一个 VLAN 组成一个逻辑子网，形成一个逻辑广播域，并且允许处于不同地理位置的网络用户加入一个逻辑子网中。VLAN 技术分隔出的逻辑子网有着和普通物理网络相同的属性。

使用 VLAN 技术可以将一个广播域网络划分为几个逻辑广播域。一个 VLAN 是一个广播域，一个 VLAN 内二层的单播、广播和多播帧转发、扩散，都只在一个 VLAN 内，而不会进入其他 VLAN 中，如图 2-7 所示。

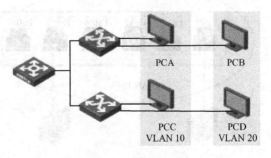

图 2-7 VLAN 示意图

VLAN 内的用户就像在一个真实局域网内一样可以互相访问，但不同 VLAN 内的用户，无法直接通过数据链路层互相访问，也就是互相隔离。处于不同 VLAN 内的用户间相互通信，则必须经过一个路由器或是三层交换机来实现。

通过在局域网中划分 VLAN 可以使网络具有如下优点。

① 有效控制广播域范围。广播域被限制在一个 VLAN 内，广播流量仅在 VLAN 中传播，节省了带宽，提高了网络处理能力。如果一台终端主机发出广播帧，交换机只会将此广播帧发送到所有属于该 VLAN 的其他端口，而不是所有交换机的端口，从而控制了广播范围，节省了带宽。

② 增强局域网的安全性。不同 VLAN 内的报文在传输时是相互隔离的，即一个 VLAN 内的用户不能和其他 VLAN 内的用户直接通信，如果不同 VLAN 要进行通信，则需要通过路由器或三层交换机等设备。

③ 灵活构建虚拟工作组。用 VLAN 可以划分不同的用户到不同的工作组，同一工作组的用户也不必局限于某一固定的物理范围，网络构建和维护更方便灵活。例如，在企业网中使用虚拟工作组后，同一个部门的就好像在同一个 LAN 上一样，很容易互相访问、交流信息。同时，所有的广播也都限制在该 VLAN 上，而不影响其他 VLAN 中的人。一个人如果从一个办公地点换到另外一个地点，而他仍然在该部门，那么该用户的配置无须改变；同时，如果一个人虽然办公地点没有变，但他更换了部门，那么只需网络管理员更改一下该用户的配置即可。

④ 增强网络的健壮性。当网络规模增大时，部分网络出现问题往往会影响整个网络，引入 VLAN 之后，可以将一些网络故障限制在一个 VLAN 之内。

目前，绝大多数以太网交换机都能够支持 VLAN。使用 VLAN 来构建局域网，组网方案灵活，配置管理简单，降低了管理维护的成本。同时，VLAN 可以减小广播域的范围，减少 LAN 内的广播流量，是高效率、低成本的方案。

（2）VLAN 分类

VLAN 的划分方法有很多，如基于端口划分 VLAN、基于 MAC 地址划分 VLAN、基于协议划分 VLAN 和基于子网划分 VLAN 等，不同的 VLAN 划分方法都有各自的优缺点，适用于不同的场合，可以根据需要选择，但基于端口的 VLAN 划分方法最为简单易用，应用范围最广。

① 基于端口划分 VLAN。基于端口划分的 VLAN 也叫做静态 VLAN。这种 VLAN 易于建立与监控。端口 VLAN 既可把同一交换机的不同端口划分为同一 VLAN（如图 2-8 所示），也可把不同交换机的端口划分为同一 VLAN（如图 2-9 所示）。这样即可把位于不同物

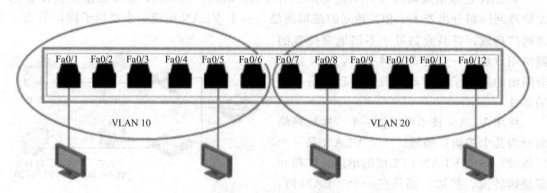

图 2-8　同一交换机的不同端口划分为同一 VLAN 示意图

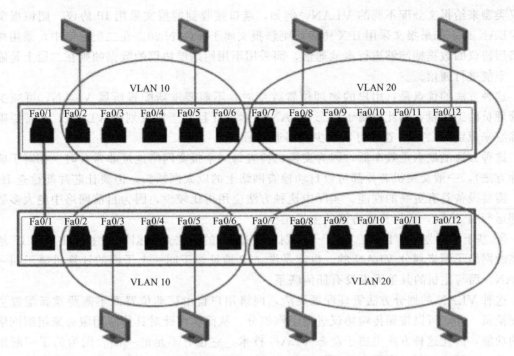

图 2-9　不同交换机的端口划分为同一 VLAN 示意图

理位置、连接在不同交换机上的用户按照一定的逻辑功能和安全策略进行分组，根据需要将其划分为相同或不同的 VLAN，如表 2-3 所示，建立 VLAN 与端口之间的对应关系。如果需要改变端口的属性，则必须人工重新配置，因而具有较好的安全性。

表 2-3　端口与 VLAN 对应关系

端口	所属 VLAN	端口	所属 VLAN
Fa0/2	10	Fa0/7	20
……	……	……	……
Fa0/6	10	Fa0/12	20

　　这种 VLAN 的应用最多，几乎所有支持 VLAN 的交换机都支持该方式。在绝大多数的企业网络中，基于端口划分 VLAN 的方法用得最多。这是因为基于端口划分 VLAN 方法定义 VLAN 成员非常简单，只要指定交换机的端口即可；但其缺点在于不允许用户移动，一旦用户移动到一个新的位置，网络管理员就必须配置新的 VLAN。

　　② 基于 MAC 地址划分 VLAN。基于 MAC 地址划分 VLAN 的方法，根据连接在交换机上的每台主机的 MAC 地址来划分 VLAN。也就是说，某个主机属于哪一个 VLAN，就只和它的 MAC 地址有关，和它连接在哪个端口或者使用哪个 IP 地址都没有关系。

　　这种划分 VLAN 方法的优点是：当用户物理位置移动时，VLAN 不用重新配置，因此这种划分 VLAN 的方法属于动态 VLAN 技术。然而这种方法也存在一定的缺点：在设备初始化时，所有主机的 MAC 地址都必须记录，如果主机数过多，那么配置工作量巨大；此外，这种划分方法会导致交换机执行效率降低，因为在每一个交换机接口都可能存在多个 VLAN 组成员，这样就无法限制广播包。

　　③ 基于协议划分 VLAN。基于协议划分 VLAN 的方法是根据端口接收到的报文所属的

协议类型来给报文分配不同的 VLAN。例如，端口接收到的报文采用 IP 协议，则该报文属于 VLAN 10；如果报文采用 IPX 协议，则该报文属于 VLAN 20。在二层通信中，采用相同网络层协议的数据帧能够进行本地通信，而采用不用网络层协议的数据帧则在二层上是隔离的，不能进行通信。

这种方法的优点是：用户的物理位置改变时，不需要重新配置所属 VLAN，可减少网络管理员的工作量，因此也属于动态 VLAN 技术，并且基于协议划分 VLAN，不需要附加帧标签来识别 VLAN，这样可以减少网络通信量。

这种方法的缺点是效率低，因为交换机检查每一个报文网络地址非常费时（相对于前面两种方法），一般交换机芯片都可以自动检查网络上的以太网帧头，但要让芯片能检查 IP 包头，需要设备具有更高的性能。实际中这种方法应用得比较少，因为目前网络中绝大多数主机都运行 IP 协议，运行其他协议的主机很少。

④ 基于子网划分 VLAN。基于子网划分 VLAN 的方法是根据网络主机使用的 IP 地址所在的网络子网来划分 VLAN 的。也就是说，IP 地址属于同一个子网的计算机属于同一个 VLAN，而与主机的其他因素没有任何联系。

这种 VLAN 的划分方法管理配置灵活，网络用户自由移动位置而不需要重新配置主机或交换机，并且可以按照传输协议进行子网划分，从而实现针对具体应用服务来组织网络用户的功能，因此这种方法也属于动态 VLAN 技术。它也有不足的一面，因为为了判断用户的属性，必须检查每一个报文的网络层地址，这将消耗交换机的不少资源，并且同一个端口可能存在多个 VLAN 用户，这使对广播报文的抑制效率有所下降。

（3）VLAN 的工作原理

在交换机的内部有一张 MAC 地址表，它就是根据 MAC 地址表来转发数据帧的。在 MAC 地址表中，每条记录内容除包含了端口和端口所连主机 MAC 地址的映射关系外，还有一项内容是 VID，即 VLAN 编号。VID 标志这条记录中的端口号属于哪一个 VLAN。交换机根据 MAC 地址表中的 VID，对于不同来源的数据帧进行不同的处理。

① 单播帧。当交换机收到一个单播帧时，比较数据帧中的源 MAC 地址与目的 MAC 地址对应的 VID 是否相同。如果 VID 相同，则查询 MAC 地址表，正常转发数据帧；如果 VID 不同，则拒绝转发该数据帧。

② 广播帧。当交换机收到一个广播帧时，在接收端口的 VLAN 内做广播处理。

③ 未知单播帧。当交换机收到一个未知单播帧时，在接收端口的 VLAN 内也做广播处理。

交换机划分 VLAN 后既可以控制广播帧的广播范围，又可以防止单播帧跨 VLAN 转发，提高了交换机的转发效率，也提升了交换机的安全性能。

（4）VLAN 帧格式

IEEE 802.1Q 协议标准规定了 VLAN 技术，它定义了在同一个物理链路上承载多个 VLAN 数据流的方法。

802.1Q 标准严格规定了统一的 VLAN 帧格式及其重要参数，如图 2-10 所示。

802.1Q 标准规定在原有的标准以太网格式中增加一个特殊的标志域——Tag 域，用于标识数据帧所属的 VLAN ID。

从两种帧格式可以看出，802.1Q 帧相对标准以太网帧在源 MAC 地址后面增加了 4 字节的 Tag 域。在这 4 字节的信息中，VLAN ID 占用 12bit，它明确指出该数据帧属于某一个 VLAN，所以 VLAN ID 表示的范围为 0~4095，可用的 VLAN ID 为 1~4094。

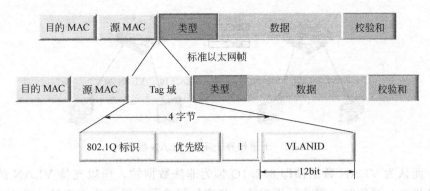

图 2-10 带有 IEEE 802.1Q 标识的以太网帧

当交换机与另一个交换机相连时，如果连接链路上需要传输多个 VLAN 数据流，那么就需要在此链路上封装 802.1Q 帧，通过添加的 VLAN 标签来识别不同 VLAN 数据，以实现同一链路上同时传送多个 VLAN 数据。

(5) VLAN 链路类型

在 VLAN 网络中依据交换机所连接的设备不同，VLAN 的链路类型可以分为接入链路 (Access Link) 与干道链路 (Trunk Link)，如图 2-11 所示。

可以看出，接入链路指的是用于连接主机和交换机的链路。由于主机硬件不支持带有 VLAN 标记 (VLAN Tag) 的 802.1Q 帧，因此在接入链路上传送的仍然是标准的以太网帧。对于交换机而言，接入链路所对应的端口为 Access 类型端口，该类型端口属于一个并且只能是一个 VLAN，因此它只能发送和接收属于该 VLAN 的数据帧。属于同一 VLAN 的

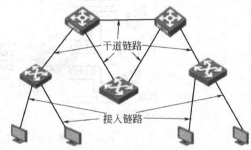

图 2-11 接入链路与干道链路

Access 端口能够进行通信，不同 VLAN 的 Access 端口如果要进行通信必须通过三层路由处理才能实现。

干道链路指的是交换机和交换机之间连接的链路或是交换机和路由器之间连接的链路，用来同时承载多个 VLAN 的信息。它在转发一个帧之前，会将此帧的 VLAN 编号附加在该帧的数据结构里，给帧打上 VLAN 标记，这样不同 VLAN 的帧就可以通过同一条主干链路传输，从而解决跨交换机的相同 VLAN 通信。对于交换机而言，干道链路所对应的端口为 Trunk 类型端口，该类型端口属于多个 VLAN，可以接收和发送来自多个 VLAN 的数据帧，但为了在同一条链路上能够区分开不同的 VLAN 数据帧，Trunk 端口在发送数据时必须保证数据帧携带有 VLAN 标识信息，即干道链路上传输的是 802.1Q 帧，如图 2-12 所示。

交换机的 Trunk 口在发送数据时，有一个 VLAN 不打标签，该 VLAN 称为这个 Trunk 口的默认 VLAN (PVID)。交换机 Trunk 端口的默认 VLAN 是 VLAN 1，可以通过命令进行 PVID 的修改。默认情况下，Trunk 端口只允许默认 VLAN 即 VLAN 1 的数据帧通过，所以必须通过命令来指定哪些 VLAN 帧能够通过当前 Trunk 端口。

(6) VLAN 数据的传输

目前大部分主机都不支持带有 Tag 域的 802.1Q 帧，即主机只能发送和接收标准的以太

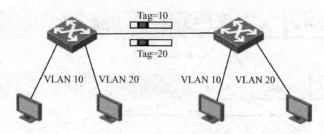

图 2-12 干道链路上不同 VLAN 数据帧

网数据帧，而认为 VLAN 数据帧即 802.1Q 帧为非法数据帧，所以支持 VLAN 的交换机与主机、交换机进行通信时，需要区别对待。当交换机将数据发送给主机时，必须检查该数据帧，并删除 Tag 域，而发送给交换机时，为了让对端交换机能够知道数据帧的 VLAN ID，它应该将从主机接收到的数据帧增加 Tag 域后发送。数据帧在传播过程中的变化如图 2-13 所示。

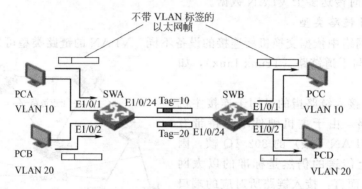

图 2-13 VLAN 数据帧的传输

当交换机接收到某数据时，交换机根据数据帧中的 Tag 域或者接收端口的缺省 VLAN ID 来判断该数据帧应该被转发到哪些端口。如果目标端口连接的是普通主机，则删除 Tag 域后发送数据帧；如果目标端口连接的是交换机，则添加 Tag 域后发送数据帧。为了保证交换机之间的 Trunk 链路上能够接入普通主机，以太网交换机还要进行特殊处理，即当检查到数据帧的 VLAN ID 和 Trunk 端口的缺省 VLAN ID 相同时，数据帧不会被增加 Tag 域。数据帧到达对端交换机后，交换机发现数据帧没有 Tag 域时，就确认该数据帧为接收端口的缺省 VLAN 数据。

（7）三层交换机

交换机通过配置 Access 端口与 Trunk 端口，实现不同 VLAN 二层上的隔离以及相同 VLAN 的二层通信。那么不同 VLAN 之间的通信又要如何实现呢？在实际应用的过程中，典型的做法是采用三层交换机来实现 VLAN 间的通信。

三层交换机除了具有二层交换机的全部功能外，还具有第三层路由的功能。从本质上来说，三层交换机是带有路由功能的交换机，交换机内安装有交换模块和路由模块，可以将它看成一台路由器和一台二层交换机的叠加。那么三层交换机又是如何实现不同 VLAN 之间通信的呢？在三层交换机上使用 SVI（Switch Virtual Interface，交换机虚拟接口）技术来开启不同 VLAN 之间的路由功能，具体实现方法是：在三层交换机上创建各个 VLAN 虚拟接口 SVI，并设置 IP 地址作为其对应二层 VLAN 内设备网关。这里 SVI 接口作为一个虚拟网关，作为各个 VLAN 的虚拟子接口，连接到三层路由模块上，通过路由模块在各 VLAN

的 SVI 接口转发数据，实现三层设备跨 VLAN 之间的通信。

由于内置路由模块与交换模块使用 ASIC 硬件处理路由，与传统路由器相比，三层交换机可以实现高速路由。另外，路由与交换模块在交换机内部汇聚链路，属于内部总线连接，避免了外部物理连接带来的延迟和不稳定性，确保从路由到交换的高带宽传输。

(8) 基于端口 VLAN 配置命令

1) 创建 VLAN

默认情况下，交换机会自动创建和管理 VLAN 1，所有端口都属于 VLAN 1 且是 Access 链路类型的端口，用户不能删除 VLAN 1。如果想在交换机上创建新的 VLAN，配置命令如下。

在系统视图下创建 VLAN，并进入 VLAN 视图。

[H3C] vlan *vlan-id*

参数 *vlan-id* 的数值为 1~4094 和 all，如输入数值 2，则创建 VLAN 2，如输入 all，则同时创建所有 VLAN。如若想创建 VLAN 2~VLAN 10，则可以在系统视图下输入命令 vlan 2 to 10，则同时创建 VLAN 2~VLAN 10。使用 undo 命令删除 VLAN。

2) 将端口加入 VLAN 中

将端口加入 VLAN 中有两种方法，分别是：

① 在 VLAN 视图下将指定端口加入当前 VLAN 中。

[H3C-vlan10]port *interface-list*

如果需要将多个连续端口都加入 VLAN 中，可以在 VLAN 视图下输入命令：

[H3C-vlan10]port *interface-list-start* to *interface-list-end*

② 在接口视图下将此接口加入指定 VLAN 中。

为了将端口加入 VLAN 中，除了上述命令外，也可以在接口视图下配置，具体步骤如下：

第 1 步：在系统视图下进入指定接口。

[H3C]interface *interface-list*

如果需要将相连的多个接口加入指定 VLAN 中，则在系统视图下进入指定范围的接口，配置命令为：

[H3C]interface range *interface-list-start* to *interface-list-end*

第 2 步：在接口视图下，定义接口链路类型为 Access 类型。

[H3C-GigabitEthernet 1/0/1]port link-type access

交换机的所有端口默认就是 Access 端口，此步骤可以省略。

第 3 步：在接口视图下，指定端口加入 VLAN。

[H3C-GigabitEthernet 1/0/1]port access vlan *vlan-id*

3) 配置 Trunk 端口

交换机上的端口默认是工作在第二层，并且都是 Access 端口。为了在同一条链路上同时传送多个 VLAN 的数据帧，必须将端口配置为 Trunk 端口。配置某个端口成为 Trunk 端口的步骤如下：

① 在接口视图下，定义接口链路类型为 Trunk 类型。

[H3C-GigabitEthernet 1/0/1]port link-type trunk

② 在接口视图下，指定哪些 VLAN 允许通过当前 Trunk 端口。

[H3C-GigabitEthernet 1/0/1]port trunk permit vlan { *vlan-id-list* | all }

默认情况下，Trunk 端口只允许 VLAN 1 的数据帧通过。为了 Trunk 链路能够通过所需要的 VLAN 数据帧，必须配置上述命令。参数 vlan-id-list 若为多个 VLAN ID，则需要通过空格隔开。

注意：Trunk 链路两端接口要保持一致，都要为 Trunk 类型端口，否则链路不能通信。

③ 在接口视图下，设置 Trunk 端口的默认 VLAN。

[H3C-GigabitEthernet 1/0/1]port trunk pvid vlan *vlan-id*

默认情况下，Trunk 端口的默认 VLAN 是 VLAN 1，也可以根据实际情况来设定 Trunk 端口的默认 VLAN，但同一条链路两端的 Trunk 端口的默认 VLAN 必须相同，否则会发生同一 VLAN 内主机跨交换机不能够通信的情况。

4）SVI 配置命令

交换机除具有一定数量的物理端口外，还可以通过命令创建多个逻辑端口，即虚拟端口 SVI。对于二层交换机，只有一个虚拟端口且作为管理端口使用，默认情况下，VLAN 1 对应的虚拟端口为管理端口。而对于三层交换机，每个 VLAN 都可以配置一个虚拟端口，每个虚拟端口都允许设置一个 IP 地址作为该 VLAN 内主机的默认网关 IP 地址。配置步骤如下：

① 在系统视图下，创建并进入指定 VLAN 的 SVI 接口。

[H3C]interface Vlan-interface *vlan-id*

这里需要指出，命令中的 *vlan-id* 所标识的 VLAN 是必须存在的。

② SVI 接口视图下，配置接口 IP 地址。

[H3C-Vlan-interface1]ip address *ip-address* { *mask* | *mask-length* }

三层交换机的虚拟端口主要作为相应 VLAN 内主机的默认网关使用，用于报文的路由功能，因此需要配置 IP 地址。

2.2.2.2 实践技能

（1）在单交换机上配置基于端口的 VLAN 隔离办公网络

某公司有销售部和市场部，两部门各有计算机两台。要求在二层交换机上划分 VLAN 10 和 VLAN 20，分别提供给两个部门使用，构建单交换机小型办公区域网络如图 2-14 所示。

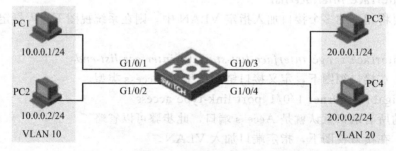

图 2-14 单交换机小型办公区域网络示意图

销售部使用 VLAN 10，两台主机 PC1 和 PC2 的 IP 地址分别是 10.0.0.1/24 和 10.0.0.2/24；市场部使用 VLAN 20，两台主机 PC3 和 PC4 的 IP 地址分别是 20.0.0.1/24 和 20.0.0.2/24。

网络实施具体步骤如下。

第 1 步：建立物理连接。

按照拓扑结构进行物理连接，检查设备的版本信息及配置信息，确保各设备软件版本符合要求，所有配置为初始状态。如果配置不符合要求，请在用户模式下擦除设备中的配置文件，然后重启设备以使系统采用缺省的配置参数进行初始化。

```
<H3C>display version                                                    //查看设备版本信息
<H3C>reset saved-configuration                                          //擦除设备中保存配置信息
The saved configuration file will be erased. Are you sure?[Y/N]:y
                                                                        //保存的配置将会擦除,你确认吗? 输入 y
Configuration file in flash:is being cleared.
Please wait...
MainBoard:
Configuration file is cleared.
<H3C>reboot                                                             //重启设备
Start to check configuration with next startup configuration file, please wait
DONE!
Current configuration may be lost after the reboot, save current configuration?[Y/N]:n
                                                                        //询问是否保存目前配置信息,输入 n
This command will reboot the device. Continue?[Y/N]:y
                                                                        //询问是否启动设备,输入 y
```

第 2 步：观察缺省 VLAN。

在交换机上查看 VLAN 信息，如下所示。结果表明，交换机上有一个默认的 VLAN，就是 VLAN 1。

```
<H3C>display vlan                                                       //查看交换机上 VLAN 信息
Total VLANs:1
The VLANs include:
1(default)
```

在交换机上查看 VLAN 1 信息，如下所示。结果表明，默认情况下交换机的所有端口都属于 VLAN 1。

```
<H3C>display vlan 1                                                     //查看 VLAN 1 的信息
VLAN ID:1
VLAN type:Static
Route interface:Not configured
Description:VLAN 0001
Name:VLAN 0001
Tagged ports:    None
Untagged ports:
    FortyGigE1/0/53              FortyGigE1/0/54
    GigabitEthernet1/0/1         GigabitEthernet1/0/2
    GigabitEthernet1/0/3         GigabitEthernet1/0/4
                                                            (此处省略掉所有端口)
```

在交换机上查看接口信息，如下所示。结果表明，默认情况下交换机的所有端口的 PVID 是 1，且是 Access 链路端口类型。

```
<H3C>display interface GigabitEthernet 1/0/1                            //查看接口 G1/0/1 的信息
......
```

```
PVID:1
MDI type:Automdix
Port link-type:Access
Tagged VLANs:    None
Untagged VLANs:1
Port priority:2
........................
```

第 3 步：配置 VLAN 并添加端口。

在交换机上创建 VLAN 10 和 VLAN 20，并将相应的接口加入对应的 VLAN 中。

```
<H3C>system-view ................................................................//进入系统视图
System View:return to User View with Ctrl+Z.
[H3C]vlan 10 ....................................................................//创建 VLAN 10
[H3C-vlan10]name YW .......................................................//配置当前 VLAN 名称
[H3C-vlan10]description YW Vlan ........................................//配置当前 VLAN 的描述信息
[H3C-vlan10]port GigabitEthernet 1/0/1 to GigabitEthernet 1/0/2
                                       //将端口 G1/0/1 和 G1/0/2 端口加入到 VLAN 10 中
[H3C-vlan10]quit ..............................................................//退出到用户视图
[H3C]vlan 20
[H3C-vlan20]name OA
[H3C-vlan20]description OA Vlan
[H3C-vlan20]port GigabitEthernet 1/0/3 to GigabitEthernet 1/0/4
[H3C-vlan20]
```

第 4 步：查看 VLAN 相关信息。

在交换机上完成 VLAN 及 VLAN 端口配置后，查看交换机上的 VLAN 信息，如下所示。通过查看，发现交换机上现在一共有 3 个 VLAN，包括默认 VLAN 1，还有两个新建的 VLAN：VLAN 10 和 VLAN 20。

```
[H3C]display vlan
Total VLANs:3
The VLANs include:
1(default),    10,   20
```

在交换机上查看指定 VLAN 的信息，如下所示。查看结果表示，交换机的两个端口 G1/0/1 和 G1/0/2 属于 VLAN 10，端口 G1/0/3 和 G1/0/4 属于 VLAN 20。

```
[H3C]display vlan 10
VLAN ID:10
VLAN type:Static
Route interface:Not configured
Description:YW Vlan
Name:YW
Tagged ports:    None
```

Untagged ports:
    GigabitEthernet1/0/1   GigabitEthernet1/0/2
[H3C]display vlan 20
VLAN ID:20
VLAN type:Static
Route interface:Not configured
Description:OA Vlan
Name:OA
Tagged ports: None
Untagged ports:
    GigabitEthernet1/0/3   GigabitEthernet1/0/4

第 5 步：测试 VLAN 间的隔离。

配置各主机的 IP 地址，然后用 Ping 命令来测试到其他 PC 的互通性。在这里只测试相同 VLAN 内主机能够互相访问，不同 VLAN 间主机不能相互访问的功能。为此，我们在 PC1 与 PC2、PC3 与 PC4 间进行 Ping 测试，在 PC1 或 PC2 与 PC3 或 PC4 间进行 Ping 测试。

在 PC1 上，使用 Ping 10.0.0.2 命令，测试 PC1 与 PC2 之间的网络连通性。测试结果如下所示，表明 PC1 与 PC2 之间是连通的。

```
C:\Users\Administrator>ping 10.0.0.2

正在 Ping 10.0.0.2 具有 32 字节的数据：
来自 10.0.0.2 的回复:字节 32 时间＜1ms TTL=64
来自 10.0.0.2 的回复:字节 32 时间＜1ms TTL=64
来自 10.0.0.2 的回复:字节 32 时间＜1ms TTL=64
来自 10.0.0.2 的回复:字节 32 时间＜1ms TTL=64

10.0.0.2 的 Ping 统计信息：
    数据包:已发送＝4,已接收＝4,丢失＝0〈0%. 丢失〉,
往返行程的估计时间〈以毫秒为单位〉：
    最短＝0ms,最长＝0ms,平均＝0ms
```

在 PC3 上，使用 Ping 20.0.0.2 命令，测试 PC3 与 PC4 之间的网络连通性。测试结果如下所示，表明 PC3 与 PC4 之间也是连通的。

```
C:\Users\Administrator>ping 20.0.0.2

正在 Ping 20.0.0.2 具有 32 字节的数据：
来自 20.0.0.2 的回复:字节 32 时间＜1ms TTL=64
来自 20.0.0.2 的回复:字节 32 时间＜1ms TTL=64
来自 20.0.0.2 的回复:字节 32 时间＜1ms TTL=64
来自 20.0.0.2 的回复:字节 32 时间＜1ms TTL=64

20.0.0.2 的 Ping 统计信息：
```

数据包:已发送＝4,已接收＝4,丢失＝0〈0%. 丢失〉,
往返行程的估计时间〈以毫秒为单位〉:
　　最短＝0ms,最长＝0ms,平均＝0ms

　　在 PC1 上,使用 Ping 20.0.0.1 命令,测试 PC1 与 PC3 之间的网络连通性。测试结果如下所示,表明 PC1 与 PC3 之间是不通的。同理,用 PC1 与 PC4,PC2 与 PC3 或是 PC4 也是不通的。

C:\Users\Administrator>ping 20.0.0.1

正在 Ping 20.0.0.1 具有 32 字节的数据:
来自 10.0.0.1 的回复:无法访问目标主机
来自 10.0.0.1 的回复:无法访问目标主机
来自 10.0.0.1 的回复:无法访问目标主机
来自 10.0.0.1 的回复:无法访问目标主机

20.0.0.1 的 Ping 统计信息:
　　数据包:已发送＝4,已接收＝4,丢失＝0〈0%. 丢失〉

　　通过上述测试验证,在同一台交换机上,相同 VLAN 内的主机相互连通,而不同 VLAN 之间则不能互通。通过交换机上基于端口的 VLAN 的划分实现办公网络的隔离。

　　(2) 在多交换机上配置基于端口的 VLAN 隔离办公网络

　　某公司销售部和市场部人员采用混合办公室,共占用两间办公室。办公人员的电脑都连接到办公室的交换机上。要求相同部门主机能够互相访问,不同部门主机不能访问。根据组网需求,搭建如图 2-15 所示的网络拓扑。

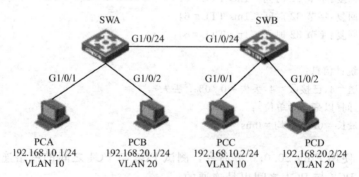

图 2-15　多交换机划分 VLAN 网络拓扑

　　SWA 和 SWB 分别是两间办公室交换机,通过端口连接起来。PCA 和 PCC 是生产部门主机,划分到 VLAN 10 内,IP 地址分别是 192.168.10.1/24 和 192.168.10.2/24,而 PCB 和 PCD 是销售部门主机,划分到 VLAN 20 内,IP 地址分别是 192.168.20.1/24 和 192.168.20.2/24。

　　具体实施步骤如下。

　　第 1 步:建立物理连接。

　　按照拓扑图进行物理连接,检查设备的版本信息及配置信息,确保各设备软件版本符合要求,所有配置为初始状态。如果配置不符合要求,请在用户模式下擦除设备中的配置文件，然后重启设备以使系统采用缺省的配置参数进行初始化。

第 2 步：创建 VLAN 和 Access 链路端口。

在 H3C 交换机上创建 VLAN 及配置 Access 链路端口，从而使 PC 处于不同 VLAN 内，隔离 PC 间的访问，使读者加深对 Access 链路端口的理解。

配置交换机 SWA 的 VLAN 并添加 Access 端口：

```
<H3C>system-view
System View: return to User View with Ctrl+Z.
[H3C]sysname SWA                                              //交换机主机名为 SWA
[SWA]vlan 10                                                  //创建 VLAN 10，进入 VLAN 视图
[SWA-vlan10]quit
[SWA]interface GigabitEthernet 1/0/1
[H3C-GigabitEthernet1/0/1]port link-type access               //端口链路类型为 Access
[H3C-GigabitEthernet1/0/1]port access vlan 10                 //端口加入 VLAN 10 中
[H3C-GigabitEthernet1/0/1]quit
[SWA]vlan 20
[SWA-vlan20]quit
[SWA]interface GigabitEthernet 1/0/2
[H3C-GigabitEthernet1/0/2]port link-type access
[H3C-GigabitEthernet1/0/2]port access vlan 20
[H3C-GigabitEthernet1/0/2]return
<SWA>
```

这里我们采用的是第二种方法，在接口视图下将当前端口加入指定 VLAN 中。

port link-type {access | trunk | hybrid}：接口视图下设置端口的链路类型。H3C 交换机的链路类型分为 3 种：Access、Trunk 和 Hybrid。默认情况下，端口的链路类型为 Access。

Access 链路：在端口上发送和接收数据帧时不带 VLAN Tag 标记，主要用于连接用户终端设备。

Trunk 链路：在端口发送和接收多个 VLAN 的数据帧时带 VLAN Tag，除了端口的默认 VLAN 的数据帧不带 VLAN Tag，主要用于网络中网络设备的互联。

Hybrid 链路：既可以设置在端口发送和接收多个 VLAN 的数据帧时带 VLAN Tag，也可以设置端口发送和接收多个 VLAN 的数据帧时不带 VLAN Tag。Hybrid 链路既可用于设备之间的互联，也可以与用户终端设备互联。

在交换机 SWA 上查看 VLAN 10 和 VLAN 20 的相关信息。

```
<SWA>display vlan                                             //显示 VLAN 的相关信息
 Total VLANs: 3
 The VLANs include:
  1(default), 10, 20
<SWA>display vlan 10                                          //显示 VLAN 10 的相关信息
 VLAN ID: 10
 VLAN type: Static
 Route interface: Configured
 IPv4 address: 192.168.10.254
```

```
IPv4 subnet mask:255.255.255.0
Description:YW Vlan
Name:YW
Tagged ports:     None
Untagged ports:
   GigabitEthernet1/0/1
〈SWA〉display vlan 20                                            //显示 VLAN 20 的相关信息
VLAN ID:20
VLAN type:Static
Route interface:Configured
IPv4 address:192.168.20.254
IPv4 subnet mask:255.255.255.0
Description:OA Vlan
Name:OA
Tagged ports:     None
Untagged ports:
   GigabitEthernet1/0/2
```

① VLAN type：有两种 VLAN 类型，Static 表示静态 VLAN，Dynamic 表示动态 VLAN。

② Route interface：如果在交换机上创建了对应 VLAN 接口，显示 Configured；如果没有创建对应 VLAN 接口，显示为 Not configured。

③ Tagged ports：表示该 VLAN 报文从哪些端口发送时需要携带 Tag 标记。

④ Untagged ports：表示该 VLAN 报文从哪些端口发送时不需要携带 Tag 标记。

交换机 SWB 上 VLAN 及 Access 端口的配置与 SWA 上的配置相同，这里采用第一种方法，配置命令如下：

```
〈H3C〉system-view
System View: return to User View with Ctrl+Z.
[H3C]sysname SWB
[SWB]vlan 10                                                    //创建 VLAN 10
[SWB-vlan10]port GigabitEthernet 1/0/1       //将指定端口加入到当前 VLAN 中
[SWB-vlan10]vlan 20
[SWB-vlan20]port GigabitEthernet 1/0/2
[SWB-vlan20]
```

按照拓扑图中规划数据在 PC 上配置 IP 地址及子网掩码，通过 Ping 命令来测试处于不同 VLAN 间的 PC 能否互通。其结果应该是 PCA 与 PCB 不能够互通，PCC 与 PCD 不能够互通，证明了不同 VLAN 之间不能互通，连接在同一交换机上的 PC 被隔离了。

第 3 步：配置 Trunk 链路端口。

在交换机间配置 Trunk 链路，实现同一条链路上能够同时传送多个 VLAN 数据帧，从而使同一 VLAN 中的 PC 能够跨交换机访问。

① 跨交换机 VLAN 互通测试。在上一步骤中，PCA 与 PCC 都属于 VLAN 10。在 PCA 上用 Ping 命令来测试与 PCC 能否互通，其结果显示二者不通，如下所示。

```
C:\Documents and Settings\Administrator>ping 192.168.10.2
Pinging 192.168.10.2 with 32 bytes of data:

Request timed out.
Request timed out.
Request timed out.
Request timed out.

Ping statistics for 192.168.10.2:
    Packets:Sent = 4,Received = 0,Lost = 4 (100% loss),
```

PCA 与 PCC 之间不能互通，同理，PCB 与 PCD 之间也不能互通。因为交换机之间的互联端口 GigabitEthernet1/0/24 默认是 Access 链路端口，且属于 VLAN 1，因此 VLAN 10 和 VLAN 20 的数据帧是不能通过的。

要想让 VLAN 10 和 VLAN 20 的数据帧能够通过端口 GigabitEthernet1/0/24 传输，需要设置端口为 Trunk 链路端口。

② 配置 Trunk 链路端口。在交换机 SWA 和 SWB 上配置端口 GigabitEthernet1/0/24 为 Trunk 链路端口。

SWA 配置命令：

```
[SWA]interface GigabitEthernet 1/0/24
[SWA-GigabitEthernet1/0/24]port link-type trunk..................//端口链路类型为 Trunk
[SWA-GigabitEthernet1/0/24]port trunk permit vlan?..............//Trunk 端口允许通过的 VLAN
   INTEGER<1-4094>   VLAN ID
   all               All VLANs
[SWA-GigabitEthernet1/0/24]port trunk permit vlan all
[SWA-GigabitEthernet1/0/24]port trunk pvid?.....................//Trunk 端口的默认 VLAN
   vlan   Specify the default VLAN
[SWA-GigabitEthernet1/0/24]port trunk pvid vlan 10
[SWA-GigabitEthernet1/0/24]return
<SWA>
```

命令注释：

a. port trunk permit vlan {vlan-id-list | all}：在接口视图下，设置指定的 VLAN 通过当前 Trunk 端口。默认情况下，Trunk 端口只允许 VLAN 1 的报文通过。如果在二层网络中有多个 VLAN，对链路所通过的 VLAN 做合理的规划，尽量避免配置 port trunk permit vlan all 命令。

b. port trunk pvid vlan vlan-id：在接口视图下设置 Trunk 端口的默认 VLAN。默认情况下，Trunk 端口的默认 VLAN 为 VLAN 1。

交换机 SWB 上的配置与 SWA 上的配置完全一样，这里省略。

在交换机上查看 VLAN 的相关信息，结果如下所示。

```
[SWA]dis vlan all..................................//显示交换机上的所有 VLAN 信息
VLAN ID:1
```

VLAN type: Static
Route interface: Not configured
Description: VLAN 0001
Name: VLAN 0001
Tagged ports:
　　GigabitEthernet1/0/24
Untagged ports:
　　FortyGigE1/0/53　　　　　　FortyGigE1/0/54
　　GigabitEthernet1/0/3　　　　GigabitEthernet1/0/4
　　………………………………………………（此处省略多个端口）
　　GigabitEthernet1/0/48
　　Ten-GigabitEthernet1/0/49
　　Ten-GigabitEthernet1/0/50
　　Ten-GigabitEthernet1/0/51
　　Ten-GigabitEthernet1/0/52

VLAN ID: 10
VLAN type: Static
Route interface: Not configured
Description: VLAN 0010
Name: VLAN 0010
Tagged ports:　　None
Untagged ports:
　　GigabitEthernet1/0/1　　　　GigabitEthernet1/0/24

VLAN ID: 20
VLAN type: Static
Route interface: Not configured
Description: VLAN 0020
Name: VLAN 0020
Tagged ports:
　　GigabitEthernet1/0/24
Untagged ports:
GigabitEthernet1/0/2
[SWA]display port trunk………………………………………………………………//显示 Trunk 端口信息
Interface　　　　　　PVID　　VLAN Passing
GE1/0/24　　　　　　10　　　　1, 10, 20

　　在上述查看信息中，交换机上的所有 VLAN 都包含了 Trunk 链路端口 GigabitEthernet1/0/24，在该端口的 PVID VLAN 中，该 Trunk 端口属于 Untagged port，而对于其他 VLAN，该端口则属于 Tagged port。Trunk 链路端口的状态会随着配置的变化而变化，要注意观察。
　　交换机 SWB 上的 Trunk 链路端口的配置与 SWA 的相似，不再赘述，但这里一定要注意的是 Trunk 链路两端的 PVID 一定要配置一致。

③ 跨交换机 VLAN 互通测试。在 PCA 上用 Ping 命令来测试与 PCC 能否互通，结果如下所示，两主机间能够互通。

```
C:\Documents and Settings\Administrator>ping 192.168.10.2

Pinging 192.168.10.2 with 32 bytes of data:

Reply from 192.168.10.2：bytes=32 time<1ms TTL=64
Reply from 192.168.10.2：bytes=32 time<1ms TTL=64
Reply from 192.168.10.2：bytes=32 time<1ms TTL=64
Reply from 192.168.10.2：bytes=32 time<1ms TTL=64

Ping statistics for 192.168.10.2：
    Packets：Sent=4，Received=4，Lost=0 (0% loss)，
Approximate round trip times in milli-seconds：
    Minimum=0ms，Maximum=0ms，Average=0ms
```

在 PCB 上 Ping PCD，结果与上同，这说明通过交换机间 Trunk 链路的配置实现了跨交换机相同 VLAN 的互联互通。

（3）配置三层交换机实现 VLAN 隔离办公网络的全互联

某公司销售部和市场部人员采用混合办公，在两个办公地点各占用一间办公室。办公人员的电脑都连接到办公室的交换机上。要求相同部门主机能够二层上互相访问，不同部门主机二层上不能访问，但三层上可以访问。根据组网需求，搭建如图 2-16 所示的网络拓扑。

SWA 和 SWB 分别是两间办公室二层交换机，实现 VLAN 划分。SWC 是三层交

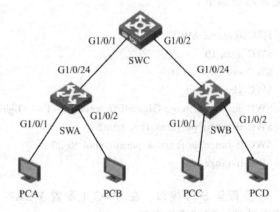

图 2-16　网络拓扑图

换机，承担各 VLAN 的网关功能。PCA 和 PCC 是销售部主机，属于 VLAN 10；PCB 和 PCD 是市场部主机，属于 VLAN 20。各台主机参数配置如表 2-4 所示。

表 2-4　主机参数配置

名称	IP 地址	子网掩码	网关	所属 VLAN
PCA	10.0.0.1	255.255.255.0	10.0.0.254	10
PCB	20.0.0.1	255.255.255.0	20.0.0.254	20
PCC	10.0.0.2	255.255.255.0	10.0.0.254	10
PCD	20.0.0.2	255.255.255.0	20.0.0.254	20

第 1 步：配置 SWA 的 VLAN 和 Trunk 端口，配置清单如下：

```
〈H3C〉system-view
System View: return to User View with Ctrl+Z.
[H3C]sysname SWA
[SWA]vlan 10
[SWA-vlan10]port GigabitEthernet1/0/1
[SWA-vlan10]quit
[SWA]vlan 20
[SWA-vlan20]port GigabitEthernet1/0/2
[SWA]interface GigabitEthernet 1/0/24
[SWA-GigabitEthernet1/0/24]port link-type trunk
[SWA-GigabitEthernet1/0/24]port trunk permit vlan 10 20
[SWA-GigabitEthernet1/0/24]quit
[SWA]
```

交换机 SWB 上配置 VLAN 和 Trunk 端口的命令与 SWA 相同，不再赘述。

第 2 步：SWC 配置。

① 配置 VLAN 和 Trunk 端口。三层交换机 SWC 要承担各 VLAN 内主机的网关功能，为了能实现网关功能，SWC 首先要创建相应的 VLAN，并实现与二层交换机的数据连接。配置命令如下：

```
[H3C]sysname SWC
[SWC]vlan 10
[SWC-vlan10]vlan 20
[SWC-vlan20]quit
[SWC]interface range GigabitEthernet 1/0/1 to GigabitEthernet 1/0/2
[SWC-if-range]port link-type trunk
[SWC-if-range]port trunk permit vlan 10 20
[SWC-if-range]
```

② 配置 SVI 接口。在 SWC 上配置 VLAN 10 和 VLAN 20 的 SVI 接口，启动 SWC 的路由功能，配置命令如下：

```
[SWC]interface vlan-interface 10                    //配置 VLAN 10 的 SVI 接口并进入接口视图
[SWC-vlan-interface]ip address 10.0.0.254 255.255.255.0    //VLAN 10 的网关地址
[SWC-vlan-interface]quit
[SWC]interface vlan-interface 20
[SWC-vlan-interface]ip address 20.0.0.254 24
[SWC-vlan-interface]quit
```

在担任 VLAN 网关的交换机上配置 VLAN 的 SVI 接口，承担 VLAN 的网关，完成不同 VLAN 之间报文的路由。

第 3 步：VLAN 间互通测试。

根据要求配置各主机的 IP 地址和网关地址，进行连通性测试。

以 PCA Ping PCB 为例，验证不同 VLAN 间通信。测试结果如下所示，表明在三层交换机上通过 SVI 方式实现了不同 VLAN 间的通信。

```
C:\Documents and Settings\Administrator>ping 20.0.0.1
Pinging 20.0.0.1 with 32 bytes of data:

Reply from 20.0.0.1:bytes = 32 time<1ms TTL = 64
Reply from 20.0.0.1:bytes = 32 time<1ms TTL = 64
Reply from 20.0.0.1:bytes = 32 time<1ms TTL = 64
Reply from 20.0.0.1:bytes = 32 time<1ms TTL = 64

Ping statistics for 20.0.0.1:
    Packets:Sent = 4, Received = 4, Lost = 0 (0% loss),
Approximate round trip times in milli-seconds:
    Minimum = 0ms, Maximum = 0ms, Average = 0ms
```

2.2.3 任务描述

3A 网络技术有限公司技术人员对校园网进行 VLAN 规划与配置,具体要求如下:

① 1#教学楼的 1 楼和 2 楼是机电系与建筑系的混合办公与教学场所,1 楼机电系办公室及教室共 9 间,建筑系的办公室及教室共 12 间,2 楼机电系办公室及教室 10 间,建筑系办公室及教师 9 间,为了安全,要求两系网络在二层上不连通。

② 2#教学楼的 1 楼是化工系办公室及教室,2 楼是财经系办公室及教室,两系网络在二层上不连通。

③ 教学楼内网络需要互联互通。

2.2.4 任务分析

根据任务描述,1#教学楼和 2#教学楼中的四个教学单位应该划分为四个不同的 VLAN。两栋教学楼各楼层的接入交换机应该根据教学单位的教室及办公室数量分配一定数量的端口到相应 VLAN 中。两栋教学楼的楼宇汇聚层交换机作为楼宇内各 VLAN 的网关。

为了更好地完成任务,需要做好相应的 VLAN 规划,依据规划进行任务实施。VLAN 规划表可参考如表 2-5 所示格式。

表 2-5 VLAN 规划表

设备	接口或 VLAN	VLAN 名称	二层或三层规划	说明
S1 接入层交换机	VLAN 10	Office10	Gi0/1 至 Gi0/4	办公网段
	VLAN 20	Office20	Gi0/5 至 Gi0/8	办公网段
	VLAN 100	Manage	192.168.100.4/24	设备管理 VLAN
	Gi0/24	Trunk		Trunk 端口
S2 汇聚层交换机	VLAN 10	Office10	192.168.10.254/24	VLAN 网关
	VLAN 20	Office20	192.168.20.254/24	VLAN 网关
	VLAN 100	Manage	192.168.100.3/24	管理与互联 VLAN
	Gi0/1	Trunk		Trunk 端口
	Gi0/2	Trunk		Trunk 端口

2.2.5 任务实施

① 根据网络拓扑及要求进行 VLAN 规划，并根据项目 1 中规划的用户 IP 地址，形成 VLAN 及 IPv4 地址分配表。

② 根据 VLAN 规划表，在交换机 S4、S5、S6 和 S7 上创建 VLAN、分配端口以及配置 Trunk 链路。

③ 在交换机 S2 和 S3 上创建 VLAN，配置 Trunk 链路，创建 VLAN 对应 SVI 端口，并根据 IP 规划进行 IP 地址配置。

④ 查看各台交换机上的 VLAN 配置信息，通过 Ping 命令测试 VLAN 间通信。

2.2.6 课后习题

1. VLAN 是利用交换机在一个物理网络上划分多个（ ）网络的技术。
   A. 区域　　　　B. 小型　　　　C. 逻辑　　　　D. 部门

2. 下列（ ）是静态 VLAN 分配方法。
   A. 基于端口的 VLAN　　　　B. 基于 MAC 地址的 VLAN
   C. 基于协议的 VLAN　　　　D. 基于子网的 VLAN

3. 标准以太网帧中应该包括（ ）。
   A. 目标 MAC 地址　　　　　B. 源 MAC 地址
   C. 类型　　　　D. 数据　　　　E. 校验码

4. 划分 VLAN 的交换机连接 PC 的端口是（ ）端口。
   A. 路由 route　　B. Access 链路　C. Trunk 链路　D. hybrid 链路

5. 交换机与交换机之间连线端口一般为（ ）。
   A. route　　　　B. Access　　　　C. Trunk　　　　D. hybrid

6. 创建 VLAN 并进入 VLAN 视图的命令是（ ）。
   A. ［Switch-Ethernet1/0/1］port trunk pvid vlan 10
   B. ［Switch］display vlan
   C. ［Switch-Ethernet1/0/1］port trunk permit vlan 10
   D. ［Switch］vlan 10

7. 查看交换机当前存在的 VLAN 信息的命令是（ ）。
   A. ［Switch］vlan 10　　　　　　B. ［Switch-vlan10］port GE1/0/1
   C. ［Switch］display vlan　　　　D. ［Switch］interface vlan-interface 10

8. 允许指定的 VLAN 通过当前 Trunk 端口的命令是（ ）。
   A. ［Switch-Ethernet1/0/1］port trunk permit vlan 10
   B. ［Switch-vlan-interface10］ip address 192.168.10.1 255.255.255.0
   C. ［Switch］display vlan
   D. ［Switch-Ethernet1/0/1］port link-type trunk

9. 将指定端口加入当前 VLAN 中的命令是（ ）。
   A. ［Switch-Ethernet1/0/1］port link-type trunk
   B. ［Switch-vlan10］port GE1/0/1
   C. ［Switch］interface vlan-interface 10
   D. ［Switch-Ethernet1/0/1］port trunk permit vlan 10

记一记:

任务 2.3　生成树协议 STP

在网络工程中有时为了进行链路备份，提高网络可靠性，通常会使用冗余链路。但是使用冗余链路会在二层交换网络上产生环路，并导致广播风暴以及 MAC 地址表不稳定等故障现象，从而导致用户通信质量较差，甚至通信中断，严重影响网络性能。生成树协议（Spanning Tree Protocol，STP）就是能使网络既提供冗余链路又不产生环路的技术。

需解决问题
1. 掌握生成树协议的类型及工作原理。
2. 能够根据业务需求选择相应的生成树协议。
3. 能够根据需要配置 STP、RSTP、MSTP。

2.3.1　任务目标

为确保网络具有良好的可靠性和稳定性，3A 公司在搭建校园网络时启用了冗余链路，网络中也因此引入了环路。本任务通过在交换机上启动生成树协议 STP，在具有环路的物理网络上有选择地阻塞网络中的冗余链路来形成逻辑上无环路的树型网络。通过配置生成树协议 STP，使网络既提供冗余链路，同时又不会产生因网络环路所造成的一系列问题。

2.3.2　技术准备

2.3.2.1　理论知识

（1）STP 产生背景

在传统交换网络中，设备之间通过单条链路进行连接。当某个节点或是某条链路发生故障时可能导致网络无法访问，出现单点故障。解决单点故障的办法是在多台交换机组成的网络环境中使用一些备份连接，但备份连接会使网络产生环路。由于交换机本身的特性，对广播帧和未知单播帧进行广播处理，因此交换网络中的冗余链路会产生广播风暴、多帧复制、MAC 地址表不稳定等现象，严重影响网络的正常运行。下面就网络环路产生的问题分析如下。

1）广播风暴

由于交换机对广播帧不进行任何过滤，总是将广播帧原样进行广播处理，广播到除接收端口之外的所有端口。如果网络中存在环路，这些广播帧将在网络中不停地转发，消耗大量 CPU、内存以及带宽资源，直至交换机出现超负荷故障，阻塞网络通信。网络拓扑结构图如图 2-17 所示，下面分析网络产生广播风暴的过程。

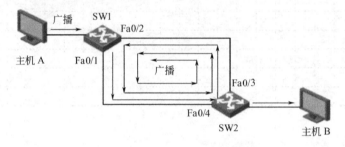

图 2-17　广播风暴网络拓扑结构图

首先，主机 A 发送一个广播帧，交换机 SW1 收到这个帧后，查看目标 MAC 地址，发现是一个广播帧，则向除了接收端口之外的所有其他端口转发这个帧，也就是向端口 Fa0/1 和 Fa0/2 转发。交换机 SW2 从 Fa0/3 和 Fa0/4 分别收到 SW1 转发的广播帧，它也会与 SW1 一样进行广播转发处理，也就是从 Fa0/3 端口收到的广播帧会广播到主机 B 及 SW1 的 Fa0/1 端口；从 Fa0/4 端口收到的广播帧会广播到主机 B 及 SW1 的 Fa0/2 端口。交换机 SW1 又收到 SW2 广播回来的广播帧，同样还要广播处理……，该广播帧便会在 SW1 和 SW2 所形成的环上一直不停地传播下去，便形成所谓的广播风暴。

2）多帧复制

当网络中存在环路时，目的主机可能会收到某个数据帧的多个副本，不但会浪费目的主机资源，还会导致上层协议在处理这些数据帧时无从选择，产生迷惑，严重时还可能导致网络连接的中断。如图 2-18 所示。

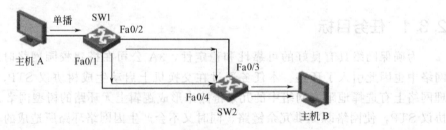

图 2-18　多帧复制

当主机 A 发送一个单播帧给主机 B 时，如果交换机 SW1 的 MAC 地址表中没有主机 B 的地址记录，交换机 SW1 会将这个单播帧从端口 Fa0/1 和 Fa0/2 广播出去。交换机 SW2 分别从 Fa0/3 和 Fa0/4 收到发送给主机 B 的两份单播帧。如果 SW2 的 MAC 地址表中存在主机 B 的 MAC 地址记录，交换机 SW2 会将收到的单播帧分别转发给主机 B，这样主机 B 就会收到同一个帧的两个副本，形成了多帧复制现象。

3）MAC 地址表不稳定

当交换机连接不同网络时，将会出现通过不同端口接收到同一个广播帧的多个副本的情况。这一过程也会同时导致 MAC 地址表的多次刷新。这种持续的更新、刷新过程会严重耗用内存资源，影响该交换机的交换能力，同时降低整个网络的运行效率。严重时，将耗尽整个网络资源，并最终造成网络瘫痪。

正如前面所讨论的那样，当主机 A 给主机 B 发送单播帧时，交换机 SW1 从 Fa0/1 和 Fa0/2 分别广播两份单播帧出去，交换机 SW2 分别从 Fa0/3 和 Fa0/4 接收两份单播帧。根据交换机 MAC 地址学习机制，如果交换机 SW2 的 MAC 地址表中没有主机 A 的 MAC 地址记录，SW2 将学习主机 A 在 SW2 的 MAC 地址记录。当从 Fa0/3 收到帧时，SW2 认为主机 A 连接到 Fa0/3 端口，添加 MAC 地址表，记录主机 A 对应 Fa0/3；当从 Fa0/4 收到帧时，认为主机 A 连接到 Fa0/4 端口，SW2 又要修正 MAC 地址表，记录主机 A 对应 Fa0/4。当主机 B 向主机 A 回复一个单播帧后，同样情况也会发生在交换机 SW1 中，如图 2-19 所示。

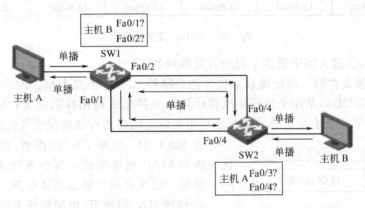

图 2-19　MAC 地址表不稳定

通过上述分析，交换机 SW2 的 MAC 地址表中关于主机 A 的地址记录会在接口 Fa0/3 和 Fa0/4 间不断刷新跳变；交换机 SW1 的 MAC 地址表中主机 B 的地址记录同样也会在接口 F0a/1 和 F0a/2 间不断刷新跳变，无法稳定下来，消耗交换机 CPU 资源，降低交换机工作效率，造成网络传输效率低下。

如何使网络既提供冗余链路，同时又不产生因环路所造成的上述问题呢？生成树协议就是专门为解决这个问题而设计的。

（2）生成树协议概述

为了解决交换机冗余环路带来的广播风暴等问题，交换机上需要启动生成树协议（Spanning Tree Protocol，STP）以避免此类现象的发生。

STP 能够通过计算，有选择地阻塞网络中的冗余链路来消除二层网络中存在的环路，同时当链路发生故障时，生成树能够快速地打开被阻塞的端口，恢复数据的转发。这种方式可以确保到每个目的地数据帧都只有唯一路径，不会产生环路，从而达到管理冗余链路的目的。

生成树协议 STP 包括狭义的 STP 和广义的 STP 两种。狭义的 STP 是指 IEEE 802.1D 标准中定义的 STP；广义 STP 既包括 IEEE 802.1D 标准中的 STP，同时也包括 IEEE 802.1W 标准中定义的 RSTP 和 IEEE 802.1S 标准中定义的 MSTP 等。下面将对每种技术进行讲解。

（3）生成树协议 STP

为了解决冗余链路所引起的问题，IEEE 提出 802.1D 协议，即 STP 协议。STP 协议在交换机上运行一套复杂的算法，通过彼此交互信息发现网络中的环路，并有选择地对某些端口进行堵塞，使得网络中的计算机在通信时只有一条主链路生效，而当主链路发生故障时，生成树协议将会重新计算出网络的最优路径，将处于阻塞状态的端口重新打开。STP 致力于将环路网络结构修剪成无环路的树型网络结构，从而防止数据帧在环路网络中无限循环转发下去。

1）桥协议数据单元 BPDU（Bridge Protocol Data Units）

STP 协议的所有功能都是通过交换机之间周期性地发送 STP 桥接协议数据单元来实现的。STP 通过在交换机之间传递 BPDU 报文帧来确定网络的拓扑结构，进而完成生成树的计算。BPDU 报文帧格式如图 2-20 所示。

Protocol ID (2 Bytes)	Version (1 Bytes)	Type (1 Bytes)	Flags (1 Bytes)	Root ID (8 Bytes)	Root Path Cost (4 Bytes)
Sender BID (8 Bytes)	Port ID (2 Bytes)	Message Age (2 Bytes)	Max Age (2 Bytes)	Hello Time (2 Bytes)	Forward Delay (2 Bytes)

图 2-20　BPDU 报文帧格式

下面对 BPDU 报文帧中重要字段的含义解释如下。

① Type：报文类型，决定该帧中包含的是哪种 BPDU 消息类型。BPDU 消息类型分为两类：a. 配置 BPDU，是用来进行生成树计算和维护生成树拓扑的报文；b. 拓扑变化通知 BPDU，当拓扑结构发生变化时，用来通知相关设备网络拓扑结构发生变化的报文。

图 2-21　网桥 ID

② Root ID：根桥 ID，由根桥（Root Bridge）的优先级和 MAC 地址组成，每个 STP 网络中有且仅有一个根桥。这里有两个概念需要掌握：

a. 网桥 ID，网桥 ID 由网桥优先级和 MAC 地址组成，如图 2-21 所示。网桥优先级数值越小级别越高。优先级的设置值有 16 个，都为 4096 的倍数，分别是 0、4096、8192、…、57344 和 61440，默认值为 32768。

b. 根桥，根桥是指 STP 网络中网桥 ID 最小的那个。网桥 ID 的比较方法是先比较网桥 ID 的优先级，优先级高的网桥 ID 小，当优先级相同时，再比较 MAC 地址，MAC 地址小的网桥 ID 小。

③ Root Path Cost：到根桥的最小路径开销值。如果是根桥，其路径开销为 0；如果是非根桥，则为到达根桥的最短路径上所有路径开销的和。通常情况下，链路的开销与物理带宽成反比。带宽越大，表明链路通过能力越强，则路径开销越小。带宽与开销的关系由 IEEE 制定，如表 2-6 所示。

表 2-6　第一次和第二次修正的路径开销

链路速度	第一次修正的路径开销	第二次修正的路径开销
10Gbit/s	1	2
1Gbit/s	1	4
100Mbit/s	10	19
10Mbit/s	100	100

④ Port ID：端口 ID，每个端口 ID 值都是唯一的，由端口优先级和端口编号组成，如图 2-22 所示。

图 2-22　端口 ID

端口优先级数值越小级别越高。端口优先级值也有 16 个，都为 16 的倍数，分别是 0、16、32、…、224 和 240，默认值为 128。这个字段记录发送 BPDU 网桥出端口。

⑤ Message Age：报文老化时间，即配置消息在网络中传播的生存期。

⑥ Max Age：最大老化时间，即配置消息在设备中的最大生存期，用于判断配置消息在设备内的保存时间是否"过时"，设备会将过时的配置消息丢弃。

⑦ Hello Time：配置消息的发送周期，默认是 2s。

⑧ Forward Delay：端口状态迁移的延迟时间，链路故障会引发网络重新进行生成树计算，生成树的结构将发生相应的变化。不过重新计算得到的新配置消息无法立刻传遍整个网络，如果新选出的根端口和指定端口立刻就开始数据转发的话，可能会造成暂时性的环路。为此，STP 采用了一种状态迁移的机制，新选出的根端口和指定端口要经过 2 倍的 Forward Delay 延时后才能进入转发状态，这个延时保证了新的配置消息已经传遍整个网络。

2）STP 工作过程

生成树协议产生树型网络结构的工作过程需要经过 4 个操作步骤。第 1 步：选举一个根网桥；第 2 步：在每个非根网桥上选举一个根端口；第 3 步：在每个网段上选举一个指定口；第 4 步：阻塞非根、非指定端口。下面对每一步的具体操作分别介绍如下。

第 1 步：选举根交换机。

在生成树协议中，经常提到网桥的概念。网桥也是网络中经常使用的链路层设备之一（最简单的网桥有 2 个端口），目前多数被交换机取代。交换机与网桥有很多相似的特性，都支持帧转发、帧过滤、生成树算法等。我们可以简单地理解为交换机是多端口的网桥。在以下介绍生成树协议时将网桥与交换机等同对待。

每个网络中将具有最小网桥 ID 的交换机选举为根交换机，根交换机只有一个，那么网络是如何选举根交换机的呢？

当网络中交换机启动后，每台交换机都认为自己是根交换机，把自己的网桥 ID 写入 BPDU 中的根网桥 ID 字段中，然后，交换机向网络中广播发送配置完毕的 BPDU，此时其根 ID 与网桥 ID 的值相同。

当一台交换机收到另一交换机发来的 BPDU 后，将刚收到 BPDU 的根网桥 ID 与自己的网桥 ID 比较，若刚收到的 BPDU 中的根网桥 ID 字段值更低，就将这个更低的根网桥 ID 写到自己 BPDU 的根网桥 ID 字段，再向外发送。若刚收到的 BPDU 中的根网桥 ID 字段值比自己的网桥 ID 大，就将自己网桥 ID 写到自己 BPDU 的根网桥 ID 字段，再向外发送。在网络中的所有交换机都重复这个操作，经过一段时间以后，所有交换机的网桥 ID 比较完成后，就可以选举出具有最小网桥 ID 的交换机为根交换机，如图 2-23 所示，3 台交换机中 SWA 和 SWC 的优先级值为 0，最小且相同，此时要继续比较 SWA 和 SWC 的 MAC 地址，SWA 的 MAC 地址小，因此 SWA 的桥 ID 最小，它将成为网络中的根交换机。在选举根交换机时，先比较各台交换机的优先级，优先级值小的桥 ID 小，当优先级相同时再比较 MAC 地址，MAC 地址小的桥 ID 小。

网络收敛后，若有桥 ID 更小的交换机接入网络，它会把自己当作根网桥向网络中发送

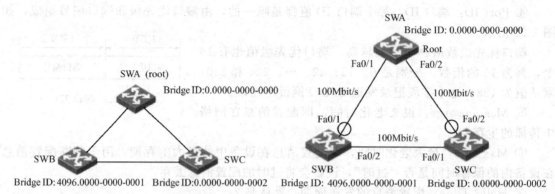

图 2-23 选举根桥　　　　　图 2-24 比较路径开销选举根端口

BPDU，网络中其他交换机收到 BPDU 后进行比较，重新计算根交换机。根交换机默认情况下每 2s 发送一次 BPDU，生成树中的其他交换机接收 BPDU 后依据其中传递的信息进行根端口、指定端口的选举。

第 2 步：选举根端口。

在所有非根交换机上选举根端口。选举根端口的优先顺序为：首先，依据根路径开销最小选举；其次，依据发送网桥 ID 最小选举；最后，依据发送端口 ID 最小选举。根端口处于转发状态。

① 依据根路径开销最小选举。如图 2-24 所示，SWA 为根交换机，SWB 和 SWC 需要选举出到达 SWA 的根端口。对于 SWB 从 Fa0/1 达到 SWA 的根路径开销为 19，从 Fa0/2 到达 SWA 的根路径开销为 19+19=38，所以 Fa0/1 将成为 SWB 的根端口（用"〇"标识）。同理，对于 SWC 而言，Fa0/2 将成为根端口。

② 依据发送网桥 ID 最小选举。若一台非根交换机到达根交换机有多条开销相同的路径，那么此时又应如何选举根端口呢？在根路径开销相同情况下，则比较发送网桥 ID，选举收到发送网桥 ID 小的端口为根端口。如图 2-25 所示，交换机 SWA 为根交换机，对于 SWD 交换机到达根交换机有 2 条路径，SWD→SWC→SWA 和 SWD→SWB→SWA，比较路径开销，两条路径开销都为 38。比较发送 BPDU 交换机的桥 ID，显然 SWC 的桥 ID 更小，因此选择 SWD→SWC→SWA 为到达根交换机的最短路径，交换机 SWD 的根端口为

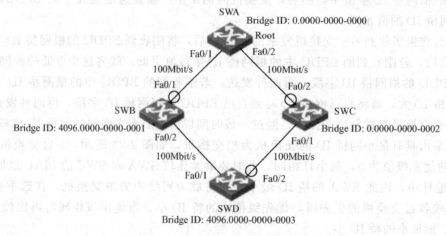

图 2-25 比较发送网桥 ID 选举根端口

Fa0/2。

③ 依据发送端口 ID 最小选举。若从不同的端口收到的发送网桥 ID 也相同，那么又该如何选举根端口呢？在比较发送网桥 ID 相同的情况下，则比较这些 BPDU 中的发送端口 ID，选举收到发送端口 ID 小的端口为根端口。如图 2-26 所示，SWA 为根交换机。根据比较发送交换机的桥 ID 确定 SWD 到达根交换机最短路径为 SWD→SWC→SWA，但是，SWD 与 SWC 间通过两条 100Mbit/s 链路连接，比较发送 BPDU 的交换机端口 ID。在端口优先级相同情况下，显然 Fa0/1 端口的 ID 更小，因此交换机 SWD 的根端口为 Fa0/2。

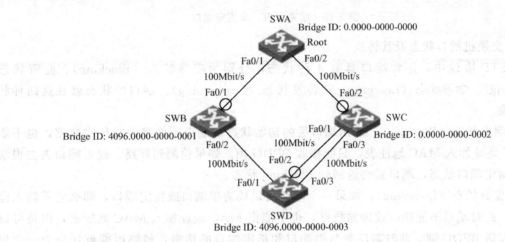

图 2-26 比较发送网桥端口 ID 选举根端口

第 3 步：选举指定端口。

在 STP 网络中，每个网段都需要选举出一个指定端口来为这个网段转发数据流，指定端口为该网段到达根交换机最近的指定交换机端口，指定端口保持转发状态。指定端口选举规则同根端口选举规则。如图 2-27 所示，SWA 为根交换机。根交换机的端口 Fa0/1、Fa0/2 由于根路径开销为 0，都当选为指定端口。连接 SWB-SWC 网段的情况稍复杂些，该网段上两个端口的根路径开销都是 38，需要比较桥 ID，SWC 的优先级小，故 SWC 的桥 ID 小，因此 SWC 的 Fa0/1 被选举为指定端口（用"□"标识）。

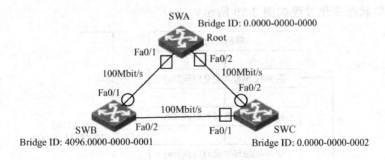

图 2-27 选举指定端口

第 4 步：阻塞非根、非指定端口。

当交换机已经选举出根端口、指定端口后，其余端口为非根、非指定端口（用"×"标识）。根端口、指定端口处于转发数据状态，而非根、非指定端口处于堵塞状态，由此形成逻辑上无环路的网络拓扑结构，如图 2-28 所示。

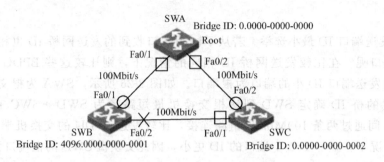

图 2-28 堵塞非根、非指定端口

3）交换机端口状态及其转换

在 STP 协议中，正常端口具有 4 种状态，分别为阻塞状态（Blocking）、监听状态（Listening）、学习状态（Learning）和转发状态（Forwarding）。端口的状态就在这四种状态中转换。

① 阻塞状态（Blocking）：启用端口后的初始状态。端口不能接收或传输数据，也不能把 MAC 地址加入 MAC 地址表，只能接收 BPDU 帧。如果检测到环路，或者端口失去根端口或是指定端口状态，端口就会返回到 Blocking 状态。

② 监听状态（Listening）：如果一个端口可以成为根端口或指定端口，那么它就转入监听状态。此时端口不能接收或传输数据，也不能把 MAC 地址加入 MAC 地址表，但是可以接收和发送 BPDU 帧。此时端口参与根端口和指定端口的选举，最终可能被选举为一个根端口或指定端口。如果该端口失去根端口或指定端口的地位，则重新返回 Blocking 状态。

③ 学习状态（Learning）：在转发延时间隔时间（15s）超时后，端口进入学习状态。此时端口不能传输数据，但可以发送和接收 BPDU 帧，也可以学习 MAC 地址并加入 MAC 地址表。

④ 转发状态（Forwarding）：在转发延时间隔时间（15s）超时后，端口进入转发状态。此时端口能够发送和接收数据，学习 MAC 地址，发送和接收 BPDU。

除此之外，交换机端口还有一种状态就是禁用（Disabled）状态，这种状态是由管理员设定或因网络故障使系统端口处于 Disabled 状态。

交换机端口状态变化过程如图 2-29 所示。

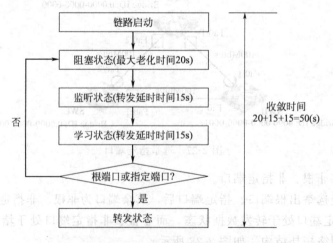

图 2-29　STP 交换机端口状态变化过程

当交换机加电启动时，所有的端口从初始状态进入阻塞状态，它们从这个状态开始监听 BPDU。当交换机第一次启动时，它会认为自己是根交换机，会转换为监听状态。如果一个端口处于阻塞状态并在一个最大老化时间（20s）内没有接收到新的 BPDU，端口也会从阻塞状态转换为监听状态。

在监听状态下，所有交换机选举根网桥，在非根网桥上选举根端口，并且在每个网段中选举指定端口。经过一个转发延时时间（15s）后，端口进入学习状态。如果一个端口在学习状态结束后（再经过一个转发延时时间15s）还是根端口或指定端口，这个端口就进入了转发状态，可以正常接收和发送用户数据，否则就回到阻塞状态。

经过以上过程（50s）后，网络达到稳定状态，所有端口或进入转发状态，或进入阻塞状态。根交换机每隔2s定期发送BPDU，指定交换机从根端口接收BPDU，从指定端口发送出去，维护网络链路状态。如果网络拓扑发生变化，STP会重新计算，端口状态也随之改变。

4）STP 的不足

在实际的应用中，STP 也有很多不足之处。最主要的缺点是端口从阻塞状态到转发状态至少需要两倍的 Forward Delay 时间，导致网络的连通性至少要几十秒的时间之后才能恢复。如果网络中的拓扑结构变化频繁，网络会频繁失去连通性，这样用户就会无法忍受。

为了在拓扑变化后网络尽快恢复连通性，交换机在 STP 的基础上发展出 RSTP。

（4）快速生成树协议（Rapid Spanning Tree Protocol，RSTP）

RSTP（IEEE 802.1W）是从 STP（802.1D）标准发展而来的，是 STP 协议的优化版，完全兼容 STP。RSTP 的很多术语和 STP 相同，大部分参数被保留下来，因此熟悉 STP 协议的用户可以很快配置 RSTP。当第 2 层拓扑发生变化时，RSTP 加速了生成树的重新计算，有时用不到1s的时间就可完成收敛。为了加快网络拓扑变化时的收敛速度，RSTP 在 STP 的基础上做了很多改进，具体描述如下。

1）端口状态

在 STP 中端口可能经历阻塞、监听、学习、转发及禁用 5 种工作状态。RSTP 中对端口工作状态进行了优化整合，将 STP 的阻塞、监听和禁用状态合并为丢弃状态，形成丢弃（Discarding）、学习（Learning）、转发（Forwarding）3 种工作状态。

2）端口角色

在 STP 中的端口角色有根端口、指定端口、阻塞端口及禁用端口 4 种类型。在 RSTP 中的端口角色除 STP 的端口角色外，还为根端口和指定端口各增加了一个备份端口，分别为替换端口（Alternate Port，AP）和备份端口（Backup Port，BP），如图 2-30 所示，其中根端口和指定端口同 STP 的根端口和指定端口相同。

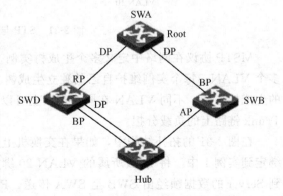

图 2-30　RSTP 交换机端口角色

这里重点了解一下替换端口和备份端口。

① 替换端口。替换端口是 RSTP 新引入的端口角色，作为根端口的备份端口。替换端口可以接收 BPDU 报文，但是不转发数据。当根端口发生故障后，替换端口将成为根端口。

② 备份端口。备份端口也是 RSTP 新引入的端口角色，作为指定端口的备份端口。备份端口可以接收 BPDU 报文，但是不转发数据。当指定端口发生故障后，备份端口将成为指定端口。

当根端口或是指定端口发生故障时，如果一个端口是替换端口或是备份端口，不需要等待网络的收敛就可以立即改变到转发状态，大大缩短了网络最终达到拓扑稳定所需要的时间。

（5）多生成树协议（Multiple Spanning Tree Protoclo，MSTP）

STP 使用生成树算法，能够在交换网络中避免环路造成的故障，并实现冗余路径的备份功能。RSTP 则进一步提高了交换网络拓扑变化时的收敛速度。

然而当前的交换网络往往工作在多 VLAN 环境下。在 802.1Q 封装的 Trunk 链路上，同时存在多个 VLAN，每个 VLAN 实质上是一个独立的两层交换网络。为了给所有的 VLAN 提供避免环路和冗余备份功能，就必须为所有的 VLAN 都提供生成树计算。

前面所介绍的 STP 和 RSTP 采用的方法是使用统一的生成树。所有的 VLAN 共用一棵生成树（Common Spanning Tree，CST），其拓扑结构也是一致的。因此在一条 Trunk 链路上，所有的 VLAN 要么全部处于转发状态，要么全部处于阻塞状态。

在图 2-31 所示情况下，SWB 到 SWA 的端口被阻塞，则从 PCA 到 Server 的所有数据都需要经过 SWB→SWC→SWA 的路径传递。SWB 至 SWA 之间的带宽完全浪费了。IEEE 802.1S 定义的 MSTP 可以实现 VLAN 级负载均衡。

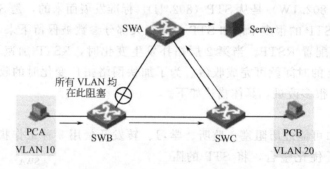

图 2-31　STP 与 RSTP 的不足

MSTP 协议在网络中定义多个生成树实例（实例 0~4094，默认实例 0），每个实例对应多个 VLAN，每个实例维护自己的独立生成树。这样就可以使不同的 VLAN 具有完全不同的生成树拓扑，不同 VLAN 在同一端口上可以具有不同的状态，从而实现 VLAN 数据流在 Trunk 链路上的负载分担。

在图 2-31 的拓扑结构中，如果在交换机上启动 MSTP 协议，将 PCA 所属的 VLAN 10 绑定到实例 1 中，将 PCB 所属的 VLAN 20 绑定定到实例 2 中，并且通过配置，实现 PCA 到 Server 的数据帧经由 SWB 至 SWA 传送，PCB 到 Server 的数据帧经由 SWC 至 SWA 传送，从而实现不同 VLAN 的数据流有着不同的转发路径，充分利用网络中的每一条链路，实现数据流的负载分担，如图 2-32 所示。

STP 可以在交换网络中形成一棵无环路的树，解决环路故障并实现冗余备份，RSTP 在 STP 功能基础上通过使根端口和指定端口快速进入转发状态和简化端口状态等方法提供了更快的收敛速度，而 MSTP 则可以在大规模、多 VLAN 环境下形成多个生成树实例，从而

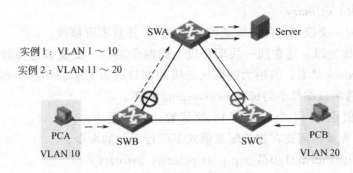

图 2-32　MSTP 的 VLAN 负载分担

高效地提供多 VLAN 负载均衡。通过三种协议特性比较，RSTP、MSTP 较 STP 具有更快的收敛速度，简化的端口状态迁移，同时 MSTP 又能够实现不同 VLAN 间数据流的负载分担，所以在可能的情况下，网络中尽量使用 MSTP 来避免环路。

（6）生成树协议的配置命令

1）配置 STP 与 RSTP

① 开启、关闭设备 STP 特性。交换机的生成树功能在默认情况下是处于关闭状态的。如果组网中需要通过环路设计来提供网络的冗余容错的能力，而同时又需要防止路径回环的产生，就需要用到生成树的功能。可以在系统视图下开启生成树功能。

[H3C]stp global enable

如果不需要生成树，则可以使用 undo 命令关闭生成树功能。

② 开启、关闭端口 STP 特性。如果用户在系统视图下启用了生成树，那么所有端口都默认参与生成树计算。如果用户可以确定某些端口连接的部分不存在回路，则可以在接口视图下关闭特定端口上的生成树功能。

[H3C-GigabitEthernet1/0/1]undo stp enable

如果需要开启生成树，则在接口视图下开启 STP 功能。

[H3C-GigabitEthernet1/0/1]stp enable

③ 配置 STP 的工作模式。MSTP 和 RSTP 能够互相识别对方的协议报文，可以互相兼容。而 STP 无法识别 MSTP 的报文，MSTP 为了实现和 STP 设备的混合组网，同时完全兼容 RSTP，设定了 3 种工作模式：STP 兼容模式、RSTP 模式、MSTP 模式。交换机默认工作在 MSTP 模式下，可以通过以下命令在系统视图下设置工作模式。

[H3C]stp mode{stp|rstp|mstp}

④ 配置交换机优先级。默认情况下，所有交换机的优先级都是相同的。此时，STP 只能根据 MAC 地址选择根桥，MAC 地址最小的桥则为根桥。但实际上，这个 MAC 地址最小的桥并不一定就是最佳的根桥。交换机的优先级关系到整个网络的根交换机选举，同时也关系到整个网络拓扑结构。通常把核心交换机优先级设置高些（数值小），使核心交换机成为根桥，有利于整个网络稳定。交换机优先级配置命令如下：

[H3C]stp priority *priority*

参数 *priority* 的数值共有 16 个，都为 4096 的倍数，分别是 0、4096、8192、…、61440，默认值为 32768。若定义某台交换机为根交换机，可将此交换机优先级设置为 0。

定义交换机为根交换机，也可以使用下面命令：

［H3C］stp root *primary*

该命令执行后，交换机的优先级就被配置成 0，并且不可修改。

⑤ 配置端口优先级。连在同一共享介质上的两个端口，交换机选择数值小的高优先级端口进入 Forwarding 状态，数值大的低优先级的端口进入 Discarding 状态。如果两个端口优先级一样，就选端口编号小的进入 Forwarding 状态。

端口优先级值也有 16 个，都为 16 的倍数，分别是 0、16、32、…、240，默认值为 128。配置端口优先级，需要在接口配置模式下运行下面的命令。

［H3C-GigabitEthernet1/0/1］stp port priority *priority*

⑥ 配置边缘端口。当交换机的某些接口直接与用户终端相连时，可以将该端口配置为边缘端口。这样当网络拓扑变化时，这些端口可以实现快速迁移到转发状态，而无须等待延迟时间。边缘端口配置可以在接口视图下通过下面的命令来实现。

［H3C-GigabitEthernet1/0/1］stp edged-port

因此，如果管理员确定某端口直接与终端相连，可以配置其为边缘端口，可以极大地加快生成树收敛速度。

⑦ 相关查看命令。在调试过程中，经常需要查看生成树的配置信息，包括显示生成树配置参数以及显示生成树的端口转发状态信息等。

显示生成树全局配置信息的命令为：

［H3C］dis stp

如果想要查看生成树中各端口的状态和角色，则用如下命令。

［H3C］dis stp brief

2）配置 MSTP

在 MSTP 技术中，交换网络中的多台交换机以及它们之间的网段构成了多生成树域（Multiple Spanning Tree Regions，MST 域）。多生成树实例（Multiple Spanning Tree Instance，MSTI）是在一个 MST 域内的每一棵生成树，一个或者多个 VLAN 映射到相应的生成树实例中。一个 MST 域具有三个参数并且具有如下特点：MST 域名相同，VLAN 与 MSTI 间映射关系配置相同，MSTP 修订级别的配置也相同。

默认情况下，MST 域的上述 3 个参数均取默认值，即设备的 MST 域名为设备的桥 MAC 地址，所有 VLAN 均对应到 MST 实例 0 上，MSTP 修订级别取值为 0，用户通过命令进入 MST 域视图后，可以对域的相关参数进行配置。

① 由系统视图进入域配置视图，配置命令为：

［H3C］stp region-configuration

② 配置域名，配置命令为：

［H3C-mst-region］region-name *name*

③ 配置修订级别，配置命令为：

［H3C-mst-region］revision-level *level*

④ 配置 VLAN 映射到 MST 实例，配置命令为：

［H3C-mst- region］instance *instance-id* vlan *vlan-list*

其中，*instance-id* 表示 MST 实例的 ID，取值范围为 0～4094。instance 命令用来将指定的 VLAN 列表映射到指定的生成树实例上，一个 VLAN 只能映射到一个实例上，但一个实例可以映射多个 VLAN。一个实例就是一棵树，因而多个实例就是多棵树，不同的树有不同的根、不同的结构，因而实现基于 VLAN 的负载分担。

⑤ 激活 MST 域配置，配置命令为：

[H3C-mst-region]active region-configuration

配置完域名、修订级别和 VLAN 映射关系后需要激活 MST 域的配置，此时 MSTP 会重算生成树。

⑥ 为 MST 域的实例指定根桥和备份根桥，配置命令为：

[H3C]stp instance *instance-id* root {primary | secondary}

当需要将某网桥设定为某 MST 实例中的根桥时，可以通过上面的命令配置实现，也可以通过修改网桥在该实例中的优先级来实现，配置命令为：

[H3C]stp instance *instance-id* priority *priority*

一般情况下，为了实现不同 VLAN 数据流的负载分担，不同实例会选择不同的网桥作为根桥。

2.3.2.2 实践技能

(1) 配置 STP 解决交换环路问题

学校的学生处与教务处计算机分别通过两台交换机接入到校园网，这两个部门平时经常有业务往来，要求保持两部门的网络畅通。为了提高网络的可靠性，建网时除了用一条光纤链路（G1/0/24）相连外，还备份了一条双绞线链路（G1/0/23），网络拓扑如图 2-33 所示。现要求在交换机上做适当配置，使网络既有冗余又避免环路。

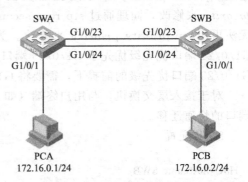

图 2-33 STP 网络拓扑图

对于这项任务，我们要在两台交换机上分别启动生成树协议 STP，使两条链路中的一条处于工作状态，另一条处于备份状态。当处于工作状态的链路出现问题时，备份链路在最短时间内投入使用，保证网络畅通。为了保证光纤链路优先于双绞线工作，需设置光纤口优先级高于双绞线端口，保证正常情况下，优先使用光纤线路。

具体实施步骤如下所示。

第 1 步：配置 STP。在 H3C 交换机上启用生成树协议，完成 STP 协议的配置，配置 SWA 为根桥，G1/0/24 端口优先级高于 G1/0/23，并且配置连接 PC 的端口为边缘端口。

SWA 配置：

```
[H3C]hostname SWA
[SWA]stp global enable .................................................//开启全局 STP 协议
[SWA]stp mode ? .........................................................//设置生成树工作模式
  mstp   Multiple spanning tree protocol mode
  pvst   Per-Vlan spanning tree mode
  rstp   Rapid spanning tree protocol mode
  stp    Spanning tree protocol mode
[SWA]stp mode stp ......................................................//设置生成树的工作模式为 STP
[SWA]stp root ? .........................................................//设置交换机根桥
  primary   Primary root switch
```

```
  secondary   Secondary root switch
[SWA]stp root primary                                                              //设置当前交换机为根桥
[SWA]int GigabitEthernet 1/0/24
[SWA-GigabitEthernet1/0/24]stp port priority 16                                    //设置端口优先级
[SWA-GigabitEthernet1/0/24]quit
[SWA]int GigabitEthernet 1/0/1
[SWA-GigabitEthernet1/0/1]stp edged-port                                           //设置边缘端口
[SWA-GigabitEthernet1/0/1]quit
<SWA>
```

默认情况下，H3C交换机全局的生成树协议均处于关闭状态，而所有端口上的生成树协议均处于开启状态。当开启了整个交换机的生成树协议后，H3C交换机的端口会开始向外发送BPDU报文。STP的工作模式共4种，分别是STP、RSTP、PVST和MSTP，默认模式为MSTP。交换机根桥设置可以设置为primary（主根桥）和secondary（备份根桥），通过stp root primary命令配置后交换机的优先级为最高级0，无法再用stp priority *priority* 来修改，同理通过stp root secondary命令配置后交换机的优先级为次高级4096，无法再用stp priority *priority* 来修改。为使端口G1/0/24优先于G1/0/23工作，需设置G1/0/24端口优先级优先于G1/0/23端口优先级，由于端口优先级默认为128，故在不改变G1/0/23端口优先级的前提下，需要将G1/0/24端口优先级设置小于128即可。

对于接入层交换机，与用户终端（如PC）直接相连的端口一般设置为边缘端口以实现端口的快速迁移。

SWB配置：

```
[H3C]hostname SWB
[SWB]stp global enable
[SWB]stp mode stp
[SWB]interface GigabitEthernet 1/0/24
[SWB-GigabitEthernet1/0/24]stp port priority 16
[SWB]interface GigabitEthernet 1/0/1
[SWB-GigabitEthernet1/0/1]stp edged-port
[SWB-GigabitEthernet1/0/1]quit
[SWB]
```

第2步：查看STP信息。分别在SWA和SWB上查看STP信息，结果如下：

```
<SWA>display stp                                                                  //查看STP的状态和显示信息
-------[CIST Global Info][Mode STP]-------
 Bridge ID          :0.88dd-07b0-0100
 Bridge times       :Hello 2s MaxAge 20s FwdDelay 15s MaxHops 20
 Root ID/ERPC       :0.88dd-07b0-0100/0
 RegRoot ID/IRPC :0.88dd-07b0-0100/0
……
<SWA>display stp brief                                                            //显示STP端口转发状态信息
```

MST ID	Port	Role	STP State	Protection
0	GigabitEthernet1/0/1	DESI	FORWARDING	NONE
0	GigabitEthernet1/0/23	DESI	FORWARDING	NONE
0	GigabitEthernet1/0/24	DESI	FORWARDING	NONE

display stp 命令用来显示生成树的状态和统计信息，包括 CIST 全局信息和端口状态信息两部分内容，而 display stp brief 命令则概要显示交换机 STP 端口转发状态信息。

以上信息表明，SWA 是根桥（因为 Bridge ID 与 Root ID 相同），其上所有端口都是指定端口（DESI），处于转发状态。

```
<SWB>display stp
-------[CIST Global Info][Mode STP]-------
Bridge ID              :32768.05ed-0034-f9b0
Bridge times           :Hello 2s MaxAge 20s FwdDelay 15s MaxHops 20
Root ID/ERPC           :0.88dd-07b0-0100/0
RegRoot ID/IRPC        :0.88dd-07b0-0100/0
---- More ----
<SWB>display stp brief
```

MST ID	Port	Role	STP State	Protection
0	GigabitEthernet1/0/1	DESI	FORWARDING	NONE
0	GigabitEthernet1/0/23	ALTE	DISCARDING	NONE
0	GigabitEthernet1/0/24	ROOT	FORWARDING	NONE

以上信息表明，SWB 是非根桥，端口 G1/0/24 是根端口，处于转发状态，负责在交换机之间转发数据；端口 G1/0/23 是备份端口，处于阻塞状态；连接 PC 的端口 G1/0/1 是指定端口，处于转发状态。

第 3 步：STP 冗余特性验证。STP 不但能够阻断冗余链路，并且能够在活动链路断开时，通过激活被阻断的冗余链路而恢复网络连通。

配置完成后，在 PCA 上执行命令 ping 172.16.0.2 -t，以使 PCA 不间断地向 PCB 发送 ICMP 报文，如下所示。

```
<H3C>ping 172.16.0.2 -t
Ping 172.16.0.2 (172.16.0.2):56 data bytes, press CTRL_C to break
56 bytes from 172.16.0.2:icmp_seq=0 ttl=255 time=2.000 ms
56 bytes from 172.16.0.2:icmp_seq=1 ttl=255 time=1.000 ms
56 bytes from 172.16.0.2:icmp_seq=2 ttl=255 time=1.000 ms
56 bytes from 172.16.0.2:icmp_seq=3 ttl=255 time=2.000 ms
56 bytes from 172.16.0.2:icmp_seq=4 ttl=255 time=3.000 ms
……
```

通过查看 SWB 上端口状态，我们知道 SWB 的 G1/0/24 端口处于转发状态。现将 G1/0/24 端口上电缆断开，观察 PCA 上发送 ICMP 报文有无丢失。实验结果如下：

```
<H3C>ping 172.16.0.2 -t
Ping 172.16.0.2 (172.16.0.2):56 data bytes, press CTRL_C to break
56 bytes from 172.16.0.2:icmp_seq=0 ttl=255 time=2.000 ms
56 bytes from 172.16.0.2:icmp_seq=1 ttl=255 time=1.000 ms
56 bytes from 172.16.0.2:icmp_seq=2 ttl=255 time=1.000 ms
Request time out
Request time out
Request time out
Request time out
Request time out
Request time out
Request time out
Request time out
Request time out
56 bytes from 172.16.0.2:icmp_seq=0 ttl=255 time=2.000 ms
56 bytes from 172.16.0.2:icmp_seq=1 ttl=255 time=1.000 ms
56 bytes from 172.16.0.2:icmp_seq=2 ttl=255 time=1.000 ms
56 bytes from 172.16.0.2:icmp_seq=0 ttl=255 time=2.000 ms
56 bytes from 172.16.0.2:icmp_seq=1 ttl=255 time=1.000 ms
56 bytes from 172.16.0.2:icmp_seq=2 ttl=255 time=1.000 ms
……
```

这是因为当正常链路发生故障后，STP算法会激活备份链路，也就是激活SWB的堵塞端口G1/0/23，此端口由Blocking状态迁移到Forwarding状态需要大约50s的时间，在这段时间内，网络是不连通的，因此通信中断。而当G1/0/23成功转换为Forwarding状态后，数据通信恢复正常。

下面是断开G1/0/24端口后SWB上的端口状态变化。

```
<SWB>display stp brief
MST ID   Port                    Role    STP State      Protection
0        GigabitEthernet1/0/1    DESI    FORWARDING     NONE
0        GigabitEthernet1/0/23   ROOT    DISCARDING     NONE
<SWB>display stp brief
MST ID   Port                    Role    STP State      Protection
0        GigabitEthernet1/0/1    DESI    FORWARDING     NONE
0        GigabitEthernet1/0/23   ROOT    LEARNING       NONE
<SWB>display stp brief
%May 31 11:02:47:072 2019 SWB STP/6/STP_DETECTED_TC:Instance 0's port GigabitEthernet1/0/24 detected a topology change.
MST ID   Port                    Role    STP State      Protection
0        GigabitEthernet1/0/1    DESI    FORWARDING     NONE
0        GigabitEthernet1/0/23   ROOT    FORWARDING     NONE
```

可以看到，端口 GigabitEthernet1/0/23 从 Discarding 状态先迁移到 Learning 状态，最后到 Forwarding 状态。由此也可以看出 STP 收敛速度慢。

第 4 步：边缘端口性能验证。在交换机 SWA 上执行命令 [SWA-GigabitEthernet1/0/1] shutdown 关闭 GigabitEthernet1/0/1 端口，之后执行 [SWA-GigabitEthernet1/0/1] undo shutdown 再重新开启端口，立刻在 SWA 上查看交换机输出信息，显示如下：

```
[SWA]display stp brief
 MST ID    Port                   Role    STP State      Protection
   0       GigabitEthernet1/0/1   DESI    FORWARDING     NONE
   0       GigabitEthernet1/0/23  DESI    FORWARDING     NONE
   0       GigabitEthernet1/0/24  DESI    FORWARDING     NONE
```

可以看到，端口开启后立马为转发状态。这是因为端口被配置成为边缘端口，无须延迟而进入转发状态。

为了清晰观察端口状态，我们在 SWA 上执行下列命令来取消边缘端口的配置：

```
[SWA]interface GigabitEthernet1/0/1
[SWC-GigabitEthernet1/0/1]undo stp edged-port
```

之后重复关闭端口再开启端口的操作，查看 SWA 上 G1/0/1 的状态变化。注意每隔几秒钟执行命令查看一次，以能准确看到端口状态的迁移过程，最初状态为 Discarding，几秒后变成 Learning，最后变成 Forwarding，如下所示：

```
<SWA>display stp brief
 MST ID    Port                   Role    STP State      Protection
   0       GigabitEthernet1/0/1   DESI    DISCARDING     NONE
   0       GigabitEthernet1/0/23  DESI    FORWARDING     NONE
   0       GigabitEthernet1/0/24  DESI    FORWARDING     NONE
<SWA>display stp brief
 MST ID    Port                   Role    STP State      Protection
   0       GigabitEthernet1/0/1   DESI    LEARNING       NONE
   0       GigabitEthernet1/0/23  DESI    FORWARDING     NONE
   0       GigabitEthernet1/0/24  DESI    FORWARDING     NONE
<SWA>display stp brief
 MST ID    Port                   Role    STP State      Protection
   0       GigabitEthernet1/0/1   DESI    FORWARDING     NONE
   0       GigabitEthernet1/0/23  DESI    FORWARDING     NONE
   0       GigabitEthernet1/0/24  DESI    FORWARDING     NONE
```

从上述结果可以看出，端口 GigabitEthernet1/0/1 取消边缘端口配置后，状态从 Discarding 状态迁移到 Listening 状态、Learning 状态，最后到 Forwarding 状态，可以看出取消边缘端口后，STP 收敛速度变慢了。

由于 RSTP 配置方法与 STP 基本相同，这里不再演示操作，读者可以自行练习。

(2) 配置 MSTP 实现链路负载均衡

某公司网络如图 2-34 所示，SWA 和 SWB 作为局域网的核心交换机，SWC 和 SWD 作为局域网的接入交换机。整个网络中有两个 VLAN：VLAN 10 和 VLAN 20，PCA 与 PCC 属于 VLAN 10，PCB 与 PCD 属于 VLAN 20。为了访问 Internet 的网络流量比较均衡地通过交换机 SWA 和 SWB，需要对网络中交换机进行必要配置。

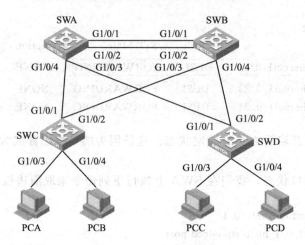

图 2-34　MSTP 网络拓扑图

为了达到网络中流量负载均衡的目标，同时实现网络链路冗余备份且不产生风暴，需要在网络中的各台交换机上启动 MSTP 协议。在交换机上配置 MST 域，使 VLAN 10 加入 STP 实例 1，使 VLAN 20 加入 STP 实例 2，且使 SWA 成为实例 1 的根桥（优先级 4096），SWB 成为实例 1 的备份根桥（优先级 8192）。相对应地，使 SWB 成为实例 2 的根桥（优先级 4096），SWA 成为实例 2 的备份根桥（优先级 8192）。

具体实施步骤如下。

第 1 步：配置 VLAN。在 SWA、SWB、SWC 和 SWD 上分别创建 VLAN 10 和 VLAN 20，并依据拓扑结构进行 Access 端口及 Trunk 端口的配置，在 Trunk 端口上允许相应的 VLAN 10 和 VLAN 20 通过。

SWA 配置：

```
〈H3C〉system-view
System View: return to User View with Ctrl+Z.
[H3C]sysname SWA
[SWA]vlan 10
[SWA-vlan10]vlan 20
[SWA-vlan20]quit
[SWA]interface GigabitEthernet 1/0/1
[SWA-GigabitEthernet1/0/1]port link-type trunk
[SWA-GigabitEthernet1/0/1]port trunk permit vlan 10 20
[SWA-GigabitEthernet1/0/1]interface GigabitEthernet 1/0/2
[SWA-GigabitEthernet1/0/2]port link-type trunk
[SWA-GigabitEthernet1/0/2]port trunk permit vlan 10 20
[SWA-GigabitEthernet1/0/2]interface GigabitEthernet 1/0/3
```

[SWA-GigabitEthernet1/0/3]port link-type trunk
[SWA-GigabitEthernet1/0/3]port trunk permit vlan 10 20
[SWA-GigabitEthernet1/0/3]interface GigabitEthernet 1/0/4
[SWA-GigabitEthernet1/0/4]port link-type trunk
[SWA-GigabitEthernet1/0/4]port trunk permit vlan 10 20
[SWA-GigabitEthernet1/0/4]return
〈SWA〉

  SWB 配置：

〈H3C〉system-view
System View: return to User View with Ctrl + Z.
[H3C]sysname SWB
[SWB]vlan 10
[SWB-vlan10]vlan 20
[SWB-vlan20]quit
[SWB]interface GigabitEthernet 1/0/1
[SWB-GigabitEthernet1/0/1]port link-type trunk
[SWB-GigabitEthernet1/0/1]port trunk permit vlan 10 20
[SWB-GigabitEthernet1/0/1]interface GigabitEthernet 1/0/2
[SWB-GigabitEthernet1/0/2]port link-type trunk
[SWB-GigabitEthernet1/0/2]port trunk permit vlan 10 20
[SWB-GigabitEthernet1/0/2]interface GigabitEthernet 1/0/3
[SWB-GigabitEthernet1/0/3]port link-type trunk
[SWB-GigabitEthernet1/0/3]port trunk permit vlan 10 20
[SWB-GigabitEthernet1/0/3]interface GigabitEthernet 1/0/4
[SWB-GigabitEthernet1/0/4]port link-type trunk
[SWB-GigabitEthernet1/0/4]port trunk permit vlan 10 20
[SWB-GigabitEthernet1/0/4]return
〈SWB〉

  SWC 配置：

〈H3C〉system-view
System View: return to User View with Ctrl + Z.
[H3C]sysname SWC
[SWC]vlan 10
[SWC-vlan10]port GigabitEthernet 1/0/3
[SWC-vlan10]vlan 20
[SWC-vlan20]port GigabitEthernet 1/0/4
[SWC-vlan20]quit
[SWC]interface GigabitEthernet 1/0/1
[SWC-GigabitEthernet1/0/1]port link-type trunk
[SWC-GigabitEthernet1/0/1]port trunk permit vlan 10 20
[SWC-GigabitEthernet1/0/1]interface GigabitEthernet 1/0/2
[SWC-GigabitEthernet1/0/2]port link-type trunk

```
[SWC-GigabitEthernet1/0/2]port trunk permit vlan 10 20
[SWC-GigabitEthernet1/0/2]quit
```

SWD 配置：

```
〈H3C〉system-view
System View: return to User View with Ctrl+Z.
[H3C]sysname SWD
[SWD]vlan 10
[SWD-vlan10]port GigabitEthernet 1/0/3
[SWD-vlan10]vlan 20
[SWD-vlan20]port GigabitEthernet 1/0/4
[SWD-vlan20]quit
[SWD]interface GigabitEthernet 1/0/1
[SWD-GigabitEthernet1/0/1]port link-type trunk
[SWD-GigabitEthernet1/0/1]port trunk permit vlan 10 20
[SWD-GigabitEthernet1/0/1]interface GigabitEthernet 1/0/2
[SWD-GigabitEthernet1/0/2]port link-type trunk
[SWD-GigabitEthernet1/0/2]port trunk permit vlan 10 20
[SWD-GigabitEthernet1/0/2]quit
```

第 2 步：配置 MSTP。创建 MST 域，并设置 VLAN 映射表，在 H3C 交换机上完成 MSTP 协议的配置，见下述配置清单。

SWA 配置：

```
[H3C]sysname SWA
[SWA]stp region-configuration                         //设置 MST 域，并进入 MST 域视图
[SWA-mst-region]region-name h3c                       //设置 MST 域的域名
[SWA-mst-region]revision-level 0                      //设置 MSTP 的修订级别
[SWA-mst-region]instance 1 vlan 10                    //设置生成树实例与 VLAN 的映射关系
[SWA-mst-region]instance 2 vlan 20
[SWA-mst-region]active region-configuration
                                                      //激活 MST 域，只有使用该命令才能使 MST 域中的配置生效
[SWA]stp mode mstp                                    //设置生成树的工作模式为 MSTP
[SWA]stp instance 1 priority 4096                     //设置当前交换机为实例 1 的根桥
[SWA]stp instance 2 priority 8192                     //设置当前交换机为实例 2 的备份根桥
[SWA]stp global enable                                //开启交换机的全局 STP 功能
```

由 MST 域名、MST 实例（VLAN 映射关系）和 MSTP 域的修订级别共同确定交换机所属的 MST 域。MST 域中只有以上三个参数完全相同，才会被认为是相同的 MST 域。

SWB 配置：

```
[H3C]sysname SWB
[SWB]stp region-configuration
[SWB -mst-region]region-name h3c
```

[SWB -mst-region]revision-level 0
[SWB -mst-region]instance 1 vlan 10
[SWB -mst-region]instance 2 vlan 20
[SWB -mst-region]active region-configuration
[SWB]stp mode mstp
[SWB]stp instance 1 priority 8192 ....//设置当前交换机为实例1的备份根桥
[SWB]stp instance 2 priority 4096 ....//设置当前交换机为实例2的根桥
[SWB]stp global enable

SWC 配置：

[H3C]sysname SWC
[SWC]stp region-configuration
[SWC -mst-region]region-name h3c
[SWC -mst-region]revision-level 0
[SWC -mst-region]instance 1 vlan 10
[SWC -mst-region]instance 2 vlan 20
[SWC -mst-region]active region-configuration
[SWC]stp mode mstp

SWD 配置：

[H3C]sysname SWD
[SWD]stp region-configuration
[SWD -mst-region]region-name h3c
[SWD -mst-region]revision-level 0
[SWD -mst-region]instance 1 vlan 10
[SWD -mst-region]instance 2 vlan 20
[SWD -mst-region]active region-configuration
[SWD]stp mode mstp

第3步：查看 MSTP 信息。当二层网络拓扑结构稳定后，可以使用 display 命令来查看各 H3C 设备上生成树的输出信息。

⟨SWA⟩display stp
-------[CIST Global Info][Mode MSTP]-------
Bridge ID   :4096.7436-31dd-0100
Bridge times   :Hello 2s MaxAge 20s FwdDelay 15s MaxHops 20
Root ID/ERPC   :4096.7436-31dd-0100, 0
RegRoot ID/IRPC   :4096.7436-31dd-0100, 0
RootPort ID   :0.0
BPDU-Protection   :Disabled
Bridge Config-

```
Digest-Snooping        :Disabled
TC or TCN received     :0
Time since last TC     :0 days 4h:12m:36s
（此处省略多行）
-------[MSTI 1 Global Info]-------
Bridge ID              :4096.7436-31dd-0100
RegRoot ID/IRPC        :4096.7436-31dd-0100，0
RootPort ID            :0.0
Root type              :Secondary root
Master bridge          :4096.7436-31dd-0100
Cost to master         :0
TC received            :0
```

<SWA>display stp brief ....//显示 MSTP 的摘要信息

MST ID	Port	Role	STP State	Protection
1	GigabitEthernet1/0/1	DESI	FORWARDING	NONE
1	GigabitEthernet1/0/2	DESI	FORWARDING	NONE
1	GigabitEthernet1/0/3	DESI	FORWARDING	NONE
1	GigabitEthernet1/0/4	DESI	FORWARDING	NONE
2	GigabitEthernet1/0/1	ROOT	FORWARDING	NONE
2	GigabitEthernet1/0/2	ALTE	DISCARDING	NONE
2	GigabitEthernet1/0/3	DESI	FORWARDING	NONE
2	GigabitEthernet1/0/4	DESI	FORWARDING	NONE

<SWB>display stp brief

MST ID	Port	Role	STP State	Protection
1	GigabitEthernet1/0/1	ROOT	FORWARDING	NONE
1	GigabitEthernet1/0/2	ALTE	DISCARDING	NONE
1	GigabitEthernet1/0/3	DESI	FORWARDING	NONE
1	GigabitEthernet1/0/4	DESI	FORWARDING	NONE
2	GigabitEthernet1/0/1	DESI	FORWARDING	NONE
2	GigabitEthernet1/0/2	DESI	FORWARDING	NONE
2	GigabitEthernet1/0/3	DESI	FORWARDING	NONE
2	GigabitEthernet1/0/4	DESI	FORWARDING	NONE

<SWC>display stp brief

MST ID	Port	Role	STP State	Protection
1	GigabitEthernet1/0/1	ROOT	FORWARDING	NONE
1	GigabitEthernet1/0/2	ALTE	DISCARDING	NONE
2	GigabitEthernet1/0/1	ALTE	DISCARDING	NONE
2	GigabitEthernet1/0/2	ROOT	FORWARDING	NONE

<SWD>display stp brief

MST ID	Port	Role	STP State	Protection
1	GigabitEthernet1/0/1	ROOT	FORWARDING	NONE
1	GigabitEthernet1/0/2	ALTE	DISCARDING	NONE
2	GigabitEthernet1/0/1	ALTE	DISCARDING	NONE
2	GigabitEthernet1/0/2	ROOT	FORWARDING	NONE

生成树拓扑稳定后，可以用 display stp brief 查看交换机上 MSTP 的摘要信息，能够看到运行生成树的各交换机的各端口处于的状态，根据这些信息能够绘制出各生成树实例所对应的 MSTI。

对于 STP 实例 1，SWA 是 CIST 的根桥，SWA 的端口都处于 Forwarding 状态。SWB 是非根桥，SWB 的 GigabitEthernet1/0/2 端口角色是 Alternate 端口，且处于 Discarding 状态。SWC 和 SWD 也是非根桥，同样 SWC 和 SWD 的接口 GigabitEthernet1/0/2 角色是 Alternate 端口，且处于 Discarding 状态。

对于 STP 实例 2，SWB 是 CIST 的根桥，SWB 的端口都处于 Forwarding 状态。SWA 是非根桥，SWA 的 GigabitEthernet1/0/2 端口角色是 Alternate 端口，且处于 Discarding 状态。SWC 和 SWD 也是非根桥，同样 SWC 和 SWD 的接口 GigabitEthernet1/0/1 角色是 Alternate 端口，且处于 Discarding 状态。

```
<SWA>display stp region-configuration                         //显示 MST 域的配置信息
Oper Configuration
    Format selector        :0
    Region name            :h3c
    Revision level         :0
    Configuration digest   :0x655929deb757c313d24f51550d995cab
    Instance    VLANs Mapped
    0           1 to 9, 11 to 19, 21 to 4094
    1           10
    2           20
```

2.3.3 任务描述

3A 网络技术有限公司在组建高校校园网时充分考虑网络的可靠性和稳定性问题，在网络中采用了冗余链路来保障重要数据的可靠传输。但是，由于交换机本身对广播帧以及未知单播帧进行广播处理，会产生广播风暴等网络问题，公司技术人员要在相关设备上进行配置，以解决此问题。

2.3.4 任务分析

网络中存在冗余链路的目的就是为了克服单点故障，提高网络的可靠性。但冗余链路又会带来网络环路，产生广播风暴。因此必须采用一种技术，在提供冗余链路的同时又能解决环路所带来的负面影响。生成树协议就是专门为解决这类问题而产生的。

2.3.5 任务实施

① 根据网络拓扑以及 VLAN 规划，进行 STP 模式选择。
② 根据网络拓扑以及数据流向，规划根桥以及备份根桥等。
③ 根据链路特性，规划端口优先级、边缘端口等。
④ 根据规划完成相关设备的生成树配置，查看各设备的端口状态，验证生成树协议的作用以及特性。

2.3.6 课后习题

1. 出现交换环路的网络中会存在（　　　）问题。

A. 广播风暴　　　　　　　　　　B. 多帧复制
C. MAC 地址表不稳定　　　　　　D. 广播流量过大

2. STP 协议中进行生成树运算时将具有桥 ID 最小的交换机选举为根交换机，请问桥 ID 包括哪些组成部分（　　）?

A. 网桥的 IP 地址　　　　　　　B. 网桥的 MAC 地址
C. 网桥的路径花费　　　　　　　D. 网桥的优先级

3. STP 进行桥 ID 比较时，先比较优先级，优先级值（　　）为先；在优先级相等的情况下，再用 MAC 地址来进行比较，MAC（　　）为优。

A. 小者，小者　　B. 小者，大者　　C. 大者，大者　　D. 大者，小者

4. 在一个交换网络中，存在多个 VLAN，管理员想在交换机间实现数据流转发的负载均衡，则应该选用（　　）协议。

A. STP　　　　B. RSTP　　　　C. MSTP　　　　D. 以上三者均可

5. 配置交换机 SWA 的桥优先级为 0 的命令为（　　）。

A. ［SWA］stp priority 0
B. ［SWA-Ethernet1/0/1］stp priority 0
C. ［SWA］stp root priority 0
D. ［SWA-Ethernet1/0/1］stp root priority 0

记一记：

任务 2.4 链路聚合技术

随着互联网应用范围的扩展,特别是多媒体视频流的需求旺盛,百兆甚至千兆的带宽已经无法满足网络应用需求。要解决网络带宽瓶颈问题,最根本的方法是提高带宽。链路聚合技术就是为了这一目的而产生的,本任务将介绍链路聚合的作用、分类以及如何在交换机上配置及维护链路聚合。

需解决问题

1. 能够描述交换机链路聚合定义。
2. 能够描述交换机链路聚合基本特性。
3. 能够根据需求配置交换机链路聚合。

2.4.1 任务目标

为了提高网络主要链路带宽,避免网络带宽瓶颈问题,3A 公司在组建校园网时根据业务需求以及设备特点,在网络中的某些交换设备之间采用链路聚合技术,以满足增加链路冗余及扩展带宽的需求,提高网络性能。

2.4.2 技术准备

2.4.2.1 理论知识

(1) 链路聚合技术概述

链路聚合是以太网中最为常用的一种提高带宽和链路可靠性的技术。链路聚合技术主要用于交换机之间连接,将多个物理端口捆绑在一起形成一个逻辑上的聚合组。使用链路聚合服务的上层实体把同一聚合组内的多条物理链路视为一条逻辑链路,数据在聚合组中各个成员端口之间进行分担传输。如图 2-35 所示,链路聚合具有如下优点。

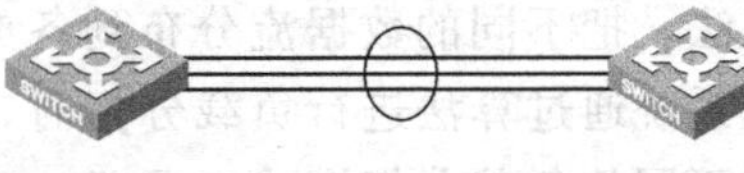

图 2-35 链路聚合

① 增加链路带宽。如果每条物理链路带宽是 1000Mbit/s,将 4 条物理链路捆绑到一起进行聚合就形成了一条传输速率为 4000Mbit/s 的逻辑链路。将数据流分散在聚合组中各个成员端口,实现端口间的流量负载分担,从而有效地增加了交换机间的链路带宽。

② 提高链路可靠性。链路聚合技术除了可以增加链路带宽之外,也提高了链路的可靠性。原来一条链路,若由于某种原因断掉了,整个链路就不通了。现在将多条物理链路聚合在一起,聚合组可以实时监控组内各个成员端口的状态,从而实现成员端口之间彼此动态备份,如果某个端口故障,聚合组及时把数据流转到其他端口进行传输,实现了链路成员之间的冗余备份。

(2) 链路聚合条件

一般情况下,交换机最多支持 8 条物理链路聚合成一条逻辑链路,组成一个聚合组。在配置交换机链路聚合时,必须注意如下事项,只有这些注意事项全部满足,链路聚合才能配置成功。

① 物理端口速率必须相同。加入聚合组中的所有成员端口传输速率必须相同，如都为 100Mbit/s 或 1000Mbit/s 等。

② 物理端口介质必须相同。被聚合的物理端口介质类型必须一致，如同为光纤介质或同为双绞线介质，不可以将光纤端口与双绞线端口聚合在一起。

③ 物理端口层次必须一致。被聚合的物理端口必须属于同一层次，且与聚合组也属于同层次，即物理端口必须同时为二层端口或同时为三层端口。

④ 聚合组中成员端口必须属于同一个 VLAN。被聚合的物理端口必须属于同一个 VLAN，不同 VLAN 的端口不允许聚合在一个聚合组内。

将一个物理端口加入聚合组后，其端口的属性将被聚合组的属性所取代。将端口从聚合组中删除后，端口的属性将恢复为其加入聚合组前的属性。

(3) 链路聚合的分类

按照聚合方式的不同，链路聚合可以分为下面两大类。

① 静态聚合。在静态聚合方式下，双方设备不需要启用聚合协议，双方不进行聚合组中成员端口状态的交互。如果一方设备不支持聚合协议或双方设备所支持的聚合协议不兼容，则可以使用静态聚合方式来实现聚合。

② 动态聚合。在动态聚合方式下，双方系统使用链路聚合控制协议（Link Aggregation Control Protocol，LACP）来协商链路信息，交互聚合组中成员端口状态。

LACP 是一种基于 IEEE 802.3ad 标准的能够实现链路动态聚合与解聚合的协议。LACP 协议通过链路聚合控制协议数据单元（Link Aggregation Control Protocol Data Unit，LACPDU）与对端交互信息。

使能某端口的 LACP 协议后，该端口将通过发送 LACPDU 向对端通告自己的系统 LACP 协议优先级、系统 MAC、端口的 LACP 协议优先级、端口号和操作 Key。对端接收到 LACPDU 后，将其中的信息与其他端口所收到的信息进行比较，以选择能够处于 Selected 状态的端口，从而双方可以对端口处于 Selected 状态达成一致。

(4) 链路聚合的负载分担模式

链路聚合后上层实体把同一聚合组内的多条物理链路视为一条逻辑链路，系统根据一定的算法，把不同的数据流分布到各成员端口上，从而实现基于流的负载分担。

系统通过算法进行负载分担时，可以采用数据流报文中一个或多个字段来进行计算，即采用不同的负载分担模式。通常，对于二层数据流，系统根据源 MAC 地址和（或）目的 MAC 地址来进行负载分担计算，对于三层数据流，则根据源 IP 地址和（或）目的 IP 地址进行负载分担计算。

(5) 链路聚合的配置命令

1) 二层静态链路聚合配置命令

① 创建二层聚合端口。在系统视图下创建二层聚合端口，并进入二层聚合端口。

[H3C]interface Bridge-Aggregation *interface-number*

② 将物理端口加入聚合端口。在以太网接口视图中将以太网端口加入静态聚合组中。

[H3C-GigabitEthernet1/0/1]port link-aggregation group *number*

用户删除静态聚合端口时，系统会自动删除对应的聚合组，且该聚合组中的所有成员端口将全部离开该聚合组。

③ 查看链路聚合信息。在任意视图下可以用命令来查看链路聚合的状态。

〈H3C〉display link-aggrgation summary

通过上述命令，可以查看聚合端口的 ID 号、聚合模式、聚合组中包含哪些端口、端口状态以及负载分担模式等信息。

2）三层静态链路聚合配置命令

① 创建三层聚合端口。在系统视图下创建三层聚合端口，并进入三层聚合端口视图。

［H3C］interface Route-Aggregation *interface-number*

② 将物理端口加入聚合端口。默认情况下，交换机物理端口为二层以太网端口，因此在将物理端口加入三层聚合端口之前，需要在接口视图下将物理端口配置为三层路由口，配置命令为：

［H3C-GigabitEthernet1/0/1］port link-mode route

之后在以太网接口视图中，将以太网端口加入静态聚合组。

［H3C-GigabitEthernet1/0/1］port link-aggregation group *number*

这样就实现了将物理端口加入三层聚合端口中，可以像普通三层端口一样进行相关配置，实现相关功能。

3）动态链路聚合配置命令

① 创建聚合端口。在系统视图下创建二层或三层聚合端口，并进入聚合端口视图。

［H3C］interface {bridge-aggregation|route-aggregation} *interface-number*

② 配置动态聚合模式。在聚合端口视图下，配置聚合组工作在动态聚合模式下。

［H3C-Bridge-Aggregation1］link-aggregation mode dynamic

③ 将物理端口加入聚合端口。在以太网端口视图中，将以太网端口加入动态聚合组。

［H3C-GigabitEthernet1/0/1］port link-aggregation group *number*

对于动态聚合模式，系统两端会自动协商同一条链路上的两端端口在各自聚合组中的Selected 状态，用户只需保证在一个系统中聚合在一起的端口的对端也同样聚合在一起，聚合功能即可正常使用。

④ 配置设备 LACP 协议优先级。在系统视图下配置系统的 LACP 协议优先级。

［H3C］lacp system-priority *system-priority*

⑤ 配置端口 LACP 优先级。在以太网端口视图中，配置端口的 LACP 协议优先级。

［H3C-GigabitEthernet1/0/1］lacp port-priority *port-priority*

2.4.2.2 实践技能

（1）配置二层链路聚合提高链路带宽

某公司财务部门人员分居两个地点办公，由于财务信息比较敏感，因此财务部门网络规划为 VLAN 10，两个办公地点网络通过两台交换机相连。两地点间每天都有大量的数据流量往来，因此为了保障链路安全以及网络性能，网络管理员在两台交换机之间通过两条线路连接，希望既能够提高链路带宽，又能够提供冗余链路，如图 2-36 所示。

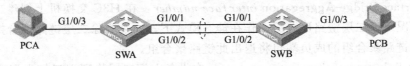

图 2-36 网络拓扑图

网络数据如表 2-7 所示。

根据网络现状分析，在两台交换机之间进行二层链路聚合就能满足网络需求。管理员又进一步对设备进行了解后，制定了两套方案。

表 2-7　网络数据

设备名称	IP 地址	交换机接口	VLAN
PCA	192.168.10.1/24	G1/0/3	10
PCB	192.168.10.2/24	G1/0/3	10

方案一：配置静态二层链路聚合。

具体实施步骤如下。

第 1 步：配置二层静态链路聚合。本步骤配置 H3C 交换机以太网端口的二层静态链路聚合，具体配置清单如下。

SWA 配置：

```
〈H3C〉system-view
System View: return to User View with Ctrl + Z.
[H3C]sysname SWA                                                    //修改系统名称
[SWA]vlan 10                                            //创建 VLAN,并进入到 VLAN 视图
[SWA-vlan10]port GigabitEthernet 1/0/3                              //将端口加入 VLAN
[SWA-vlan10]quit
[SWA]interface Bridge-Aggregation 1                     //在交换机上创建二层链路聚合组 1
[SWA-Bridge-Aggregation1]quit
[SWA]interface GigabitEthernet 1/0/1
[SWA-GigabitEthernet1/0/1]port link-aggregation group 1      //将当前端口加入聚合组 1
[SWA-GigabitEthernet1/0/1]interface GigabitEthernet 1/0/2
[SWA-GigabitEthernet1/0/2]port link-aggregation group 1
[SWA-GigabitEthernet1/0/2]quit
[SWA]interface Bridge-Aggregation 1
[SWA-Bridge-Aggregation1]port link-type trunk                //将聚合端口设置为 Trunk 链路
Configuring GigabitEthernet1/0/1 done.
Configuring GigabitEthernet1/0/2 done.
[SWA-Bridge-Aggregation1]port trunk permit vlan 10
Configuring GigabitEthernet1/0/1 done.
Configuring GigabitEthernet1/0/2 done.
[SWA-Bridge-Aggregation1]quit
[SWA]link-aggregation load-sharing mode local-first          //配置聚合负载分担模式
[SWA]
```

关键命令注释：

① interface Bridge-Aggregation *interface-number*：在 H3C 交换机上创建二层链路聚合组。默认情况下，二层链路聚合组工作在静态模式下。如果删除二层链路聚合接口，则所有位于该二层链路聚合组的成员端口将退出此链路聚合组。

② port link-aggregation group *number*：在设备上把二层物理端口加入聚合组内。一个以太网接口只能加入一个链路聚合组中，而一个链路聚合组里可以有多个以太网接口。H3C 设备最大支持聚合组中处于 Selected 状态的端口为 8，高端设备可能达到 12 个。

③ 在聚合接口下完成 VLAN 配置，配置会自动同步到此链路聚合组对应的成员端口上。但当聚合端口被删除后，相应聚合接口下的配置还会保留在成员接口上。

SWB 配置：

```
<H3C>system-view
System View: return to User View with Ctrl+Z.
[H3C]sysname SWB
[SWB]vlan 10
[SWB-vlan10]port GigabitEthernet 1/0/3
[SWB-vlan10]quit
[SWB]interface Bridge-Aggregation 1
[SWB-Bridge-Aggregation1]quit
[SWB]interface GigabitEthernet 1/0/1
[SWB-GigabitEthernet1/0/1]port link-aggregation group 1
[SWB-GigabitEthernet1/0/1]interface GigabitEthernet 1/0/2
[SWB-GigabitEthernet1/0/2]port link-aggregation group 1
[SWB-GigabitEthernet1/0/2]quit
[SWB]interface Bridge-Aggregation 1
[SWB-Bridge-Aggregation1]port link-type trunk
Configuring GigabitEthernet1/0/1 done.
Configuring GigabitEthernet1/0/2 done.
[SWB-Bridge-Aggregation1]port trunk permit vlan 10
Configuring GigabitEthernet1/0/1 done.
Configuring GigabitEthernet1/0/2 done.
[SWB-Bridge-Aggregation1]quit
[SWB]link-aggregation load-sharing mode local-first
[SWB]
```

第 2 步：测试。接下来，根据配置数据正确配置 PCA 和 PCB 的 IP 地址，并在 PCA 上使用 Ping 命令测试去往 PCB 的连通性。

```
C:\Documents and Settings\Administrator>ping 192.168.10.2
Pinging 192.168.10.2 with 32 bytes of data:
Reply from 192.168.10.2:bytes=32 time<1ms TTL=64
Reply from 192.168.10.2:bytes=32 time<1ms TTL=64
Reply from 192.168.10.2:bytes=32 time<1ms TTL=64
Reply from 192.168.10.2 bytes=32 time<1ms TTL=64
Ping statistics for 192.168.10.2:
    Packets:Sent=4, Received=4, Lost=0 (0% loss),
Approximate round trip times in milli-seconds:
    Minimum=0ms, Maximum=0ms, Average=0ms
```

第 3 步：查看二层静态链路聚合的有关信息。在完成 H3C 交换机二层静态链路聚合配置后，使用相关查看命令来显示链路聚合的运行情况来验证配置是否生效。

```
<SWA>display link-aggregation summary                  //显示链路聚合组摘要信息
Aggregation Interface Type:
```

BAGG -- Bridge-Aggregation, BLAGG -- Blade-Aggregation,
RAGG -- Route-Aggregation
Aggregation Mode:S -- Static, D -- Dynamic
Loadsharing Type:Shar -- Loadsharing, NonS -- Non-Loadsharing
Actor System ID:0x8000, ac14-afb8-0100

AGG Interface	AGG Mode	Partner ID	Selected Ports	Unselected Ports	Individual Ports	Share Type
BAGG1	S	None	2	0	0	Shar

display link-aggregation summary 命令显示当前所有聚合组的摘要信息。包括：

① AGG Interface 字段对应输出为 BAGG1，表示二层聚合接口 1。

② AGG Mode 字段对应的输出为 S，表示聚合组的类型是静态聚合。

③ Partner ID 字段对应的输出为 None，表示此为静态聚合，获取不到对端设备的 ID 信息。

④ Selected Ports 字段对应的输出为 2，表示聚合组中包含了 2 个处于激活状态的端口。

⑤ Share Type 字段对应的输出为 Shar，表示采用了负载分担的类型。

〈SWA〉display link-aggregation verbose   //显示链路聚合组详细信息
Loadsharing Type:Shar -- Loadsharing, NonS -- Non-Loadsharing
Port Status:S -- Selected, U -- Unselected, I -- Individual
Flags： A -- LACP_Activity, B -- LACP_Timeout, C -- Aggregation,
        D -- Synchronization, E -- Collecting, F -- Distributing,
        G -- Defaulted, H -- Expired

Aggregate Interface:Bridge-Aggregation1
Aggregation Mode:Static
Loadsharing Type:Shar

Port	Status	Priority	Oper-Key
GE1/0/1	S	32768	1
GE1/0/2	S	32768	1

display link-aggregation verbose 命令查看当前所有聚合组的详细信息，能够详细地看到位于聚合组中的以太网端口，并且能够显示每个端口是否被选中的状态。

方案二：配置动态二层链路聚合。

第 1 步：配置二层动态链路聚合。本步骤配置 H3C 交换机以太网端口的二层动态链路聚合，具体配置清单如下。

SWA 配置：

〈H3C〉system-view
System View: return to User View with Ctrl+Z.
[H3C]sysname SWA

```
[SWA]vlan 10
[SWA-vlan10]port GigabitEthernet 1/0/3
[SWA-vlan10]quit
[SWA]lacp system-priority 128                                    //设置交换机 LACP 优先级
[SWA]interface Bridge-Aggregation 1
[SWA-Bridge-Aggregation1]link-aggregation mode dynamic           //链路聚合模式动态
[SWA-Bridge-Aggregation1]quit
[SWA]interface GigabitEthernet 1/0/1
[SWA-GigabitEthernet1/0/1]port link-aggregation group 1
[SWA-GigabitEthernet1/0/1]lacp period short                      //LACP 超时时间为短超时
[SWA-GigabitEthernet1/0/1]interface GigabitEthernet 1/0/2
[SWA-GigabitEthernet1/0/2]port link-aggregation group 1
[SWA-GigabitEthernet1/0/2]lacp period short
[SWA-GigabitEthernet1/0/2]link-aggregation port-priority 128
[SWA-GigabitEthernet1/0/2]quit
[SWA]interface Bridge-Aggregation 1
[SWA-Bridge-Aggregation1]port link-type trunk
Configuring GigabitEthernet1/0/1 done.
Configuring GigabitEthernet1/0/2 done.
[SWA-Bridge-Aggregation1]port trunk permit vlan 10
Configuring GigabitEthernet1/0/1 done.
Configuring GigabitEthernet1/0/2 done.
[SWA-Bridge-Aggregation1]quit
[SWA]link-aggregation load-sharing mode local-first
```

SWB 配置：

```
<H3C>system-view
System View: return to User View with Ctrl+Z.
[H3C]sysname SWB
[SWB]vlan 10
[SWB-vlan10]port GigabitEthernet 1/0/3
[SWB-vlan10]quit
[SWB]interface Bridge-Aggregation 1
[SWB-Bridge-Aggregation1]link-aggregation mode dynamic
[SWB-Bridge-Aggregation1]quit
[SWB]interface GigabitEthernet 1/0/1
[SWB-GigabitEthernet1/0/1]port link-aggregation group 1
[SWB-GigabitEthernet1/0/1]lacp period short
[SWB-GigabitEthernet1/0/1]interface GigabitEthernet 1/0/2
[SWB-GigabitEthernet1/0/2]port link-aggregation group 1
[SWB-GigabitEthernet1/0/2]lacp period short
[SWB-GigabitEthernet1/0/2]quit
[SWB]interface Bridge-Aggregation 1
[SWB-Bridge-Aggregation1]port link-type trunk
```

```
Configuring GigabitEthernet1/0/1 done.
Configuring GigabitEthernet1/0/2 done.
[SWB-Bridge-Aggregation1]port trunk permit vlan 10
Configuring GigabitEthernet1/0/1 done.
Configuring GigabitEthernet1/0/2 done.
[SWB-Bridge-Aggregation1]quit
[SWB]link-aggregation load-sharing mode local-first
```

关键命令注释：

① lacp system-priority *system-priority*：在设备上设置交换机 LACP 的优先级。默认情况下，设备的 LACP 的优先级为 32768，LACP 优先级取值范围为 0～65535。

在动态链路聚合开启后，首先要选出设备的 ID，设备 ID 由交换机的 LACP 优先级和 MAC 地址组成，设备 ID 较小的一端被优先选中。

设备 ID 选取规则为：先比较交换机的 LACP 的优先级，数值越小的设备 ID 越小，如果交换机的 LACP 优先级相同，再比较交换机的 MAC，MAC 地址越小的设备 ID 越小。

② link-aggregation mode dynamic：在设备上设置链路聚合组的聚合方式为动态。通过发送 LACP 协议报文进行链路聚合信息的交互，形成链路聚合组。

③ lacp period short/long：在端口上设置的 LACP 超时时间。

LACP 超时时间是 H3C 设备上等待接收对端发送过来的 LACP 报文的时间。如果在 3 倍 LACP 超时时间之后，本端的成员端口仍未收到来自对端的 LACP 报文，会认为对端的成员端口已失效。

H3C 设备上的超时时间分为短超时（1s）和长超时（30s）。默认情况下，H3C 设备的端口使用的是长超时（30s）。

④ link-aggregation port-priority *port-priority*：在端口上设置端口的聚合优先级。默认情况下，端口的聚合优先级是 32768，优先级的取值范围 0～65535。

在选择 LACP 的参考端口时，首先选择出设备 ID，确定设备 ID 较小的一端后，再比较聚合组内成员接口的端口 ID，端口 ID 较小的一端被优选为参考端口。

端口 ID 选取方式如下：先比较成员端口的 LACP 优先级，数值越小的端口 ID 越小，如果成员端口的 LACP 优先级相同，再比较端口的编号，端口编号较小的端口 ID 越小。

第 2 步：测试。接下来，根据配置数据正确配置 PCA 和 PCB 的 IP 地址，并在 PCA 上使用 Ping 命令测试去往 PCB 的连通性。

```
C:\Documents and Settings\Administrator>ping 192.168.10.2
Pinging 192.168.10.2 with 32 bytes of data:
Reply from 192.168.10.2:bytes=32 time<1ms TTL=64
Reply from 192.168.10.2:bytes=32 time<1ms TTL=64
Reply from 192.168.10.2:bytes=32 time<1ms TTL=64
Reply from 192.168.10.2 bytes=32 time<1ms TTL=64
Ping statistics for 192.168.10.2:
    Packets:Sent = 4, Received = 4, Lost = 0 (0% loss),
Approximate round trip times in milli-seconds:
    Minimum = 0ms, Maximum = 0ms, Average = 0ms
```

第 3 步：查看二层动态链路聚合有关信息。在交换机上完成二层动态链路聚合配置后，使用相关查看命令显示链路聚合的运行情况来验证配置的效果，命令如下：

```
<SWA>display lacp system-id                                    //查看本端系统的设备 ID
Actor System ID:0x80，ac14-b788-0200
```

通过 lacp system-priority 命令设置的 LACP 优先级是十进制的，当使用 display lacp system-id 查看时，系统会自动转换成十六进制。

```
<SWA>display link-aggregation verbose                          //查看聚合组的详细信息
Loadsharing Type:Shar -- Loadsharing, NonS -- Non-Loadsharing
Port Status:S -- Selected，U -- Unselected，I -- Individual
Flags:    A -- LACP_Activity, B -- LACP_Timeout, C -- Aggregation,
          D -- Synchronization, E -- Collecting, F -- Distributing,
          G -- Defaulted, H -- Expired

Aggregate Interface:Bridge-Aggregation1
Aggregation Mode:Dynamic
Loadsharing Type:Shar
System ID:0x80，ac14-b788-0200
Local:
  Port          Status     Priority    Oper-Key    Flag
  --------------------------------------------------------------
  GE1/0/1       U          32768       1           {ABCG}
  GE1/0/2       S          128         1           {ABCDEFG}
Remote:
  Actor   Partner   Priority   Oper-Key   SystemID                    Flag
  --------------------------------------------------------------------------
  GE1/0/1   0       32768      0          0x8000，0000-0000-0000      {DEF}
  GE1/0/2   0       32768      0          0x8000，0000-0000-0000      {DEF}
```

通过 display link-aggregation verbose 命令查看已有聚合接口所对应聚合组的详细信息，能够详细地看到位于聚合组中的以太网接口，并且能够显示每个端口是否被选中。

（2）配置三层链路聚合提高链路带宽

某高校有两个校区：东校区和西校区，东、西两校区之间通过两台交换机相连。两校区之间每天都有大量的数据流量往来，因此为了保障链路安全以及网络性能，网络管理员在两台交换机之间通过两条线路连接，希望既能够提高链路带宽，又能够提供冗余链路，如图 2-37 所示。

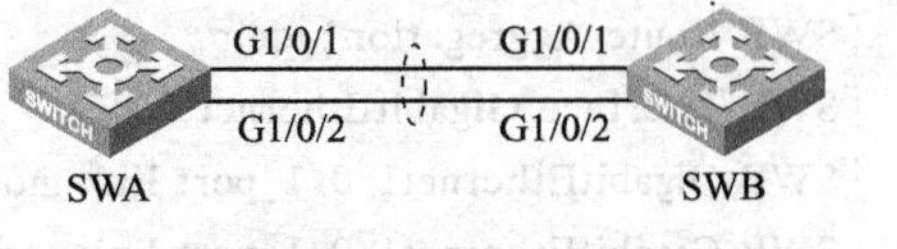

图 2-37 网络拓扑图

网络数据如表 2-8 所示。

根据数据分析，在 H3C 三层交换机 SWA 和 SWB 的 G1/0/1 和 G1/0/2 接口上配置三层静态链路聚合，以实现更高带宽的互联和链路备份。

具体实施步骤如下：

表 2-8 网络数据

设备名称	聚合组接口	IP 地址
SWA	Route-Aggregation 1	192.168.1.1/30
SWB	Route-Aggregation 1	192.168.1.2/30

第 1 步：配置三层静态链路聚合。本步骤配置 H3C 交换机以太网端口的三层静态链路聚合，具体配置清单如下。

SWA 配置：

〈H3C〉system-view
System View: return to User View with Ctrl+Z.
[H3C]sysname SWA
[SWA]interface Route-Aggregation 1　　　　　　　　　　　　　//创建三层链路聚合组 1
[SWA-Route-Aggregation1]ip address 192.168.1.1 30　　　　　//配置三层链路组 IP 地址
[SWA-Bridge-Aggregation1]quit
[SWA]interface GigabitEthernet 1/0/1
[SWA-GigabitEthernet1/0/1]port link-mode route　　　　　　　//设置端口为三层路由口
[SWA-GigabitEthernet1/0/1]port link-aggregation group 1
[SWA-GigabitEthernet1/0/1]interface GigabitEthernet 1/0/2
[SWA-GigabitEthernet1/0/2]port link-mode route
[SWA-GigabitEthernet1/0/2]port link-aggregation group 1
[SWA-GigabitEthernet1/0/2]quit
[SWA]link-aggregation load-sharing mode local-first

SWB 配置：

〈H3C〉system-view
System View: return to User View with Ctrl+Z.
[H3C]sysname SWB
[SWB]interface Route-Aggregation 1　　　　　　　　　　　　　//创建三层链路聚合组 1
[SWB-Route-Aggregation1]ip address 192.168.1.2 30　　　　　//配置三层链路组 IP 地址
[SWB-Route-Aggregation1]quit
[SWB]interface GigabitEthernet 1/0/1
[SWB-GigabitEthernet1/0/1]port link-mode route　　　　　　　//设置端口为三层路由口
[SWB-GigabitEthernet1/0/1]port link-aggregation group 1
[SWB-GigabitEthernet1/0/1]interface GigabitEthernet 1/0/2
[SWB-GigabitEthernet1/0/2]port link-mode route
[SWB-GigabitEthernet1/0/2]port link-aggregation group 1
[SWB-GigabitEthernet1/0/2]quit
[SWB]link-aggregation load-sharing mode local-first

关键命令注释：

① interface Route-Aggregation *interface-number*：在设备上创建三层链路聚合组。默

认情况下,三层链路聚合组工作在静态模式下。

如果删除三层链路聚合接口,则所有位于该三层链路聚合组的成员端口将退出此链路聚合组。

② port link-mode route/bridge:在设备端口视图下设置端口为三层端口 route 或是二层端口 bridge。

第 2 步:测试。在交换机 SWA 上测试去往 SWB 的连通性。

```
<SWA>ping 192.168.1.2
Pinging 192.168.1.2 with 32 bytes of data:
Reply from 192.168.1.2:bytes=32 time<1ms TTL=64
Reply from 192.168.1.2:bytes=32 time<1ms TTL=64
Reply from 192.168.1.2:bytes=32 time<1ms TTL=64
Reply from 192.168.1.2 bytes=32 time<1ms TTL=64
Ping statistics for 192.168.1.2:
    Packets:Sent=4, Received=4, Lost=0 (0% loss),
Approximate round trip times in milli-seconds:
    Minimum=0ms, Maximum=0ms, Average=0ms
```

第 3 步:查看三层静态链路聚合有关信息。在交换机上完成三层静态链路聚合配置后,使用相关查看命令显示链路聚合的运行情况来验证配置的效果,命令如下:

```
<SWA>display link-aggregation verbose                          //查看聚合组的详细信息
Loadsharing Type:Shar -- Loadsharing, NonS -- Non-Loadsharing
Port Status:S -- Selected, U -- Unselected, I -- Individual
Flags:  A -- LACP_Activity, B -- LACP_Timeout, C -- Aggregation,
        D -- Synchronization, E -- Collecting, F -- Distributing,
        G -- Defaulted, H -- Expired

Aggregate Interface:Route-Aggregation1
Aggregation Mode:Static
Loadsharing Type:Shar
  Port          Status    Priority     Oper-Key     Flag
--------------------------------------------------------------------------------
  GE1/0/1       S         32768        1            {ABCG}
  GE1/0/2       S         32768        1            {ABCDEFG}
```

通过 display link-aggregation verbose 命令查看已有聚合接口所对应聚合组的详细信息,能够详细地看到位于聚合组中的以太网接口,并且能够显示每个端口是否被选中。

通过上述配置实现了将多个三层物理端口捆绑成一个逻辑上独立的聚合端口,提高带宽的同时也提供了链路冗余备份,提高了网络的稳定性和可靠性。

2.4.3 任务描述

3A 网络技术有限公司在组建校园网的过程中,根据网络需求以及设备性能,需要将网络中的某些链路捆绑到一起以实现提高链路带宽以及链路冗余备份等功能,网络技术人员需要在相应设备上进行配置。

2.4.4 任务分析

为了实现物理链路的捆绑,提高链路带宽和链路冗余备份,链路聚合技术是一种行之有效的方法。链路聚合可以是二层链路的聚合也可以是三层链路的聚合,实现方法可以是静态聚合也可以是动态聚合,网络中配置链路聚合要根据实际情况进行选择。

2.4.5 任务实施

① 根据链路所在网络中的位置,选择二层聚合或是三层聚合。
② 根据网络设备特性,选择静态聚合或是动态聚合。
③ 网络设备上配置链路聚合,查看链路聚合信息。
④ 验证链路聚合作用。

2.4.6 课后习题

1. 链路聚合的两个核心作用是（　　）。
   A. 增加链路带宽   B. 提供链路的可靠性
   C. 防止环路   D. 节约 IP 地址
2. 链路聚合技术可以分为（　　）。
   A. 静态链路聚合   B. 动态链路聚合
   C. 二层链路聚合   D. 三层链路聚合
3. 聚合端口应具备的条件是（　　）。
   A. AP 成员端口的端口速率必须相同
   B. AP 成员端口必须属于一个 VLAN
   C. AP 成员端口必须是二层端口
   D. AP 成员端口使用的传输介质应相同
4. 在交换机上创建聚合端口的配置命令为（　　）。
   A. [SWA] interface bridge-aggregation 1
   B. [SWA-Ethernet1/0/1] interface bridge-aggregation 1
   C. [SWA] port link-aggregation 1
   D. [SWA-Ethernet1/0/1] port link-aggregation 1
5. 将交换机的端口加入聚合端口的配置命令为（　　）。
   A. [SWA] interface bridge-aggregation 1
   B. [SWA-Ethernet1/0/1] interface bridge-aggregation 1
   C. [SWA] port link-aggregation 1
   D. [SWA-Ethernet1/0/1] port link-aggregation group 1
6. 如果两个交换机间需要使用链路聚合,但其中某一台交换机不支持 LACP 协议,则需要使用的聚合方式为（　　）。
   A. 静态聚合   B. 动态聚合   C. 手工聚合   D. 协议聚合

记一记：

任务 2.5 动态主机配置协议 DHCP

随着网络规模的不断扩大，计算机的数量已经超过了可供分配的 IP 地址数量。同时无线网络的发展，网络的复杂度也提高了，电脑、手机、Pad 等无线终端的位置也在时刻变化着，相应的 IP 地址也必须经常更新。这些问题导致网络配置越来越复杂，单一的固定 IP 配置方案已经不能满足网络组网需求。动态主机配置协议 DHCP 能自动为主机进行网络地址分配，减少人工对 IP 地址的干预，降低错误概率，提高 IP 地址利用率，方便用户快速接入网络。

需解决问题

1. 掌握 DHCP 原理和特点。
2. DHCP 协议中 IP 地址获取过程是怎么样的？
3. 掌握 DHCP 相关配置方法。

2.5.1 任务目标

3A 网络技术有限公司在搭建某校园网络时，由于每栋建筑物内主机数量都非常大，如果采用静态手动 IP 地址配置方法，网络管理员的工作量会很大。同时由于非专业使用者的误操作也会产生 IP 地址冲突等错误，导致网络故障，大大地降低了网络性能。为了避免这些问题，3A 公司的技术人员在每栋大楼的交换机上开启了 DHCP 服务，为楼宇内的所有主机自动分配 TCP/IP 信息，包括 IP 地址、子网掩码、网关以及 DNS 服务器等参数，终端主机无须配置，网络维护方便。

2.5.2 技术准备

2.5.2.1 理论知识

（1）DHCP 概述

动态主机配置协议（Dynamic Host Configuration Protocol，DHCP）用来为网络中的主机动态分配 IP 地址、子网掩码、网关地址和 DNS 服务器等网络配置参数，是一种运行在客户端和服务器之间的协议。DHCP 服务器集中管理网络中的 IP 地址等资源，当客户端发出地址申请时，服务器会从地址池中选取空闲的地址分配给客户端使用，实现 IP 地址等信息的动态配置，从而降低手工配置带来的工作量和出错率。

（2）DHCP 地址分配方式

根据客户端的不同需求，DHCP 提供如下 3 种 IP 地址分配方式。

① 动态分配。DHCP 服务器向 DHCP 客户端动态分配一个 IP 地址，并且这个 IP 地址是具有一定的使用时间限制的。如果客户端没有及时续约，到达使用期限后此地址就会被服务器回收。在 DHCP 服务中，绝大多数客户端得到的都是这种动态分配的地址。

② 自动分配。DHCP 服务器为 DHCP 客户端动态分配租期为无限长的 IP 地址。一旦客户端第一次成功地从服务器端租用到 IP 地址之后，就永远使用这个地址。

③ 手工分配。根据需求，由管理员为少数特定 DHCP 客户端（如 DNS、WWW 服务器、打印机等）静态绑定固定的 IP 地址。服务器将所绑定的固定 IP 地址分配给 DHCP 客户端。此 IP 地址永久被该客户端使用，其他主机无法使用。

（3）DHCP 地址分配过程

客户端从 DHCP 服务器获取 IP 地址的过程将完成如下四个阶段的信息交互，分别为发现阶段、提供阶段、选择阶段和确认阶段，如图 2-38 所示。

图 2-38　DHCP 客户端申请地址过程

① 发现阶段。发现阶段是 DHCP 客户端寻找 DHCP 服务器的阶段。DHCP 客户端第一次登录网络时发现本机上没有可用的 IP 地址，它会以广播的方式向网络发出 DHCP Discover 发现报文，携带信息含义大致为"谁能给我分配 IP 地址？"，向网络中的 DHCP 服务器提出 IP 地址申请。网络中每一台安装了 TCP/IP 协议的主机都会接收到这个发现报文，

但只有 DHCP 服务器会作出响应。

② 提供阶段。提供阶段是网络中 DHCP 服务器为客户端提供 IP 地址的阶段。网络中的 DHCP 服务器收到 DHCP Discover 报文后，从 IP 地址池中尚未分配的地址中选出一个 IP 地址，然后通过广播的方式向客户端回复一个包含待分配的 IP 地址和其他网络参数的 DHCP Offer 提供报文，作为对客户端的响应。

这里需要说明的是，如果网络中存在多台 DHCP 服务器，所有的服务器都会给客户端回复一个 DHCP Offer 响应，为其提供 IP 地址等网络参数。

③ 选择阶段。选择阶段是 DHCP 客户端对 DHCP 服务器提供的 IP 地址进行选择的阶段。如果客户端收到一个或多个服务器发送的 DHCP Offer 报文，此时 DHCP 客户端只接受第一个收到的 DHCP Offer 报文，然后 DHCP 客户端以广播方式发送 DHCP Request 选择报文来通告网络中的哪个 DHCP 服务器被选择，同时也可以包括其他配置参数的期望值。除了所选择的 DHCP 服务器之外的其他服务器收到这条 DHCP Request 报文后将收回曾经提供的 IP 地址。

④ 确认阶段。确认阶段是 DHCP 服务器向客户端确认所提供 IP 地址的阶段。

DHCP 服务器收到客户端发来的 DHCP Request 报文后，发送 DHCP ACK 确认报文作为回应，其中包含 DHCP 客户端的 TCP/IP 配置参数，告诉客户端可以使用它提供的 IP 地址。DHCP 客户端收到 DHCP ACK 报文后，会以广播方式发送免费 ARP 报文，探测是否有主机使用服务器分配的地址，如果在规定的时间内没有收到回应，客户端才使用此地址。

(4) DHCP 地址租期更新

在 DHCP 动态地址分配方式中，客户端获得的 IP 地址是有使用期限的，这个期限就叫作租期。当租期到期后 DHCP 客户端必须放弃该 IP 地址的使用权并重新申请。为了避免上述情况，DHCP 客户端要在租期到期前重新进行租期更新，申请延长该 IP 地址的使用期限。DHCP 地址租期更新遵循一定的规则，如图 2-39 所示，主要与使用时间达到租期的 50％和使用时间达到租期的 87.5％这两个时间点关系密切。

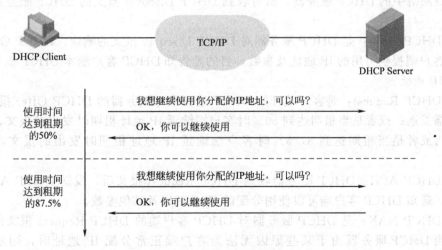

图 2-39　DHCP 租期更新

第一阶段：当客户端所申请的 IP 地址的使用时间达到租期的 50％时，客户端将进入更新（Renewing）状态。此时客户端将向 DHCP 服务器发送 DHCP Request 报文，请求 DHCP 服务器对它所分配的 IP 地址的有效租期进行更新。当 DHCP 服务器收到该请求报文后，如果确认客户端可以继续使用此 IP 地址，则 DHCP 服务器回应 DHCP ACK 报文，通知 DHCP 客户端已经获得申请 IP 地址新的租约；如果此 IP 地址不可以再分配给该客户端，则 DHCP 服务器回应 DHCP NAK 报文，通知 DHCP 客户端不能获得新的租约，DHCP 客户端将重新发起申请过程。

第二阶段：如果在第一阶段 DHCP 客户端进行地址更新时，一直没有接收到 DHCP 服务器回应的 DHCP ACK 或 DHCP NAK 报文，并且 DHCP 客户端一直在使用该 IP 地址，那么当 DHCP 客户端所使用的 IP 地址时间达到租期的 87.5% 的时候，DHCP 客户端将进入重新绑定（Rebinding）状态。此时，DHCP 客户端将通过广播的方式向 DHCP 服务器发送 DHCP Request 报文，用来继续请求 DHCP 服务器对它的有效租期进行更新。如果收到 DHCP 服务器的 DHCP ACK 报文，则租约更新成功，如果收到的是 DHCP 服务器的 DHCP NAK 报文，则重新发起申请过程。

第三阶段：当 DHCP 客户端处于 Renewing 和 Rebinding 状态时，如果 DHCP 客户端发送的 DHCP Request 报文都没有得到 DHCP 服务器端回应，那么 DHCP 客户端将在一定时间后重传 DHCP Request 报文。如果一直到租期到期，DHCP 客户端仍没有收到回应报文，那么 DHCP 客户端将被迫放弃所拥有的 IP 地址，重新发送 DHCP Discover 报文请求新的 IP 地址。

在租期内如果 DHCP 客户端不想再使用所分配的 IP 地址，可以主动向 DHCP 服务器发送 DHCP Release 报文，通知 DHCP 服务器释放 IP 地址的租约。DHCP 服务器会保留该客户端的配置信息，以便客户端重新申请地址时重用这些参数。

（5）DHCP 报文

从前面的学习中我们知道 DHCP 技术采用客户端/服务器模式，客户端与服务器通过交互一系列的信息报文完成地址分配以及租约更新等操作，这里我们对 DHCP 报文作一总结介绍。

① DHCP Discover：广播发送，是客户端开始 DHCP 地址申请过程的第一个报文，目的是寻找网络中的 DHCP 服务器，所有收到 DHCP Discover 报文的 DHCP 服务器都会作出响应。

② DHCP Offer：是 DHCP 服务器对 DHCP Discover 报文的响应。DHCP Offer 报文向 DHCP 客户端提供可用的 IP 地址及参数，目的是告知 DHCP 客户端本 DHCP 服务器可以为其提供 IP 地址。

③ DHCP Request：是客户端开始 DHCP 过程中对服务器的 DHCP Offer 报文的回应，此时广播发送；或者是当租期达到 50% 时客户端续延 IP 地址租期时发出的报文，此时单播发送；再或者是当租期达到 87.5% 时客户端续延 IP 地址租期时发出的报文，此时广播发送。

④ DHCP ACK：DHCP 服务器收到 DHCP Request 报文后，发送 DHCP ACK 报文作为响应，通知 DHCP 客户端可以使用分配的 IP 地址以及其他参数。

⑤ DHCP NAK：是 DHCP 服务器对 DHCP 客户端的 DHCP Request 报文的拒绝响应报文。当 DHCP 服务器由于某些原因无法为客户端正常分配 IP 地址时，则发送 DHCP NAK 报文通知客户端无法为它分配合适的 IP 地址等参数。当客户端收到此报文后一般会重新开始新的 DHCP 过程。

⑥ DHCP Release：是 DHCP 客户端主动释放 DHCP 服务器分配给它的地址的报文。当客户端不再需要使用所分配的 IP 地址时，会向服务器发送 DHCP Release 报文，通知服务器回收地址，服务器会释放被绑定的租约，回收这个地址，然后分配给其他的客户端。

⑦ DHCP Decline：DHCP 客户端收到 DHCP 服务器的 DHCP ACK 报文后，如果发现 DHCP 服务器分配的地址已经被分配使用，就会向 DHCP 服务器发送 DHCP Decline 报文，通知服务器所分配的 IP 地址不可用。

⑧ DHCP Inform：DHCP 客户端如果需要从 DHCP 服务器获取更为详细的配置信息，则发送 DHCP Inform 报文向服务器进行请求。DHCP 服务器将根据租约进行查找并发送 ACK 报文回应。

(6) 配置 DHCP 服务

DHCP 服务器既可以在 Windows 和 Linux 等操作系统上进行配置，也可以在路由器和三层交换机等网络设备上搭建。这里只介绍在网络设备上配置 DHCP 服务的相关命令。

1）DHCP 服务器的配置

在路由器或是三层交换机上配置 DHCP 服务器的步骤如下。

① 启用 DHCP 服务。默认情况下，路由器或三层交换机并未启用 DHCP 服务。若使用 DHCP 服务器，必须在系统视图下先启用 DHCP 服务，配置命令为：

[H3C]dhcp enable

只有启用 DHCP 服务后，其他相关的 DHCP 配置才能生效。如果需要关闭 DHCP 服务功能，则使用 undo 命令就可以关闭 DHCP 服务功能。

② 创建 DHCP 地址池。DHCP 地址池定义 DHCP 分配的地址及给客户端传送的其他参数。如果没有配置 DHCP 地址池，即使启用了 DHCP 服务器，也不能对客户端进行地址分配。在系统视图下定义 DHCP 地址池的命令如下：

[H3C]dhcp server ip-pool *pool-number*

其中，*pool-number* 为地址池名称，使用 undo 命令可以删除已定义的地址池，如 [H3C] undo dhcp server ip-pool *pool-number*。

③ 配置 DHCP 地址池中地址范围。DHCP 地址池中的地址是分配给用户使用的地址范围。在 DHCP 地址池视图下配置地址范围，配置命令为：

[H3C-dhcp-pool-0]network *network-address*[mask *mask*|*mask-length*]

其中，network-address 为 DHCP 地址池的 IP 网络号，mask *mask* | *mask-length* 为 DHCP 地址池的 IP 地址的网络掩码/掩码长度。如果没有定义掩码，默认为自然掩码。使用 undo 命令可以删除定义的地址范围。

④ 配置为 DHCP 客户端分配的网关地址。DHCP 客户端不仅要从 DHCP 服务器处获取 IP 地址，也要从 DHCP 服务器处获取该 IP 地址所在网段的网关地址，以实现 DHCP 客户端能够访问本子网以外的服务器或主机。在 DHCP 地址池视图下配置为 DHCP 客户端分配的网关地址命令为：

[H3C-dhcp-pool-0]gateway-list *ip-address* &〈1-8〉

参数 &〈1-8〉表示最多可以输入 8 个网关地址，每个地址之间用空格分隔。

⑤ 配置为 DHCP 客户端分配的 DNS 服务器地址。为了保证 DHCP 客户端能够通过域名访问 Internet 上的主机，DHCP 服务器应该在给客户端分配 IP 地址的同时指定 DNS 服务器地址。在 DHCP 地址池视图配置客户端 DNS 服务器地址，命令格式如下：

[H3C-dhcp-pool-0]dns-list *ip-address* &〈1-8〉

参数 &〈1-8〉表示最多可以输入 8 个 DNS 服务器地址，每个地址之间用空格分隔。当定义多个 DNS 服务器地址时，写在前面的优先权高，DHCP 客户端只有与排在前面的 DNS 服务器通信失败时，才会选择下一个 DNS 服务器。

⑥ 配置 IP 地址租期。在 DHCP 地址池视图下，配置为 DHCP 客户端分配 IP 地址的

租期。

[H3C-dhcp-pool-0]expired{day *day*[hour *hour*[minute *minute*[second *second*]]]|unlimited}

租期可以为×天×小时×分×秒，或者可以是无限长。H3C 设备默认租期是 1 天。

⑦ 配置 DHCP 地址池中不参与自动分配的 IP 地址。默认情况下，DHCP 服务器会将地址池中定义的所有子网地址分配给 DHCP 客户端。如果子网中有些地址已经被占用，比如网关、DNS 服务器等，那么这些地址就不能再分配给其他客户端主机，否则会造成 IP 地址冲突。为了避免这样的问题产生，子网中已经被占用的 IP 地址必须明确规定是不允许分配给客户端的。在系统视图下，配置 DHCP 地址池中哪些 IP 地址不参与自动分配。

[H3C]dhcp server forbidden-ip *start-ip-address* [*end-ip-address*]

参数 *start-ip-address* 为不参与分配的 IP 地址，或是禁止参与分配的 IP 地址的开始地址；*end-ip-address* 为禁止参与分配的 IP 地址的结束地址。使用 undo 命令可以取消该命令。

⑧ 配置 DHCP 地址池中 IP 地址与 MAC 地址的静态绑定。在 DHCP 服务中，有时 DHCP 服务器是要为少数特定的客户端（一般是服务器、打印机等）静态绑定固定的 IP 地址。在地址池视图下，配置 DHCP 地址池中 IP 地址与 MAC 地址的静态绑定。

[H3C-dhcp-pool-0]static-bind ip-address *ip-address* hardware-address *hardware-address*

参数 *ip-address* 为需要分配给特定客户端的 IP 地址，*hardware-address* 为该特定客户端的 MAC 地址，通过该命令实现 IP 地址与 MAC 地址的捆绑。

这里需要说明一下，在 DHCP 服务器上，IP 地址与 MAC 地址静态捆绑所在的地址池可以是单独的，也可以与动态分配地址池相同。如果单独配置地址池，除了地址池中 IP 地址分配是 IP 与 MAC 的静态绑定，其他所有配置参数与动态地址池相同。

⑨ DHCP 服务器显示与维护。在任意视图下执行 display 命令可以显示 DHCP 服务器的运行情况，通过查看显示信息验证配置效果。查看 DHCP 服务器的命令有很多，在系统视图下通过命令［H3C］display dhcp server pool［*pool-name*］来显示 DHCP 地址池信息，通过命令［H3C］display dhcp server ip-in-use［pool *pool-name*］来查看 DHCP 地址池的地址使用信息，通过命令［H3C］display dhcp server statistics［pool *pool-name*］来显示 DHCP 服务器的统计信息等。

2) DHCP 客户端的配置

DHCP 客户端的配置非常简单，不需要任何配置命令，只需要依次打开【网络和共享中心】→【本地连接】→【属性】→【Internet 协议版本 4(TCP/IPv4)】→【Internet 协议版本 4(TCP/IPv4)属性】对话框，在【常规】选项卡下选择"自动获得 IP 地址（O）"和"自动获得 DNS 服务器地址（B）"即可，如图 2-40 所示。

当主机开机后会主动发送 DHCP Discover 报文向网络中寻找 DHCP 服务器以申请 IP 地址等参数，以实现上网功能。如果客户端向服务器端未申请到有效的 IP 地址，就会获得一个 169.254.X.X 地址来临时使用，但该地址不能联网。

2.5.2.2 实践技能

（1）通过动态分配为企业网络普通主机分配地址

如图 2-41 所示，某企业网使用三层交换机作为接入设备连接终端计算机，为了减少手动配置地址所带来的大量工作以及避免后期维护工作的烦琐，网络管理员要在三层交换机上

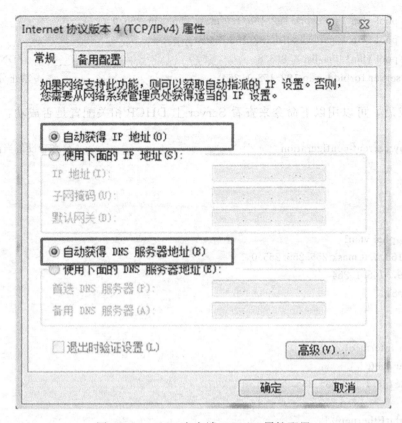

图 2-40　DHCP 客户端 TCP/IP 属性配置

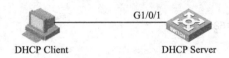

图 2-41　网络拓扑图

配置 DHCP 服务，帮助计算机自动获得 IP 地址等信息。

具体实践操作如下。

第 1 步：在三层交换机上配置主机所属 VLAN 的网关 IP 地址。

在这里，我们假设 DHCP Client 所属 VLAN 为 VLAN 1，网关地址为 192.168.1.254/24，则交换机的配置命令为：

［H3C］interface vlan 1
［H3C-Vlan-interface1］ip address 192.168.1.254 24

如果 DHCP Client 处于其他 VLAN 内，则需要将主机所连接的交换机端口加入相应的 VLAN 中，然后配置 VLAN 网关地址。

第 2 步：配置交换机作为 DHCP 服务器。

［H3C］sysname Server
［Server］dhcp enable ....//启动 DHCP 服务功能
［Server］dhcp server ip-pool vlan 1 ....//创建地址池 VLAN 1

[Server -dhcp-pool-vlan 1]network 192.168.1.0 mask 255.255.255.0 ....//网络地址
[Server -dhcp-pool-vlan 1]gateway-list 192.168.1.254 ....//网关地址
[Server -dhcp-pool-vlan1]dns-list 8.8.8.8 ....//DNS 服务器地址
[Server]dhcp server forbidden-ip 192.168.1.254 ....//禁止分配的 IP 地址

配置完成后，可以用以下命令来查看 Server 上 DHCP 相关配置是否成功：

[Server]display current-configuration ....//查看设备当前的配置信息
......
sysname Server
......
#
dhcp server ip-pool vlan1
network 192.168.1.0 mask 255.255.255.0
gateway-list 192.168.1.254
dns-list 8.8.8.8
#
......
interface Vlan-interface1
port link-mode route
ip address 192.168.1.254 255.255.255.0
#
interface GigabitEthernet0/1
port link-mode route
#
dhcp server forbidden-ip 192.168.1.254
#
dhcp enable

第 3 步：DHCP Client 通过 DHCP 服务器获得 IP 地址。

在客户端主机的 TCP/IP 属性对话框中，选中"自动获得 IP 地址"和"自动获得 DNS 服务器地址"并确定，以确保配置为 DHCP 客户端。

在客户端主机的"命令提示符"窗口下，键入命令 ipconfig 来验证 DHCP 客户端能否获得 IP 地址和网关等信息。

```
C:\Documents and Settings\Administrator>ipconfig
Windows IP Configuration
Ethernet adapter 本地连接:
        Connection-specific DNS Suffix. :
        IP Address. . . . . . . . . . . . : 192.168.1.1
        Subnet Mask . . . . . . . . . . . : 255.255.255.0
        Default Gateway . . . . . . . . . : 192.168.1.254
```

如果无法获得 IP，请检查线缆连接是否正确，然后在"命令提示符"窗口下用 ipconfig / renew 命令来使客户端主机重新发起 DHCP 请求。

第4步：查看 DHCP 服务器相关信息。

在 DHCP Server 上用命令 display dhcp server statistics 查看 DHCP 服务器的统计信息。

```
<Server>display dhcp server statistics                    //查看 DHCP 服务器的统计信息
  Pool number:                       1
  Pool utilization:                  1.18%
  Bindings:
    Automatic:                       1
    Manual:                          0
    Expired:                         0
  Conflict:                          0
  Messages received:                 4
    DHCPDISCOVER:                    2
    DHCPREQUEST:                     2
    DHCPDECLINE:                     0
    DHCPRELEASE:                     0
    DHCPINFORM:                      0
    BOOTPREQUEST:                    0
  Messages sent:                     4
    DHCPOFFER:                       2
    DHCPACK:                         2
    DHCPNAK:                         0
    BOOTPREPLY:                      0
  Bad Messages:                      0
```

从以上输出可以得知，目前交换机上有一个地址池，有一个 IP 被自动分配给了客户端。用 display dhcp server free-ip 来查看 DHCP 服务器可供分配的 IP 地址资源。

```
[Server]display dhcp server free-ip
IP Range from 192.168.1.2             to    192.168.1.253
```

由上可知，IP 地址 192.168.1.254 不是可分配的 IP 地址资源。因为 192.168.1.254 被禁止分配，所以 192.168.1.1 被分配给了 DHCP 客户端。

(2) 通过手工分配为企业网特定主机分配地址

随着网络的发展需求，该企业网要在网络内部搭建一台 DNS 服务器，为内网主机提供域名解析服务，网络拓扑如图 2-42 所示，根据以上要求，网络管理员要为 DNS 服务器手工分配一个静态绑定的 IP 地址 192.168.1.100。

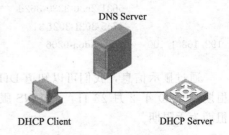

图 2-42 网络拓扑图

在 DHCP 服务器上需要进行如下操作。

第1步：查看 DNS 服务器主机的 MAC 地址。

在 DNS 服务器的主机上，打开命令行窗口，输入 ipconfig /all 命令，查看该主机的 MAC 地址，查询结果如图 2-43 所示，MAC 地址为 18-03-73-8A-90-99。

第2步：配置 DHCP 手工分配静态地址绑定。在原有配置的基础上，在 DHCP 服务器

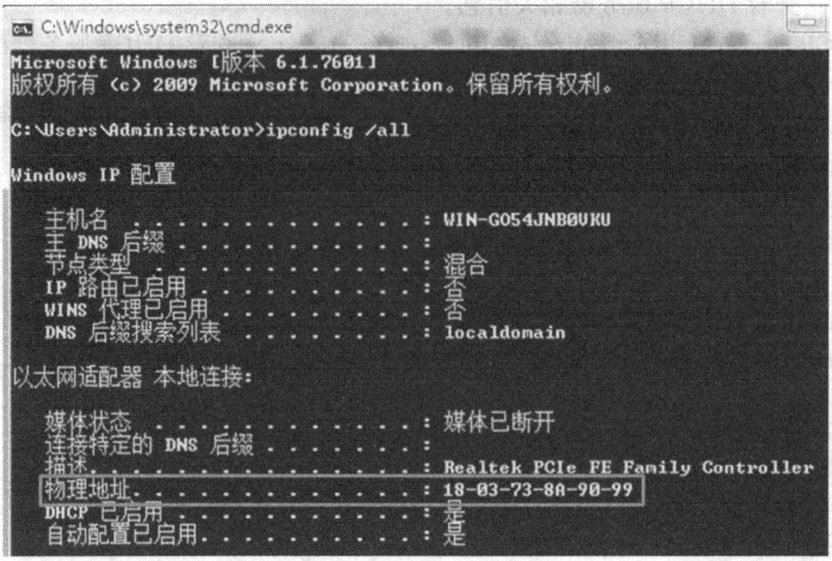

图 2-43　主机 MAC 地址查询

上增加 DHCP 静态地址绑定，命令如下。

[Server]dhcp server ip-pool vlan 1　　　　　　　　　　　　　　　　//创建地址池 VLAN 1
[Server -dhcp-pool-vlan 1]static-bind ip-address 192.168.1.100 hardware-address 1803-738a-9099
　　　　　　　　　　　　　　　　　　　　　　　　　//在地址池 VLAN 1 中增加静态地址绑定
[Server -dhcp-pool-vlan1]dns-list 92.168.1.100　8.8.8.8
[SWA]dhcp server forbidden-ip 192.168.1.100　　　　　　　　　/禁止分配的 IP 地址

第 3 步：验证结果。在 DHCP 服务器交换机上通过命令 display dhcp server ip-in-use 来查看 DHCP 服务器的地址分配，结果如下所示，可以看出 DNS 服务器主机获得所指定的 IP 地址。

```
<H3C>display dhcp server ip-in-use
IP address        Client identifier/         Lease expiration          Type
                  Hardware address
192.168.1.1       0038-3030-632e-6231-       Feb 23 18:37:30 2020      Auto(C)
                  6631-2e30-3330-362d-
                  4745-302f-302f-31
192.168.1.100     800c-ad6a-0206             Unlimited                 Static(C)
```

通过显示信息，我们可以知道 DHCP Client 通过动态分配申请到 IP 地址 192.168.1.1，租期到 2020 年 2 月 23 日，而 DNS 服务器通过手工分配静态绑定 IP 地址 192.168.1.100，租期为无限期。

2.5.3　任务描述

3A 网络技术有限公司组建高校校园网络时，为了节省后期网络工程师为众多主机配置 IP 地址的工作量以及减少配置失误时所带来的网络故障，要求各楼宇内自主完成主机 IP 地址的动态分配。

2.5.4 任务分析

为了实现楼宇内主机 IP 地址的动态分配，需要在网络中配置 DHCP 服务器来实现。为了减轻核心交换机的负担，规划在各楼宇的汇聚层交换机开启 DHCP 服务功能，为楼宇内各 VLAN 主机分配 IP 地址等参数。

2.5.5 任务实施

① 根据各楼宇内的 VLAN 以及 IP 地址规划，规划 DHCP 服务器配置参数。
② 根据规划配置 DHCP 服务器，查看 DHCP 配置信息。
③ 配置主机动态获取 IP 地址，查看所获得的 IP 地址信息。

2.5.6 课后习题

1. DHCP 采用（　　）模式。
   A. 对等网　　　　B. 客户端/服务器　　C. 浏览器/服务器　　D. 以上都不是
2. DHCP 客户端初始化完毕后向 DHCP 服务器发送的第一个 DHCP 报文是（　　）。
   A. DHCP Offer　　B. DHCP Request　　C. DHCP Discover　　D. DHCP Inform
3. DHCP 提供的地址分配方式不包括（　　）。
   A. 自动分配　　　B. 手工分配　　　　C. 动态分配　　　　D. 静态分配
4. 在主机上查看 IP 地址和 MAC 地址等信息的命令是（　　）。
   A. display mac address　　　　　　B. display ip address
   C. ipconfig /all　　　　　　　　　D. 以上都不对
5. PC 主机 TCP/IP 协议属性对话框中都需要配置（　　）内容。
   A. IP 地址　　　B. 子网掩码　　　　C. 网关地址　　　　D. DNS 服务器地址

记一记：

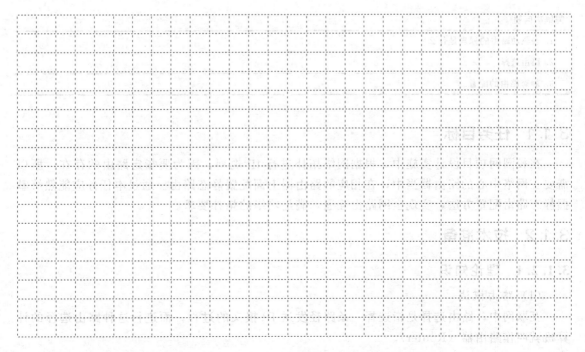

项目 3 局域网互联技术

任务 3.1 静态路由部署与配置

通过配置静态路由，掌握路由表驱动工作原理和路由器的基本工作原理，能利用路由表驱动实现网络拓扑的连通。提高网络传输的效率，保证网络传输的稳定性。

需解决问题
1. 表驱动路由的原理是什么？
2. 路由选择。
3. 静态路由的配置。

3.1.1 任务目标

在校园网项目设计实施中，根据网络拓扑进行 IP 规划，因为要指定路由的存在，所以需要在网络中心的路由器当中，在相应的路由器上面配置静态路由。通过本任务应能熟练掌握静态路由配置方法，实现全网路由互通，满足网络的拓扑要求。

3.1.2 技术准备

3.1.2.1 理论知识

（1）路由概述

互联网中，路由选择是指选择一条路径发送 IP 报文的过程，而进行这种路由选择的计算机就叫作路由器（Router）。

实际上，互联网就是由具有路由选择功能的路由器将多个网络连接所组成的。由于互联网使用面向非连接的互联网解决方案，因此，互联网中的每个自治的路由器独立地对待 IP 报文。一旦 IP 报文进入互联网，路由器就要负责为这些报文选择路由，并将它们从源主机送往目的主机。

在路由转发过程中，路由器承担重要作用，从一个接口上收到 IP 报文，根据报文中的目的地址进行定向，并转发到另一个接口上。路由器提供了在异构网络互联机制中实现将 IP 报文从一个网络发送到另一个网络中的功能。路由技术就是引导 IP 报文选择传输路径的过程。

那么，互联网中什么设备需要具有路由选择功能呢？首先，路由器应该具有路由选择功能。它处于网络与网络连接的十字路口，主要任务就是路由选择（如图 3-1 中的路由器 R1、R2）。其次，具有多个物理连接的主机（多宿主主机）需要具有路由选择功能。在发送 IP 报文前，它需要决定将报文发送到哪个物理连接更好，如图 3-2 中的主机 A 到主机 B 有多条路径，它通过网络与两个或多个路由器相连，在发送 IP 报文之前它必须决定将报文发送给哪个路由器。

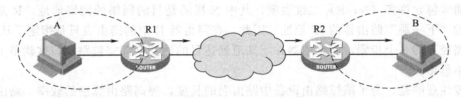

图 3-1　路由状态

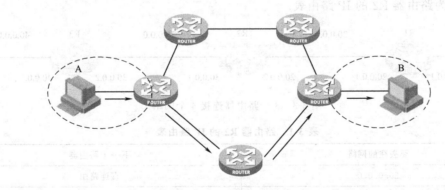

图 3-2　IP 报文转发路径

在互联网中，路由器根据接收到的 IP 报文中的目的地址，选择一条合适的路径，将 IP 报文传送到下一跳路由器中。每台路由器负责接收 IP 报文，并通过最优的路径转发，然后经过多台路由器一站一站地接力，将报文通过最佳路径转发到目的地。互联网中多台路由过程如图 3-2 所示。

（2）表驱动路由选择

在 IP 网络中，进行路由选择的路由器一般采用表驱动的路由选择算法。每台路由器中保存着一个 IP 路由表，该表存储着有关可能的目的地址、子网掩码及怎样到达目的地址的信息。在需要传送 IP 报文时，路由器就查询该 IP 路由表，决定把 IP 报文发送到哪里。

那么，在 IP 路由表中目的地址如何来表示？我们知道互联网中包含大量的主机，如果路由表列出到达所有主机的路径信息，会需要巨大的内存资源，而且也会需要很长的路由表查询的时间。这对路由器提出非常高的要求，显然这是不太可能的。所以人们想出办法，用

IP地址的编址方法可以帮助屏蔽掉互联网上大量的主机信息。由于IP地址可以分为网络号和主机号两部分，而连接到同一网络的所有主机共享同一网络号，因此，可以把有关特定主机的信息与它所存在的网络环境隔离开来，IP路由表中仅保存相关的网络地址信息，使远端的主机在不知道细节的情况下将IP报文发送过来。也就是说我们可以只关注网络地址，利用网络地址作为路径信息。这样可以极大地简化路由表，减小存储容量，减少存储条目，可以极大地提高查询效率。

（3）标准网络地址路由选择

随着电子商务的普及，网络购物已经很常见，这就需要强大的物流系统来保证网购物品能高效、安全地送达。城市这么多，买家和卖家遍布全国，快递是如何精准而又快速投递的呢？在国内，物流公司通常会设定一些中转中心，每个中心负责一定范围的区域。快递公司的一些终端网点接收快件后，集中送至中转中心收储，然后中转中心根据收件人的目的地，选择最合理的路线和运输渠道，送到另一些中转中心，到达那些中转中心后再将货物分发到收件人所属的网点。这样物流公司就可以节约一些人力物力，同时又能保证快件的运输。

知道了物流传送的规则，我们来看在计算机网络中路径是怎么选择的。一个标准的IP路由表通常包含许多（N，R）二维表项，其中N指的是目的网络的网络地址，R是到网络N经过的"下一跳"路由器的IP地址。因此，在路由器R中的路由表只是指定了从N到目的网络路径上的一个步骤，而路由器并不知道到达目的地的全部完整路径。这就是下一跳选路的基本思想。

需要注意的是，为了减短路由设备中路由表的长度，提高路由算法的效率，路由表中的N常常使用目的网络的网络地址，而不是目的主机地址。图3-3给出了一个简单的网络互联图，表3-1为路由器R2的IP路由表。

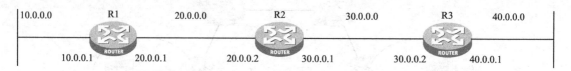

图3-3　3个路由器连接4个网络

表3-1　路由器R2的IP路由表

要去往的网络	下一个路由器
20.0.0.0	直连路由
30.0.0.0	直连路由
10.0.0.0	20.0.0.1
40.0.0.0	30.0.0.2

在图3-3中，网络20.0.0.0和网络30.0.0.0都与路由器R2直接相连，如果路由器R2收到一个IP报文，其目的地址的网络地址为20.0.0.0或30.0.0.0，那么R2就可以将该报文直接发送给目的主机。如果收到报文的目的地网络号为10.0.0.0，那么R2就需要将该报文发送给与其直接相连的另一路由器R1，由路由器R1再次发送该报文。同理，如果接收报文的目的地网络号是40.0.0.0，那么R2就需要将报文发送给路由器R3，再由R3直接发送给40.0.0.0网络。

（4）带子网的网络地址路由选择

我们知道，很多的网络并没有采用标准的IP编址，而是采用了子网划分的编址方式，目的在于更好地规划网络拓扑。所以，采用了子网编址以后，必须对标准网络地址路由选择进行修改和扩充，以满足子网路由的需要。

首先要修改和扩充的是路由表表项。标准的路由表包含很多（N，R）表项，由于不带有子网信息，因此不可能用于子网路由。

标准路由选择算法从 IP 地址前几位可以判断出地址类别，从而获得哪一部分对应于网络号，哪一部分对应于主机号。而在子网编址方式下，仅凭地址类别来判断网络号和主机号已经做不到了，因此必须在 IP 路由表当中加入子网掩码这一列，以判断 IP 地址中哪些位代表网络号，哪些位代表主机号。扩充子网掩码后的 IP 路由表可以表示为（M，N，R）三列表格。其中 M 代表子网掩码，N 代表目的网络地址，R 代表到网络 N 路径上的"下一跳"路由器的 IP 地址。

当进行路由选择时，将 IP 报文中的目的地址取出，与路由表表项中的子网掩码进行逐位的"与"运算，运算的结果再与表项中目的网络地址比较，如果相同，说明路由选择成功，IP 报文沿"下一跳地址"发送出去。

图 3-4 显示了通过 3 台路由器互联 4 个子网的简单例子，表 3-2 给出了路由器 R2 的路由表。如果路由器 R2 收到一个目的地址为 10.4.0.100 的 IP 报文，那么它在进行路由选择时，首先将该 IP 地址与路由表第一个表项的子网掩码 255.255.0.0 进行"与"操作，由于得到的操作结果 10.4.0.0 与本表项目的网络地址 10.2.0.0 不相同，说明路由选择不成功，需要对路由表的下一个表项进行相同的操作。当对路由表的最后一个表项操作时，IP 地址 10.4.0.100 与子网掩码 255.255.0.0 "与"操作的结果为 10.4.0.0，与目的网络地址 10.4.0.0 一致，说明匹配成功，于是路由器 R2 将报文转发给该表项指定的下一个路由器 10.3.0.1（即路由器 R3）。

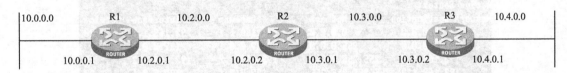

图 3-4 3 台路由器互联 4 个子网

当然，路由器 R3 接收到这个 IP 报文后也需要按照自己的路由表，去决定报文的去向。

表 3-2 路由器 R2 路由表

子网掩码	要到达的网络	下一跳路由器
255.255.0.0	10.2.0.0	直连路由
255.255.0.0	10.3.0.0	直连路由
255.255.0.0	10.1.0.0	10.2.0.1
255.255.0.0	10.4.0.0	10.3.0.2

（5）特殊配置的路由

用网络地址作为路由表表项的目的地址，可以极大地缩小路由表的规模，既可以节省空间又可以提高处理速度。但同时，路由表也会包含两种特殊的路由表表项如下所示。

① 默认路由。为了进一步隐藏互联网细节，缩短路由表的长度，经常用到一种称为"默认路由"的技术。在路由选择过程中，如果路由表最终没有匹配上到达其他目的网络的路由信息，就可以把报文转发到默认路由指定的路由器。这样可以避免报文被丢弃。

在图 3-4 中,如果路由器 R1 建立一个指向路由器 R2 的默认路由,就不必建立到达子网 10.3.0.0 和 10.4.0.0 的路由了。只要收到的报文的目的 IP 地址不属于与 R1 直接相连的 10.1.0.0 和 10.2.0.0 子网,路由器 R1 就按照默认路由将它们转发至路由器 R2。R1 路由表表项如表 3-3 所示,可以发现使用默认路由后,路由表表项节省了一条。

表 3-3 R1 带有默认路由的路由表

子网掩码	要到达的网络	下一跳路由器
255.255.0.0	10.1.0.0	直连路由
255.255.0.0	10.2.0.0	直连路由
0.0.0.0	0.0.0.0	10.2.0.2

简单地说,默认路由就是网络中的报文在路由表中没有找到匹配的路由表入口项时才使用的路由,即只有当没有合适的匹配路由时,缺省路由才被使用。在路由表中,缺省路由以任意网络地址 0.0.0.0(掩码为 0.0.0.0)的形式出现,多出现在路由表的末尾。默认情况下,在路由表中的直连路由优先级最高,静态路由优先级其次,接下来为动态路由,默认路由最低。如果没有默认路由,那么目的地址在路由表中没有匹配成功的报文将被丢弃。

注意:通常在 PC 上配的默认网关也是默认路由。在 PC 上选择"开始"→"运行",并输入"cmd"命令,转到系统的 DOS 命令操作窗口。键入命令"route print",查看该 PC 机上的路由表,可以看到 PC 中的路由表的第一行画线处就是一条默认路由为"0.0.0.0 0.0.0.0 192.168.1.1",如图 3-5 所示。

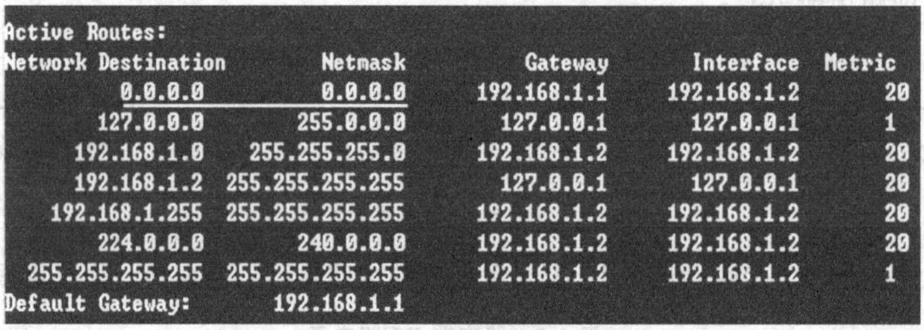

```
Active Routes:
Network Destination        Netmask          Gateway       Interface  Metric
          0.0.0.0          0.0.0.0      192.168.1.1    192.168.1.2      20
        127.0.0.0        255.0.0.0        127.0.0.1      127.0.0.1       1
      192.168.1.0    255.255.255.0      192.168.1.2    192.168.1.2      20
      192.168.1.2  255.255.255.255        127.0.0.1      127.0.0.1      20
    192.168.1.255  255.255.255.255      192.168.1.2    192.168.1.2      20
        224.0.0.0        240.0.0.0      192.168.1.2    192.168.1.2      20
  255.255.255.255  255.255.255.255      192.168.1.2    192.168.1.2       1
Default Gateway:       192.168.1.1
```

图 3-5 PC 机中默认路由

② 特定主机路由。通常,路由表的主要表项(包括默认路由)都是基于网络地址的,但是,在特定条件下也允许为特定的主机建立路由表表项。对单个具体点主机指定一条特别的明确的路径,就是所谓的特定主机路由。

特定主机路由方式可以赋予本地网络管理人员更大的网络控制权,可用于安全性、网络连通性调试及路由表正确性判断等目的。表 3-4 中第三条表项为特定主机路由。

表 3-4 特定主机路由的路由表

子网掩码	要到达的网络	下一跳路由器
255.255.0.0	10.1.0.0	直连路由
255.255.0.0	10.2.0.0	直连路由
255.255.255.255	10.3.0.100	10.3.0.1
0.0.0.0	0.0.0.0	10.2.0.2

（6）报文传输与处理过程

在掌握了了路由选择过程之后，再来看看 IP 报文是如何在网络中传输与处理的。

图 3-6 显示了由 3 个路由器互联 3 个以太网的互联网示意图，表 3-5～表 3-9 给出了过程主机 A、B 和路由器 R1、R2、R3 的路由表。假如主机 A 发送数据到主机 B，IP 报文在互联网中的传输与处理大致要经历如下过程。

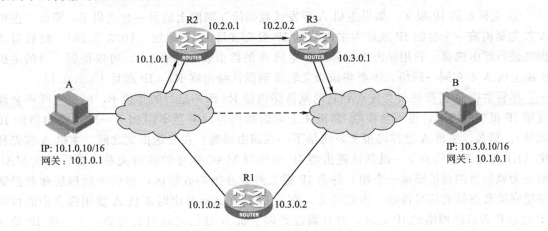

图 3-6 报文跨网段传输过程

表 3-5 主机 A 路由表

子网掩码	目的网络	下一跳地址
255.255.0.0	10.1.0.0	直连路由
0.0.0.0	0.0.0.0	10.1.0.1

表 3-6 路由器 R1 的路由表

子网掩码	目的网络	下一跳地址
255.255.0.0	10.1.0.0	直连路由
255.255.0.0	10.3.0.0	直连路由
255.255.0.0	10.2.0.0	10.1.0.1

表 3-7 路由器 R2 的路由表

子网掩码	目的网络	下一跳地址
255.255.0.0	10.1.0.0	直连路由
255.255.0.0	10.2.0.0	直连路由
255.255.0.0	10.3.0.0	10.2.0.2

表 3-8 路由器 R3 的路由表

子网掩码	目的网络	下一跳地址
255.255.0.0	10.2.0.0	直连路由
255.255.0.0	10.3.0.0	直连路由
255.255.0.0	10.1.0.0	10.2.0.1

表 3-9 主机 B 路由表

子网掩码	目的网络	下一跳地址
255.255.0.0	10.3.0.0	直连路由
0.0.0.0	0.0.0.0	10.3.0.2

① 主机发送 IP 报文。如果主机 A 要发送数据给互联网上的另一台主机 B，那么，主机 A 首先要构造一个目的 IP 地址为主机 B 的 IP 报文（目的 IP 地址＝10.3.0.10），然后对该报文进行路由选择。利用路由选择算法和主机 A 的路由表（见表 3-5）可以得到，目的主机 B 和主机 A 不在同一网络，需要将该报文转发到默认路由器 R2（IP 地址 10.1.0.1）。

尽管主机 A 需要将报文先送到它的默认路由器 R2 而不是目的主机 B，但是它既不会修改原 IP 报文的内容，也不会在原 IP 报文上面附加内容（甚至不附加下一默认路由器的 IP 地址）。那么，主机 A 怎样将报文发送给下一跳路由器呢？在发送报文之前，主机 A 首先利用 ARP 地址解析得到下一跳默认路由器 IP 地址与 MAC 地址的映射关系，然后以该 MAC 地址为帧的目的地址形成一个帧，并将 IP 报文封装在帧的数据区，最后由物理层和数据链路层完成数据帧的信号传输。由此可见，在为 IP 报文选择路由时主机 A 使用报文中的目的 IP 地址作为目的网络的 IP 地址，并且通过查询主机 A 自己的路由表得到，下一跳 IP 地址是默认路由器 R2 的 IP 地址。但真正的数据传输是通过将 IP 报文封装成帧，并以默认路由器 R2 的 MAC 地址为目的地址发送帧来实现的。

② 路由器 R2 处理和转发 IP 报文。路由器 R2 接收到主机 A 发送给它的帧后，去掉帧头，此时比较 IP 报文的目的网络地址。由于该 IP 报文的目的地并不是路由器 R2，因此 R2 需要将它转发出去。

利用路由选择算法和路由器 R2 的路由表（见表 3-7）可知，如果要到达报文的目的网络必须将它投递到 IP 地址为 10.2.0.2 的路由器（路由器 R3）。

通过以太网传递时，路由器 R2 通过 ARP 地址解析得到路由器 R3 的 IP 地址与 MAC 地址的映射关系，并利用该 MAC 地址作为帧的目的地址将 IP 报文封装成帧，最后由以太网完成真正的数据传送。

需要注意的是，路由器在转发报文之前，路由器需要从报文的报头的"生存周期"减去一定的值。若"生存周期"小于或等于 0，则抛弃该报文；否则，重新计算 IP 报文的校验和并继续转发。

③ 路由器 R3 处理和转发 IP 报文。与路由器 R2 相同，路由器 R3 接收到路由器 R2 发送的帧后也需要去掉帧头，并把 IP 报文提交给 IP 程序处理。与路由器 R2 不同，路由器 R3 在路由选择过程中发现该报文指定的目的网络的 IP 网络地址与自己同处一个网段，可以直接发送。于是，路由器 R3 通过 ARP 地址解析得到主机 B 的 IP 地址与 MAC 地址的映射关系，然后将该 MAC 地址作为帧的目的地址，将 IP 报文封装成帧，并由以太网协议实现数据的真正传递。

④ 主机 B 接收 IP 报文。当封装 IP 报文的帧到达主机 B 后，主机 B 对该帧进行解封，并将 IP 报文送交主机 B 上的 IP 程序处理。在确认该报文的目的 IP 地址 10.3.0.10 为自己的 IP 地址后，将 IP 报文中封装的数据信息送交上层协议处理。

从 IP 报文在互联网中被处理和传递的过程可以看到，每个路由器都是一个自治的系统，它们根据自己掌握的路由信息对每一个 IP 报文进行路由选择和转发。路由表在路由选择过程中发挥着重要作用，如果一个路由器的路由表发生变化，到达目的网络所经过的路径就有可能发生变化。例如，假如主机 A 路由表中的默认路由不是路由器 R2（10.1.0.1）而是路由器 R1（10.1.0.2），那么，主机 A 发往主机 B 的 IP 报文就不会沿 A-R2-R3-B 路径传递，它将通过 R1 到达主机 B。

另外，图 3-6 所示的互联网是 3 个以太网的互联。由于它们的 MTU 相同，因此 IP 报文在传递过程中不需要分片。如果路由器连接不同类型的网络，而这些网络的 MTU 又不相同，那么，路由器在转发之前可能需要对 IP 报文分片。对接收到的报文，不管它是分片后形成的 IP 报文还是未分片的 IP 报文，路由器都一视同仁，进行相同的路由处理和转发。

（7）静态路由技术

路由表获取信息的方式有两种，以静态路由方式或通过动态路由方式获取路由表信息。

静态路由技术是指由网络管理员手工配置的路由信息方式学习到路由表。当网络的拓扑结构或链路的状态发生变化时，网络管理员需要再次以手工方式去修改路由表中相关的静态路由表信息。

静态路由信息在默认情况下是私有的，不会传递给网络中其他的路由器。静态路由一般适用于网络结构比较简单的网络环境。在这样的环境中，网络管理员易于清楚地了解网络的拓扑结构，便于设置正确的路由信息。

静态路由由于需要网络管理员手工方式管理配置，一般用在小型网络或拓扑相对固定的网络环境中。静态路由具有的特点如下。

① 静态路由允许对网络中的路由行为进行精确地定向传输和控制。
② 静态路由表信息不在网络中广播，减少了网络流量。
③ 静态路由是单向的路由，配置简单。

静态路由除了具有简单、高效、可靠的优点外，它的另一个好处是保障网络安全，保密性高。静态路由信息在缺省情况下是私有的，不会传递给网络中其他的路由器。因此使用静态路由的一个好处就是能保证网络安全，路由保密性高。

动态路由因为需要路由器之间频繁地交换各自的路由表信息，而对路由表的分析可以揭示网络的拓扑结构和获取网络地址等信息，因此存在一定的不安全性。因此，网络出于安全方面的考虑，也可以部分重点网段采用静态路由，减少路由表广播风险。大型复杂的网络环境通常不宜采用静态路由技术，因为：一方面，网络管理员难以全面地了解整个网络的拓扑结构；另一方面，当网络的拓扑结构和链路状态发生变化时，路由器中的静态路由信息需要大范围地调整，这一工作的难度和复杂程度非常高。

3.1.2.2 实践技能

图 3-7 所示为某校园网络非直连网络拓扑，使用两台路由器连接网络 A、网络 B 两个子网络。由于有多个非直连网络，每台路由器无法通过直连路由学习到全网的拓扑信息，必须通过人工配置静态路由，才能了解全网的路由信息。

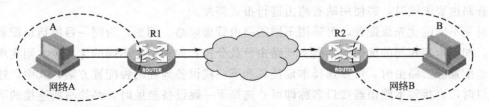

图 3-7 配置跨网络静态路由

表 3-10 为全网的 IP 地址规划信息。

表 3-10 某校园网络地址规划

设备	接口	IP 地址/子网掩码	所在网段
R1	GigabitEthernet 0/0	10.1.0.1/16	10.1.0.0/16
	GigabitEthernet 0/1	10.2.0.1/16	10.2.0.0/16
R2	GigabitEthernet 0/0	10.2.0.2/16	10.2.0.0/16
	GigabitEthernet 0/1	10.3.0.1/16	10.3.0.0/16
PCA		10.1.0.100/16	10.1.0.0/16
PCB		10.3.0.100/16	10.3.0.0/16

按照实验组网图连接好所有设备，给各设备加电后，开始按照以下步骤进行实验。常用命令说明如下。

（1）配置接口 IP 地址

命令：ip address ip-address｛mask-length｜mask｝［sub］，配置接口的 IP 地址。默认情况下，没有为接口配置 IP 地址。路由器的每个接口也可以通过 sub 关键字配置从 IP，主从地址的配置关系为：当配置主 IP 地址时，如果接口上已经有主 IP 地址，则新配置的地址将覆盖原有的主 IP 地址，成为新的主 IP 地址；主、从 IP 地址可以是同一个网段，也可以是不同的网段；在删除主 IP 地址前必须先删除对应的所有从 IP 地址。

（2）查看 IP 地址配置的输出信息

display ip interface brief//显示三层接口的 IP 基本配置信息

（3）配置静态路由协议

ip route-static dest-address｛mask-length｜mask｝｛interface-type interface-number［next-hop-address］｜next-hop-address｝［preference preference-value］

dest-address：静态路由的目的 IP 地址，采用点分十进制格式。

mask：IP 地址的掩码，采用点分十进制格式。

mask-length：掩码长度，取值范围为 0～32。

next-hop-address：指定路由的下一跳的 IP 地址，采用点分十进制格式。

interface-type interface-number：指定静态路由的出接口类型和编号。接口类型为非 P2P 接口（包括 NBMA 类型接口或广播类型接口，如以太网接口、Virtual-Template、VLAN 接口等）时，必须指定下一跳地址。

preference：指定静态路由的优先级。preference 值越小，路由的优先级越高，优先级最高的路由被添加进路由表。

如果目的 IP 地址和掩码都为 0.0.0.0（或掩码为 0），则配置的路由为静态缺省路由。当检查路由表失败时，将使用缺省路由进行报文转发。

对于不同的优先级配置，可采用不同的路由管理策略。例如，为同一目的地址配置多条路由，如果指定相同的优先级，则实现路由负载分担；如果指定不同的优先级，则实现路由备份。配置静态路由时，可以选择本地接口和下一跳设备地址两种配置方案，其中，选择本地接口时，直接写本路由器接口名称即可；选择下一跳设备地址时，必须写所连接的下一跳路由器接口的 IP 地址。如果静态路由中下一跳指的是下一台路由器的 IP 地址，则路由器认为产生了一条管理距离为 1 开销为 0 的静态路由信息。如果下一跳指向的是本路由器出站接口，则路由器认为产生的是一条管理距离为 0、和直连的路由等价的路由信息。

但要注意，只有下一跳所属的接口是点对点接口时，才可以填写 interface-type interface-name，否则必须填写 next-hop-address 的 IP 地址。

（4）删除路由

使用该命令的"undo"选项删除静态路由表信息，具体如下。

[R1]undo ip route-static 10.3.0.0 24 10.2.0.2

（5）测试并查看静态路由配置信息

display ip routing-table 命令查看路由表。

（6）配置内容

如图 3-7 和表 3-10 所示，在安装完成的网络中，实施静态路由技术的过程共有 3 步。

步骤 1：为每个连接的接口确定地址（包括子网和网络）。

步骤 2：为每台路由器声明所能到达的网络地址。

步骤 3：为每台路由器写出所到达网络经过的下一跳地址。

① 配置 IP 地址和静态路由。

a. R1 配置步骤。

```
<H3C>system-view                                              //进入系统视图
System View: return to User View with Ctrl + Z.
[H3C]hostname R1
[R1]int GigabitEthernet 0/0
[R1-GigabitEthernet0/0]ip address 10.1.0.1 16                 //进入 G0/0 接口视图，配置 IP 地址及掩码
[R1-GigabitEthernet0/0]exit
[R1]int GigabitEthernet 0/1
[R1-GigabitEthernet0/1]ip address 10.2.0.1 16
[R1-GigabitEthernet0/1]exit
[R1]ip route-static 10.3.0.0 255.255.0.0 10.2.0.2             //配置到 192.168.3.0 网段的静态路由
[R1]display ip routing-table                                  //查看配置后的路由信息
……
```

b. R2 配置步骤。

```
<H3C>system-view                                              //进入系统视图
[H3C]hostname R2
[R2]int GigabitEthernet 0/0
[R2-GigabitEthernet0/0]ip address 10.2.0.2 16                 //进入 G0/0 接口视图，配置 IP 地址及掩码
[R2-GigabitEthernet0/0]exit
[R2]int GigabitEthernet 0/1
[R2-GigabitEthernet0/1]ip address 10.3.0.1 16
[R2-GigabitEthernet0/1]exit
[R2]ip route-static 10.1.0.0 255.255.0.0 10.2.0.1             //配置到 192.168.3.0 网段的静态路由
[R2]display ip routing-table                                  //查看配置后的路由信息
……
```

② 配置默认路由命令。如果 R1 路由器是末梢网络路由器，我们可以采用默认路由方式进行配置，来简化路由表，提高转发效率。

[R1]ip route-static 0.0.0.0 0.0.0.0 192.168.2.2   //将所有路由信息都转发到 R2 路由器

配置关键点：保证 R1 和 R2 互联接口地址配置在同一网段，并且可以正常互通；静态路由的下一跳或出接口可以根据出接口类型进行选择，如果是点到点的链路（如 HDLC、PPP、GRE），可以直接指定出接口；如果是 NBMA 以及广播类型接口（如以太网接口、FR、X25 接口），则必须指定下一跳地址，出接口可以根据需要进行配置。

3.1.3 任务描述

在某校园网中，拓扑规划要求核心层与汇聚层交换机之间为了简化路由，提高转发效率，采用静态路由来配置路由表。明确网络拓扑规划，确认 IP 地址和网络号，然后依据网络拓扑图，在路由器上完成静态路由的相关配置。

3.1.4 任务分析

在一个拓扑规划完成的网络中，静态路由技术需要网络管理员通过手工方式配置的路由信息，才能让路由器获取路由表信息。配置时要注意接口 IP 和网络号的对应关系，确定好下一跳的 IP 地址，保证双方路由器都要有去往对方的路由。对于多个路由去往同一个路由器的路由来说，可以使用默认路由来优化路由表。

3.1.5 任务实施

项目描述：瀚海石化公司有多个网络，需要把这些网络互联，实现资源共享。需要配置静态路由使得网络连通，在信息中心配置静态路由实现所需功能。如图 3-8 所示。

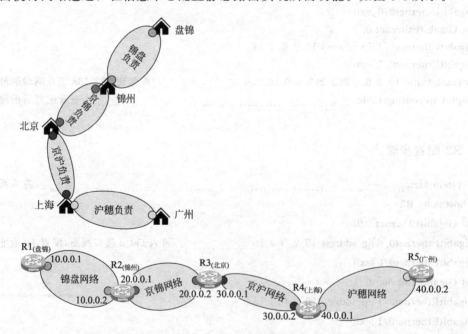

图 3-8 快递转运路线图

先以转运快递行业为例，理解路径、表驱动和转发的概念。

工作任务：

① 建立转运站发货区域表；

② 建立路由器中的路由表；

③ 掌握配置命令使用方法；
④ 多条路径选择；
⑤ 减小路由表容量。

按照图 3-8 快递转运路线图所示，填写各个快递站的发货区域表（见表 3-11）。
按盘锦站送货区域表格式，填表 3-12。

表 3-11　发货区域表模板

盘锦站送货区域	
目的地	下一个站点
锦盘负责区	直接发送
京锦负责区	锦州站
京沪负责区	锦州站
沪穗负责区	锦州站

表 3-12　各站点负责送货区域

锦州站送货区域			北京站送货区域		
目的地	下一个站点	经办	目的地	下一个站点	经办
锦盘负责区			锦盘负责区		
京锦负责区			京锦负责区		
京沪负责区			京沪负责区		
沪穗负责区			沪穗负责区		
上海站送货区域			广州站送货区域		
目的地	下一个站点	经办	目的地	下一个站点	经办
锦盘负责区			锦盘负责区		
京锦负责区			京锦负责区		
京沪负责区			京沪负责区		
沪穗负责区			沪穗负责区		

根据图 3-9，填表 3-13～表 3-16。

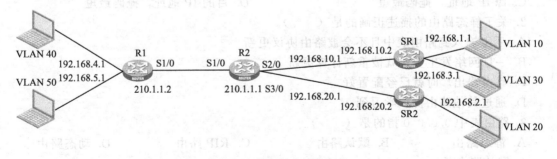

图 3-9　瀚海石化网络拓扑

表 3-13　R1 路由表（按第一行格式，填写空白处）

目的网络	子网掩码	下一跳 IP	配置命令
192.168.1.0	255.255.255.0	192.168.10.2	Ip route-static 192.168.1.0 255.255.255.0 192.168.10.2

表 3-14 SR1 路由表

目的网络	子网掩码	下一跳 IP	配置命令

表 3-15 R2 路由表

目的网络	子网掩码	下一跳 IP	配置命令

表 3-16 SR2 路由表

目的网络	子网掩码	下一跳 IP	配置命令

3.1.6 课后习题

1. 路由器根据 IP 报文中的（   ）进行路由表表项查找，并选择其中（   ）的路由项用于指导报文转发。

A. 源 IP 地址，掩码最长　　　　　　　B. 目的 IP 地址，掩码最长

C. 源 IP 地址，掩码最短　　　　　　　D. 目的 IP 地址，掩码最短

2. 关于静态路由的描述正确的是（   ）。

A. 手工输入到路由表中且不会被路由协议更新

B. 一旦网络发生变化就被重新计算更新

C. 路由器出厂时就已经配置好

D. 通过其他路由协议学习到

3. 路由表中 0.0.0.0 指的是（   ）。

A. 静态路由　　　　B. 默认路由　　　　C. RIP 路由　　　　D. 动态路由

4. 默认路由是（   ）。

A. 一种静态路由　　　　　　　　　　　B. 所有非路由报文在此进行转发

C. 最后求助的网关　　　　　　　　　　D. 以上都是

5. 静态默认路由配置命令正确的是（   ）。

A. [Router] ip route-static 0.0.0.0 0.0.0.0 next-hop-address

B. [Router] ip route-static 192.168.1.0/24 next-hop-address

C. [Router] ip route-static 255.255.255.255 0 next-hop-address

D. [Router] ip route-static 255.255.255.255 255.255.255.255 next-hop-address

6. 下面（　　）是静态路由的优点。
   A. 无协议开销，不占用系统资源　　B. 不会出现路由环路
   C. 能自适应网络拓扑结构变化　　　D. 适合任意规模网络
7. 静态路由的缺点是（　　）。
   A. 便于维护路由表　　　　　　　　B. 不能适应网络拓扑的变化
   C. 无协议开销，不占用系统资源　　D. 配置命令比较简单

记一记：

任务 3.2　RIP 路由部署与配置

3.2.1　任务目标

3A 网络技术有限公司在承接某大学校园网络组建项目施工过程中，鉴于校园内机房众多，网段划分不利于管理人员手工分配路由，而且可见网段划分采用 RIP 协议可满足设计要求，所以在核心路由交换层面配置 RIP 协议，来动态更新网络中的路由表。

需解决问题
1. 路由选择协议都有哪些？
2. RIP 路由原理。
3. RIP 路由配置命令。

3.2.2　技术准备

3.2.2.1　理论知识

（1）路由选择协议及其分类

根据路由获取方式的不同，路由分为直连路由、静态路由和动态路由等 3 种类型。
路由选择的正确性依赖于路由表的正确性，如果路由表出现错误，就不可能按照正确的

路径转发。路由可以分为静态路由和动态路由两类。静态路由是通过人工设定的,而动态路由则是路由器通过自己的学习得到的。

路由选择协议（通常称为"路由协议"）是路由器之间维护路由表的算法和规则,用于发现路由,生成路由表,并指导数据报文的转发。路由协议根据使用的算法不同可分为距离矢量路由协议和链路状态路由协议。

距离矢量路由协议计算网络中所有链路的矢量和距离并以此为依据确认最佳路径。使用距离矢量路由协议的路由器定期向其相邻的路由器发送全部或部分路由表。典型的距离矢量路由协议是 RIP 和 BGP。

链路状态路由协议使用为每个路由器创建的拓扑数据库来创建路由表,每个路由器通过此数据库建立整个网络的拓扑图。在拓扑图的基础上通过相应的路由算法计算出通往各目标网段的最佳路径,并最终形成路由表。典型的链路状态路由协议是开放最短路径优先（Open Shortest Path First,OSPF）协议。

动态路由协议是用于路由器之间交换路由信息的协议,动态寻找网络最佳路径。通过路由协议,可以保证所有路由器拥有相同的路由表,动态共享网络路由信息。

动态路由协议可以帮助路由器自动发现远程网络,确定到达目标网络的最佳路径。动态路由协议在路由器之间传送路由信息,允许路由器与其他路由器进行通信学习,把自己连接的网络拓扑信息传送给其他路由器,其他路由器便可根据接收的信息更新和维护自己的路由表,如图 3-10 所示。

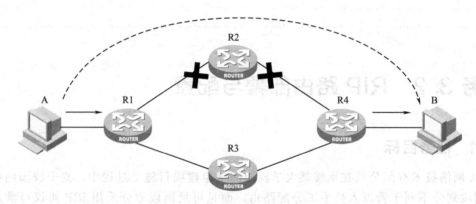

图 3-10　动态路由自动改变路径

与静态路由不同,动态路由可以通过自身的学习,自动更新路由表。当网络管理员通过配置命令启动动态路由后,无论何时从互联网中收到新的路由信息,路由器都会利用路由管理进程自动更新路由表。

动态路由有更多的自主性和灵活性,特别适合于拓扑结构复杂、网络规模庞大的互联网环境。在网络中配置动态路由协议的好处是:只要网络拓扑结构发生了变化,路由器会自动了解网络的变化。配置动态路由的路由器会相互之间交换路由信息,不仅能够自动学习新增加的网络信息,还可以在当前网络连接失败时,寻找到备用路径。

动态路由适合于规模较大、拓扑结构比较复杂的网络环境。如图 3-10 所示,在网络中配置动态路由协议的好处是:只要网络拓扑结构发生了变化,路由器会自动了解网络的变化。配置动态路由的路由器会相互之间交换路由信息,不仅能够自动学习到新增加的网络信息,还可以在当前网络连接失败时寻找到备用路径。开始时主机 A 发送的报文可能通过路由器 R1、R2、R4 到主机 B。如果路由器 R2 发生故障,路由器可以自动设置路由表,通过更新信息，会在路径 R1、R3、R4 继续发送数据。当然，在路由器 R2 恢复正常后，路由器可再次自动修改路由表，仍然使用路径 R1、R2、R4 发送数据。

路由器中的动态路由协议的作用就是维护路由信息，建立路由表，决定最佳路径。如图 3-10 所示，四个路由器之间可以互相学习其他路由器的路由表，那是怎么更新的？当一个路径失败时怎么通过其他路由器转发？当到达同一个目的地时出现两条路径，最终该选哪条？

路由协议则必须解决这些问题。对于所有路由选择协议来说，共有的几个问题是路径决策、度量、收敛。

1) 路由决策

路由决策就是在路由表中，如果出现相同的目的路径，就需要路由器按照某种规则来选择最恰当的一条。通常路由决策原则如下。

① 子网掩码最长匹配原则。

② 比较路由的管理距离，也即优先级，不同路由协议的管理距离不同，数值越小越优先。

③ 此时比较路由的度量值。

2) 度量

当有多条路径到达相同目标网络时，路由器需要一种机制来计算最优路径，度量是指派给路由的一种变量，表示到达这条路由所指目的地址的代价。作为一种手段，度量可以按最好到最坏，或按最先选择到最后选择对路由进行等级划分。不同的路由协议使用不同类型的度量值，例如，RIP（Routing Information Frotocol，路由信息协议）的度量值是跳数，OSPF（Open Shortest Path First，开放式最短路径优先）的度量值是负荷。相关度量如下。

① 跳数（hop count）：到达目的地必须经过的路由器个数。跳数越少，路由越好。RIP 协议就是使用"跳数"作为其度量值。

② 带宽（bandwidth）：链路的传输速率。

③ 负荷（load）：表示占用链路的流量大小。优先选择负荷最低的路径。

④ 时延（delay）：报文经过一条路径所花费的时间。

⑤ 可靠性（reliability）：数据传输过程中的差错率。

⑥ 代价：一个变化的数值，通常可以根据带宽、建设费用、维护费用、使用费等因素由管理员指定。

3) 收敛

所有路由器中的路由表都达到稳定状态的过程叫做收敛。一个网络收敛速度越快，说明路由选择协议越好。

(2) 距离矢量算法

距离矢量算法是路由器用来计算通向每个目的地最佳路径的算法。

其基本思想是路由器周期性地向其相邻路由器广播自己知道的路由信息，用于通知相邻路由器自己可以到达的网络以及到达该网络的距离，如果有更有价值的路径可提供，相邻路由器可以根据收到的路由表来更新自己的路由表，与它当前路径置换。

(3) RIP 协议更新

RIP 协议被称为距离矢量路由协议，这说明它使用距离矢量算法来决定最佳路径。具体来讲，就是提供跳数来衡量路由距离。跳数就是一个报文到达目标网络所要经过的路由器的个数。

默认情况下，路由器每隔 30s，向与它相连的网络广播自己的路由表。收到广播信息的其他相邻路由器从收到的路由信息中，每学习到一条，就把相对应的条数加 1。每台路由器都如此广播，最终网络上所有的路由器都会得知全部的路由信息。正常情况下，每 30s 路由器就可以收到一次来自邻居路由器的路由更新信息。如果经过 180s，即 6 个更新周期，一条路由表表项都没有得到更新，路由器就认为它已失效了。如果经过 240s，即 8 个更新周期，该路由表表项仍没有得到更新和确认，这条路由信息就按照规则将其从路由表中删除。上面的 30s、180s 和 240s 的延时分别由更新计时器（Update Timer）、无效计时器（Invalid Timer）和刷新计时器（Flush Timer）来控制。

（4）RIP 学习过程

路由器启动后，路由器的初始路由表只有直连路由。更新计时器计时是 30s。如图 3-11 所示，当路由器 R1 的更新计时器超时之后，路由器 R1 向网络上广播自己的路由表。

图 3-11 RIP 路由器 A 发送广播时

此时路由器 R1 发出的路由更新信息中只含有直连网段的路由，表示是路由器 R1 的直连网络。

路由器 B 收到来自邻居路由器 R1 的路由更新后，发现 10.1.0.0/16 这条路由不在自己路由表中，便将此条路径保存到路由表中。由于是从路由器 R1 获得的路由，故下一跳地址为 10.2.0.1，跳数则在原来基础上增加 1。

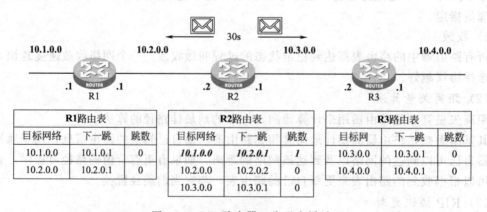

图 3-12 RIP 路由器 B 发送广播时

路由器 B 达到更新时间，也同样把自己路由表向路由器 R1 和路由器 C 广播，如图 3-12 所示。

路由器 C 收到广播后，将网络 10.1.0.0/16 和 10.2.0.0/16 两条路由添加到自己路由表中，跳数分别加 1，结果跳数是 2 和 1。而路由器 R1 收到更新，发现宣告网段 10.1.0.0/16 路由没有比自己路由表中跳数更少，便不更新这条路由。但网段 10.3.0.0/16 是新路由，因此将网络 10.3.0.0/16 添加到路由表中，跳数为 1。

路由器 C 达到更新时间后，也同样向外广播路由更新信息，如图 3-13 所示。

图 3-13　RIP 路由器 C 发送广播时

现在，网络中所有的路由器都学习到全网的路由，RIP 网络达到收敛状态，如图 3-14 所示，若网络拓扑不发生变化，路由器以后每次更新发送的路由信息都将完全相同。

图 3-14　收敛状态的路由表

（5）RIP 更新算法

各路由器周期性地向其相邻的路由器广播自己的路由表信息。如果网络拓扑发生变化，所连接的路由器发出的报文就会体现这种变化，其他路由器收到广播进行更新时，路由器逐项检查来自相邻路由器的路由信息报文，遇到情况，须修改本地路由表（假设路由器 R_x 收到路由器 R_y 的路由信息报文），会遵循以下原则。

① R_y 表中的路由在 R_x 路由表中没有。则 R_x 路由表中须增加相应项目，其目的网络是 R_y 表中的目的网络，其跳数为 R_y 表中的跳数加 1，而下一跳则为 R_y。

② R_y 去往某目的地的跳数比 R_x 去往该目的地的跳数减 1 还小。这说明 R_x 去往这个目的网络如果经过 R_y，距离会更短。于是，R_x 修改本表中的内容，目的网络不变，跳数为 R_x 表中的跳数加 1，下一跳为 R_y。

③ R_x 去往某目的地经过 R_y，而 R_y 去往该目的路由发生变化。则：

a. 如果 R_y 不再包含去往某目的路由，则 R_x 中相应表项须删除。

b. 如果 R_y 以去往某目的地的跳数发生变化，则 R_x 表中的跳数就须修改，在 R_y 的跳数基础上加1。

表 3-17 假设 R_x 和 R_y 为相邻路由器，对上述原则做了直观说明。

表 3-17 RIP 更新路由表过程

R_x 更新前原路由表			R_y 广播的路由信息		R_x 更新后的路由表		
目的网络	下一跳	跳数	目的网络	跳数	目的网络	下一跳	跳数
10.0.0.0	直接	0	10.0.0.0	4	10.0.0.0	直接	0
30.0.0.0	R_n	7	30.0.0.0	4	30.0.0.0	R_y	5
40.0.0.0	R_y	3	40.0.0.0	2	40.0.0.0	R_y	3
45.0.0.0	R1	4	41.0.0.0	3	41.0.0.0	R_y	4
180.0.0.0	R_y	5	180.0.0.0	5	45.0.0.0	R1	4
190.0.0.0	R_m	10			180.0.0.0	R_y	6
199.0.0.0	R_y	6			190.0.0.0	R_m	10

（6）RIP 网络收敛对策

RIP 的最大优点是算法简单、易于实现。但是，由于路由器的路由变化需要像波纹一样从相邻路由器传播出去，过程缓慢，因此有可能造成慢收敛等问题。慢收敛是 RIP 协议严重的缺陷，可能导致路由环路的产生。

由于某种原因，网络拓扑发生了改变。然后网络就开始重新收敛，由于收敛缓慢产生不协调或者错误地选择路由条目，就会产生路由环路的问题。网络产生了路由环路后，路由器将无法正确送达报文，导致用户的报文不停地在网络上循环发送，最终造成目的网络不可达。因此，RIP 并不适合应用于路由剧烈变化的大型互联网网络环境。

1）路由环路导致的问题

当网络中某条路由失效时，还没来得及向网络宣告新的路由表，就已经收到了其他路由器的广播，RIP 路由定时更新机制便可能导致路由环路。

如图 3-15 所示，路由器 R3 发现直连路由 10.4.0.0 故障，将其从路由表中移除，向外宣告对应路由失效。在路由器 R3 对外宣告之前，路由器 R2 恰好将路由表宣告给路由器 R3，路由器 R3 便认为可以通过路由器 R2 到达网络 10.4.0.0，跳数为 2，错误地将这条路

图 3-15 RIP 路由器 R3 错误更新路由表

由添加到自己的路由表当中。

当路由器 R3 下一个更新时间到达，路由器 R2 又从路由器 R3 那里收到目的网络 10.4.0.0 跳数为 2 的路由信息。根据 RIP 更新原则，这条路由虽然度量值增大，但原来此条路由就是 R3 宣告的，也就是和路由表中原条目来自同个源，应当接收。因此，路由器 R2 更新路由表，而到达网络 10.4.0.0 的跳数变成 3，如图 3-16 所示。

图 3-16 RIP 路由器 R3 广播路由表导致 R2 更新为错误路由

最后，等到路由器 R2 也向外广播路由更新信息，导致路由器 R1 和 R3 都将自己路由表中到达网络 10.4.0.0 的跳数更新成了 4，如图 3-17 所示。

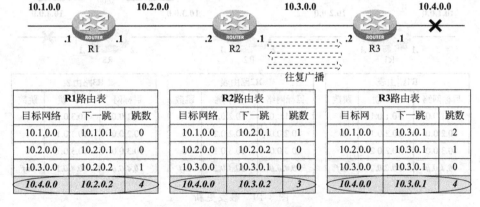

图 3-17 错误路由往复更新

这个过程一直往复下去，直至所有路由表中 10.4.0.0 这条路由的跳数都变成 16 才会停止，也就是到无穷大，那时便会认为此条路由不可达，从路由表中删除此条路由。由于路由器 R2 和 R3 之间形成了路由环路，从而导致了路由故障的出现。

2）防止路由环

RIP 协议通常采用水平分割（Split Horizon）、触发更新（Trigger Update）、毒性逆转（Poison Reverse）和抑制计时（Holddown Timer）等机制防止路由环产生。

① 水平分割。路由器从某个接口接收到的更新信息不允许再从这个接口发回去。图 3-18 显示了防止路由环路产生的方法：路由器 R2 不会将从路由器 R3 学习到的路由通告给路由器 R3，同样也不会将从路由器 R1 学习到的路由通告给路由器 R1。这种方法称为水平分割。

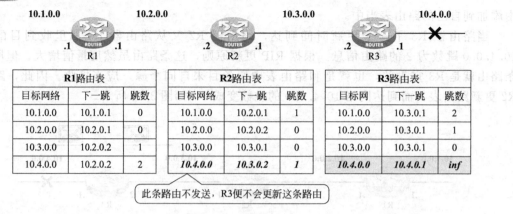

图 3-18 水平分割

水平分割保证路由器记住每一条路由信息来源,不再在收到这条路由的接口上发送从该接口学到的路由。这是保证不产生路由环路的最基本措施。

② 触发更新。一旦路由失效,更新应当立即发布出去。RIP 使用触发更新技术来加速收敛过程,要求 RIP 路由器在改变一条路由度量时,立即广播一条更新消息,而不必等到 30s 的更新周期到来。这样才能让路由器尽快学习到路由表变化,用来防止计数到无穷大问题。如图 3-19 所示,R3 发现 10.4.0.0 网络链路状态变化后,立即向其他路由器宣告此路由不可达。

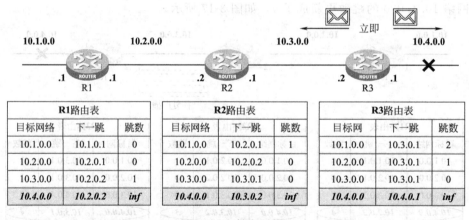

图 3-19 触发更新

③ 毒性逆转。毒性逆转实际上是一种改进的水平分割。这种方法的运作原理是:当路由器学习到一条毒化路由(度量值为 16)时,在没有应用水平分割规则的情况下,对外通告毒化路由。收到此种的路由信息后,接收方路由器会立刻抛弃该路由,而不是等待其老化时间到,这样可以加速路由的收敛。这就是毒性逆转。

④ 抑制计时。一条路由信息无效之后,一段时间内这条路由都处于抑制状态,即在一定时间内不再接收关于同一目的地址的路由更新。

如果路由器从一个网段上得知一条路径失效,然后立即在另一个网段上得知这个路由有效。这个有效的信息往往是不正确的,抑制计时避免了这个问题,而且,当一条链路频繁启停时,抑制计时减少了路由的浮动,增加了网络的稳定性。

(7) RIP 出现的问题

RIP 路由协议使用一些时钟,保证它所维持的路由的有效性与及时性。但是对于 RIP

协议来说，一个不理想之处在于，它需要相对较长的时间才能确认一条路由是否失效。RIP 至少需要经过 3min 的延迟，才能启动备份路由。这个时间对于大多数应用程序来说都会出现超时错误，用户能明显地感觉出来，系统出现了短暂的故障。

RIP 路由协议的另外一个问题是：它在选择路由时，不考虑链路的连接速度，而仅仅用跳数来衡量路径的长短。广播更新的路由信息，每经过一台路由器就增加一个跳数。如果广播信息经过多台路由器，那么具有最低跳数的路径就是被选中的最佳路径。如果首选的路径不能正常工作，那么具有次低跳数的路径（备份路径）才能被启用。

3.2.2.2 实践技能

（1）配置 RIP 协议

首先在路由器上配置 RIPv1 协议，然后在路由器上查看路由表后，更改路由器配置使其运行 RIPv2 协议。

如图 3-20 所示，分别在各自路由器上配置所需参数和路由协议，实现 RIP 协议功能，并输出协议的运行结果。

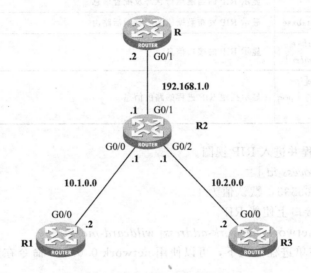

图 3-20 配置 RIP 协议

（2）配置设备数据

配置设备数据如表 3-18 所示。

表 3-18 设备接口配置信息

设备名称	接口名称	IP 地址
R1	G0/0	10.1.0.2/16
R2	G0/0	10.1.0.1/16
R2	G0/1	192.168.1.1/16
R2	G0/2	10.2.0.1/16
R3	G0/0	10.2.0.2/16
R	G0/1	192.168.1.2/24

按照实验组网图连接好所有设备，给各设备加电后，开始按照以下步骤进行实验。所需

命令说明如表 3-19 所示。

表 3-19 RIP 常用命令含义

命令	说明
rip[*process-id*]	创建 RIP 进程并进入 RIP 视图,进程号可为 0~65535,默认值为 1
network *network-address*	在指定网段接口上使能 RIP,默认为关闭。在单进程情况下,可以使用 network 0.0.0.0 命令在所有接口上开启 RIP 协议功能
silent-interface{*interface-type interface-number*|all}	配置接口工作在抑制状态,处于抑制状态的接口只接收路由更新报文而不发送路由更新报文。一般情况下链接终端的接口可以设置为 silent-interface。默认情况下,所有端口都可以接收和发送路由更新报文
version (1|2)	配置全局 RIP 版本
undo summary	关闭 RIPv2 自动路由聚合功能
rip split-horizon	使能水平分割功能
rip poison-reverse	使能毒性逆转功能
display rip *process-id*	显示 RIP 的当前运行状态及配置信息
display rip *process-id* database	显示 RIP 发布数据库的所有激活路由
display rip *process-id* interface [*interface-type interface-number*]	显示 RIP 的接口信息
display rip *process-id* route[*ip-address*(mask|*mask-length*)|peer *ip-address*|statistics]	显示指定 RIP 进程的路由信息

① 创建 RIP 进程并进入 RIP 视图。

[Router]rip[*process-id*]

进程号可为 0~65535,默认值为 1。

② 在指定网段接口上使能 RIP。

[Router-rip-1]network *network-address*[*wildcard-mask*]

默认为关闭。在单进程情况下,可以使用 network 0.0.0.0 命令在所有接口上开启 RIP 协议功能。

③ 配置接口工作在抑制状态。

[Router-rip-1]silent-interface{*interface-type interface-number*\|all}

处于抑制状态的接口只接收路由更新报文而不发送路由更新报文。一般情况下链接终端的接口可以设置为 silent-interface。默认情况下,所有端口都可以接收和发送路由更新报文。

④ 指定全局 RIP 版本。

[Router-rip-1]version{1\|2}

⑤ 关闭 RIPv2 自动路由聚合功能。

[Router-rip-1]undo summary

⑥ 配置 RIPv2 报文的认证。

[Router-Ethernet1/0] rip authentication-mode { md5 { rfc2082 { cipher *cipher-string* | plain *plain-string*} *key-id* | rfc2453 { cipher *cipher-string* | plain *plain-string*} } | simple { cipher *cipher-string* | plain *plain-string*} }

配置清单:

第一步:RIP 基本配置。

在所有路由器上完成接口 IP 地址及 RIPv1 的配置,具体配置如下:
R1 配置:

```
<H3C>system-view
System View: return to User View with Ctrl+Z.
[H3C]sysname R1
[R1]interface GigabitEthernet 0/0
[R1-GigabitEthernet0/0]ip address 10.1.0.2 16
[R1-GigabitEthernet0/0]quit
[R1]rip                                                          //创建 RIP 进程并进入 RIP 视图
[R1-rip-1]network 10.1.0.0                                       //在指定网段接口上使能 RIP 协议
```

R2 配置:

```
<H3C>system-view
System View: return to User View with Ctrl+Z.
[H3C]sysname R2
[R2]interface GigabitEthernet 0/0
[R2-GigabitEthernet0/0]ip address 10.1.0.1 16
[R2-GigabitEthernet0/0]quit
[R2]interface GigabitEthernet 0/1
[R2-GigabitEthernet0/0]ip address 192.168.1.1 24
[R2-GigabitEthernet0/0]quit
[R2]interface GigabitEthernet 0/2
[R2-GigabitEthernet0/0]ip address 10.2.0.1 16
[R2-GigabitEthernet0/0]quit
[R2]rip
[R2-rip-1]network 10.2.0.0
[R2-rip-1]network 192.168.1.0
```

R3 配置:

```
<H3C>system-view
System View: return to User View with Ctrl+Z.
[H3C]sysname R3
[R3]interface GigabitEthernet 0/0
[R3-GigabitEthernet0/0]ip address 10.2.0.2 16
[R3-GigabitEthernet0/0]quit
[R3]rip
[R3-rip-1]network 10.2.0.0
```

R 配置:

```
<H3C>system-view
System View: return to User View with Ctrl+Z.
[H3C]sysname R
[R2]interface GigabitEthernet 0/1
```

［R2-GigabitEthernet0/0］ip address 192.168.1.2 24
［R2-GigabitEthernet0/0］quit
［R2］rip
［R2-rip-1］network 192.168.1.0

第二步：查看 RIP 协议输出信息。

当网络拓扑稳定后，使用 display 命令查看各路由器的 RIPv1 相关信息。

```
［R1］display rip                                                //查看 RIP 进程的相关信息
 Public VPN-instance name：
   RIP process：1                                                //RIP 进程号
   RIP version：1                                                //RIP 版本号
   Preference：100                                               //RIP 路由优先级为 100，默认优先级
   Checkzero：Enabled
   Default cost：0
   Summary：Enabled                                              //路由聚合功能，默认开启
   Host routes：Enabled
   Maximum number of load balanced routes：6
   Update time：  30 secs   Timeout time：   180 secs
   Suppress time：  120 secs   Garbage-collect time：  120 secs
   Update output delay：  20(ms)   Output count：    3
   TRIP retransmit time：    5(s)   Retransmit count：36
   Graceful-restart interval：  60 secs
   Triggered Interval：5 50 200
   Silent interfaces：None
   Default routes：Disabled
   Verify-source：Enabled
   Networks：
        10.0.0.0                                                 //使能 RIP 的网段地址
   Configured peers：None
   Triggered updates sent：0
   Number of routes changes：2
   Number of replies to queries：0
```

display rip 命令显示指定 RIP 进程的当前运行情况及配置信息。如果不指定 RIP 进程，则显示所有已配置的 RIP 进程的信息。

```
〈R1〉display rip 1 route                                        //查看 RIP 协议学习到的路由信息
Route Flags：R-RIP，T-TRIP
P-Permanent，A-Aging，S-Suppressed，G-Garbage-collect
          D-Direct，O-Optimal，F-Flush to RIB
----------------------------------------------
Peer 10.1.0.1 on GigabitEthernet0/0
        Destination/Mask    Nexthop      Cost Tag    Flags   Sec
        10.2.0.0/16         10.1.0.1      1    0     RAOF    15
        192.168.1.0/24      10.1.0.1      1    0     RAOF    15
```

```
Local route
        Destination/Mask    Nexthop       Cost Tag   Flags    Sec
        10.1.0.0/16         0.0.0.0        0    0    RDOF     -
<R>display rip 1 route
Route Flags：R-RIP，T-TRIP
P-Permanent，A-Aging，S-Suppressed，G-Garbage-collect
          D-Direct，O-Optimal，F-Flush to RIB
----------------------------------------------------------
Peer 192.168.1.1 on GigabitEthernet0/1
        Destination/Mask    Nexthop       Cost Tag   Flags    Sec
        10.0.0.0/8          192.168.1.1    1    0    RAOF     4
Local route
        Destination/Mask    Nexthop       Cost Tag   Flags    Sec
        192.168.1.0/24      0.0.0.0        0    0    RDOF     -
```

在 R1 上查看 RIP 进程的路由信息，可以看到 R1 在接口 GigabitEthernet 0/0 上从对端 10.1.0.1 处学习到目的网络 10.2.0.0/16 的路由；而在 R 上从对端 192.168.1.1 上学习到目的网络 10.0.0.0/8 的路由，注意分析两者的区别。

```
<R1>display rip 1 interface GigabitEthernet 0/0 ................//查看 RIP 进程接口信息
Interface：GigabitEthernet0/0
Address/Mask：10.1.0.2/16        Version：RIPv1
MetricIn：0                       MetricIn route policy：Not designated
MetricOut：1                      MetricOut route policy：Not designated
Split-horizon/Poison-reverse：On/Off      Input/Output：On/On
Default route：Off
Update output delay：20(ms)    Output count：3
Current number of packets/Maximum number of packets：0/2000
<R1>display rip 1 database ................//显示 RIP 发布数据库的所有激活路由 10.0.0.0/8，auto-summary
        10.1.0.0/16，cost 0，nexthop 10.1.0.2，RIP-interface
        10.2.0.0/16，cost 1，nexthop 10.1.0.1
192.168.1.0/24，auto-summary
192.168.1.0/24，cost 1，nexthop 10.1.0.1
```

第三步：配置 RIPv2 协议。

在各台路由器上修改配置 RIPv2 协议，具体配置如下。

R1 配置：

```
[R1]rip
[R1-rip-1]version 2 ................//配置 RIP 版本，默认为 RIPv1
[R1-rip-1]quit
[R1]interface GigabitEthernet 0/0
[R1-GigabitEthernet0/0]rip authentication-mode md5 rfc2453 plain 123456
//接口视图下配置 RIPv2 报文的认证方式，默认无认证
[R1-GigabitEthernet0/0]quit
```

R2 配置：

[R2]rip
[R2-rip-1]version 2
[R2-rip-1]undo summary ....//关闭路由聚合功能，默认开启
[R2-rip-1]quit
[R2]interface GigabitEthernet 0/0
[R2-GigabitEthernet0/0]rip authentication-mode md5 rfc2453 plain 123456
[R2-GigabitEthernet0/0]quit

R3 配置：

[R3]rip
[R3-rip-1]version 2

R 配置：

[R]rip
[R-rip-1]version 2

第四步：查看 RIPv2 协议的输出信息。

⟨R⟩display rip 1 route
Route Flags: R-RIP, T-TRIP
 P-Permanent, A-Aging, S-Suppressed, G-Garbage-collect
         D-Direct, O-Optimal, F-Flush to RIB

Peer 192.168.1.1 on GigabitEthernet 0/1
    Destination/Mask   Nexthop   Cost Tag   Flags   Sec
       10.0.0.0/8   192.168.1.1   1   0   RAOF   112
       10.1.0.0/16   192.168.1.1   1   0   RAOF   3
       10.2.0.0/16   192.168.1.1   1   0   RAOF   3
Local route
    Destination/Mask   Nexthop   Cost Tag   Flags   Sec
       192.168.1.0/24   0.0.0.0   0   0   RDOF   -
[R]display rip 1 database
    10.0.0.0/8, auto-summary
    10.1.0.0/16, cost 1, nexthop 192.168.1.1
    10.2.0.0/16, cost 1, nexthop 192.168.1.1
    192.168.1.0/24, auto-summary
    192.168.1.0/24, cost 0, nexthop 192.168.1.2, RIP-interface

R 上具有了到达 10.1.0.0/16 与 10.2.0.0/16 网段的具体路由信息，这是因为 RIPv2 报文携带掩码信息，并且在 R2 上关闭路由聚合功能的结果。在配置 RIPv2 协议时要注意路由聚合功能的应用。

3.2.3 任务描述

由于管理员人工管理网络规划效率较低，而且不能及时反映路由的变化，因此按照现场要求，需要采用动态路由协议寻找网络最佳路径。通过路由协议，可以保证所有路由器拥有相同的路由表，动态共享网络路由信息。动态路由协议可以帮助路由器自动发现远程网络，确定到达目标网络的最佳路径。动态路由协议在路由器之间传送路由信息，允许路由器与其他路由器通信学习，更新和维护路由表信息。

在此可以采用 RIP 协议来配置路由器，使其自动更新维护路由表。

3.2.4 任务分析

RIP 协议被设计用于使用同种技术的中型网络，因此适用于大多数的校园网和使用速率变化不是很大的连续线的地区性网络。对于更复杂的环境，一般不使用 RIP 协议。由于校园网规模不大，网络拓扑变化比较少，因此使用 RIP 就可以满足该任务的日常需求。由于网络规划中划分有子网，因此需要采用 RIPv2 版本协议，可以不自动聚合路由，使路由器能学习到子网广播过来的路由。

3.2.5 任务实施

① 根据设备所在网络中的位置，选择动态路由协议。
② 根据网络设备特性，选择 RIPv2 协议，并关闭自动聚合功能，避免路由自动聚合。
③ 网络设备上配置 RIP 协议，宣告路由器直连的网络，查看 RIP 路由表信息。
④ 查看、验证全部路由表信息，证实路由器学到了子网路由。

3.2.6 课后习题

1. 距离矢量路由协议是以（　　）衡量路由的好坏标准的。
   A. 最大传输单元　　　　　　　　B. 带宽
   C. 跳数　　　　　　　　　　　　D. 传输时延
2. 运行 RIP 路由协议的路由器进行彼此之间交换信息，交换的是（　　）信息。
   A. 路由器的整张路由表
   B. 路由器的直连路由
   C. 与邻居路由器的连接端口地址
   D. 邻居路由器路由表中所没有的路由信息
3. RIP 路由协议一共有两个版本，version 1 和 version 2，在没有特别声明的情况下，我们选择（　　）来进行 RIP 配置是比较保险的。
   A. version 1　　B. version 2　　C. 都可以　　D. 都不可以
4. 下列（　　）是 RIP 协议的配置命令。
   A. ［Router］rip　　　　　　　　B. ［Router-rip-1］network 10.0.0.0
   C. ［Router-rip-1］version 2　　D. ［Router-rip-1］undo summary
5. RIP 协议中（　　）发送交换信息时是携带子网掩码的。
   A. version 1　　B. version 2　　C. 都不携带　　D. 都携带
6. RIP 路由协议网络中允许的最大跳数是（　　）。
   A. 1　　　　　　B. 15　　　　　C. 16　　　　　D. 无穷大

记一记：

任务 3.3　OSPF 路由部署与配置

3.3.1　任务目标

通过对校园网中核心层路由器的配置，能够掌握 OSPF 路由中路由器的邻接关系，区域划分的概念。熟练掌握配置命令的语法，并能查看当前路由器的工作状态。能对简单故障做出及时判断，并实施解决。

需解决问题
1. OSPF 工作原理。
2. OSPF 配置命令。
3. 根据网络拓扑配置 OSPF 路由。

3.3.2　技术准备

3.3.2.1　理论知识

动态路由 RIP 协议只适用于小型网络，并且有时不能准确选择最优路径，收敛的时间也略长一些。对于小规模、缺乏专业人员维护的网络来说，RIP 路由是首选路由协议。但随着网络范围的扩大，RIP 路由协议在网络的路由学习上就显得力不从心，这时就需要 OSPF 动态路由协议来解决。

OSPF 全称为 Open Shortest Path First，是 IETF 组织（Internet Engineering Task Force）开发的基于链路状态的自治系统内部动态路由协议。在 IP 网络中，它通过收集和传递自治系统的链路状态，动态发现并传播路由。

OSPF 路由协议适合更广阔范围网络的路由学习，支持无类别域间路由（Classless Inter-Domain Routing，CIDR）以及来自外部路由信息选择，同时提供路由更新验证，利用 IP 组播发送接收更新资料。此外，OSPF 协议还支持各种规模的网络，具备快速收敛以及支持安全验证和区域划分等特点。

OSPF 概述

由于历史的原因，当前的 Internet 网被组成一系列的自治系统，各自治系统通过一个核心路由器连到主干网上。而一个自治系统往往对应一个组织实体（比如一个公司或大学）内部的网络与路由器集合。每个自治系统都有自己的路由技术，对不同的自治系统路由技术是不相同的。用于自治系统间接口上的路由协议称为"外部网关协议"，简称 EGP（Exterior Gateway Protocol）；而用于自治系统内部的路由协议称为"内部网关协议"，简称 IGP（Interior Gateway Protocol）。内部网关与外部网关协议不同，外部路由协议只有一个，而内部路由器协议则是一族。各内部路由器协议的区别在于距离制式（distance metric），即距离度量标准不同和路由刷新算法不同。RIP 协议是使用最广泛的 IGP 类协议之一。

和 RIP 路由协议一样，OSPF 路由协议也是内部网关协议。OSPF 路由协议采用链路状态技术，在路由器之间互相发送直接相连的链路状态信息，以及它所拥有的到其他路由器的链路信息。通过这些学习到的链路信息构成一个完整链路状态数据库，并从这个链路状态数据库里构造出最短路径树，并依此计算出路由表。

1) OSPF 路由协议

OSPF 路由协议是一种典型链路状态（Link-sate）路由协议，主要维护工作在同一个路由域内网络的连通。这里路由域是指一个自治系统（Autonomous System, AS），即一组使用统一的路由政策或路由协议，互相交换路由信息的网络系统。在自治系统中，所有 OSPF 路由器都维护一个具有相同网络结构的 AS 结构数据库，该数据库中存放路由域中相应链路状态信息。

每台 OSPF 路由器维护相同自治系统的拓扑结构数据库，OSPF 路由器通过这个数据库计算出其 OSPF 路由表。当网络拓扑发生变化时，OSPF 能迅速重新计算出路径，只产生少量路由协议流量。

作为一种经典的链路状态的路由协议，OSPF 将链路状态广播报文 LSA（Link State Advertisement）传送给在指定区域内的所有路由器。这一点与距离矢量路由协议不同，距离矢量路由协议的路由器是将部分或全部的路由表传递给相邻的路由器。

OSPF 动态路由协议不再采用跳数的概念，而是根据网络中接口的吞吐率、拥塞状况、往返时间、可靠性等实际链路的负荷能力来决定路由选择的代价，同时，选择最短、最优路由作为报文传输路径，并允许保持到达同一目标地址的多条路由存在，从而平衡网络负荷。此外，OSPF 路由协议还支持不同服务类型和不同代价，从而实现不同的路由服务。OSPF 路由器不再交换路由表，而是同步各路由器对网络状态的认识。

2) OSPF 路由基本概念

下面简单介绍 OSPF 协议在运行过程中涉及的部分专业名词。

① 自治系统。自治系统是一组使用相同路由协议、互相之间交换路由信息的路由器总称，缩写为 AS。

② 路由器 ID 号。一台运行 OSPF 协议的路由器，每一个 OSPF 进程必须存在自己的称之为 Router ID（路由器 ID）的标识。Router ID 是一个 32bit 的无符号整数，可以在一个自治系统中唯一标识一台路由器。

③ OSPF 协议报文。OSPF 协议报文信息用来保证连通的路由器之间互相传播各种消息，实现路由通信过程的控制。OSPF 协议主要有 5 种类型的协议报文。

a. Hello 报文：周期性发送、发现和维持 OSPF 邻居关系，内容包括定时器数值、主路由器（Designated Router, DR）、备份路由器（Backup Designated Router, BDR）及已知邻居。

  b. 数据库描述（Database Description，DD）报文：描述本地 LSDB 中每一条 LSA 摘要信息，用于两台路由器数据库同步通信。

  c. 链路状态请求（Link State Request，LSR）报文：向对方请求所需 LSA。两台路由器间互相交换 DD 报文后，了解对端路由器有哪些 LSA 是本地 LSDB 缺少的，需要发送 LSR 报文，向对方请求所需的 LSA 报文。

  d. 链路状态更新（Link State Update，LSU）报文：向对方发送其所需要的 LSA 报文。

  e. 链路状态确认（Link State Acknowledgment，LSAck）报文：对收到的 LSA 报文进行确认，内容为需要确认 LSA 的 Header，一个 LSAck 报文可对多个 LSA 进行确认。

  ④ 链路状态的类型。链路状态（LSA）也被称为链路状态协议数据单元（Link State Protocol Data Unit，PDU），是 OSPF 路由协议中对链路状态的信息描述，封装在链路状态 LSA 中对外发布出去。LSA 描述路由器本地链路状态，通过通告向整个 OSPF 区域扩散。

  常见 LSA 有以下几种类型。

  a. Router LSA（Type1）：由每台路由器产生，描述本网段所有路由器链路状态和开销。

  b. Network LSA（Type2）：由 DR 产生，描述本网段所有路由器链路状态。

  c. Network Summary LSA（Type3）：由区域边界路由器（Area Border Router，ABR），描述区域内某个网段路由，并通告给其他区域。

  d. ASBR Summary LSA（Type4）：由 ABR 产生，描述自治系统边界路由器（Autonomous System Boundary Router，ASBR）路由，通告给相关区域。

  e. AS External LSA（Type5）：由 ASBR 产生，描述自治系统（Autonomous System，AS）外部路由，通告到所有区域（除 Stub 区域和 NSSA 区域）。

  f. NSSA External LSA（Type7）：由 NSSA（Not-So-Stubby Area）区域内 ASBR 产生，描述到 AS 外部路由，仅在 NSSA 区域内传播。

  ⑤ 邻居和邻接关系。在 OSPF 中，邻居（Neighbor）和邻接（Adjacency）是两个不同的概念。运行 OSPF 路由协议的路由器，通过 OSPF 接口向外发送 Hello 报文。收到 Hello 报文的 OSPF 路由器检查报文中的定义参数，如果双方一致，就会形成邻居关系。

  形成邻居关系的双方，不一定都能形成邻接关系，这要根据网络类型而定。只有当双方成功交换 DD 报文，交换 LSA，并达到链路状态数据库（Link State Database，LSDB）同步后，才形成真正意义上的邻接关系。如果需要的话，路由器转发新的 LSA 给其他的邻居，以保证整个区域内 LSDB 的完全同步。

  在邻居关系中，OSPF Hello 报文中的 Hello/Dead intervals、区域 ID、身份认证、Stub 区域标识等内容必须相同。

  ⑥ 指定路由器。在广播型网络的 OSPF 路由器之间的邻接关系十分复杂，任意两台路由器之间都要交换路由信息。如果网络中有 n 台路由器，则需要建立 $n(n-1)/2$ 个邻接关系。这使得任何一台路由器的路由变化，都会导致多次传递，浪费带宽资源。为解决这一问题，OSPF 协议定义了指定路由器（Designated Router，DR），所有路由器都只将消息发送给 DR，由 DR 再将网络链路状态向公共网络传播，如图 3-21 所示。

  ⑦ 备份指定路由器。如果 DR 由于某种故障失效，则网络中路由必须重新选举 DR。这需要较长时间。为了缩短这个过程，OSPF 定义备份指定路由器（Backup Designated Router，BDR）。

  BDR 是对 DR 的一个备份，在选举 DR 的同时，也选举出 BDR。BDR 也和本网段内路

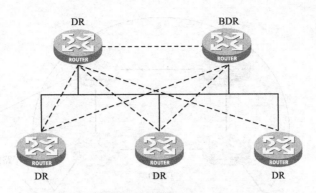

图 3-21 广播域中路由器的角色和邻接关系

由器建立邻接关系并交换路由信息。当 DR 失效后，BDR 会立即成为 DR。由于不需要重新选举，并且邻接关系事先已建立，因此 BDR 成为 DR 的过程是非常短暂的。

DR 和 BDR 是同网段中所有路由器根据优先级、Router ID 通过 Hello 报文选举出来的。当选举 DR/BDR 的时候，要比较 Hello 包中的优先级（Priority），优先级最高的为 DR，次高的为 BDR，默认优先级都为 1。只有优先级大于 0 的路由器才有选举资格。进行 DR/BDR 选举时，每台路由器将自己选出的 DR 写入到 Hello 报文，发给网段上每台运行 OSPF 的路由器。当同一网段中两台路由器同时宣布自己是 DR 时，路由器优先级高者胜出。

在优先级相同的情况下，就比较 Router ID，最大的为 DR，次大的为 BDR。当把优先级设置为 0 以后，OSPF 路由器就不能成为 DR/BDR，只能成为 DROTHER。

当网络中新加入一个优先级更高的路由器，不会影响现有的 DR/BDR。除非 DR 出故障，BDR 随即升级为 DR，并重新选举 BDR。如果是 BDR 出故障了，就重新选举 BDR。

BDR 对 DR 是否出故障的判定是根据 Wait Timer，如果 BDR 在 Wait Timer 超时前确认 DR 仍然在转发 LSA 的话，它就认为 DR 出故障。

⑧ 链路状态数据结构。OSPF 路由协议的链路状态数据结构由 3 张表组成，分别为邻居表、拓扑表和路由表。

a. 邻居表。邻居表（Neighbor Table）也叫邻接状态数据库（Adjacency Database），其存储了邻居路由器的信息。如果一台 OSPF 路由器和它的邻居路由器失去联系，在几秒钟的时间内，它会标记所有到达的路由均为无效，并且重新计算到达目标网络的路径。

b. 拓扑表。拓扑表（Topology Table）也叫链路状态数据库（LSDB），OSPF 路由器通过链路状态信息包 LSA 学习其他路由器和网络状况，LSA 存储在 LSDB 中。

c. 路由表。路由表（Routing Table）也叫转发数据库（Forwarding Database），包含到达目标网络的最佳路径信息。

3) OSPF 区域

当大型网络中路由器都运行 OSPF 路由协议时，路由器数量增多会导致链路状态数据库 LSDB 非常庞大，占用大量存储空间，导致路由器设备负担很重。

网络规模增大之后，拓扑结构发生变化的概率也增大，网络会经常出现"振荡"，造成网络中会有大量 OSPF 协议报文在传递，降低网络带宽利用率。尤其是每一次变化都会导致网络中所有路由器重新进行路由计算。

OSPF 协议通过将自治系统划分成不同区域（Area）来解决这样的问题。区域是从逻辑上将路由器划分为不同组，每个组用区域号来标识，如图 3-22 所示。

区域的边界是路由器，这样有一些路由器属于不同区域（区域边界路由器，ABR）。一

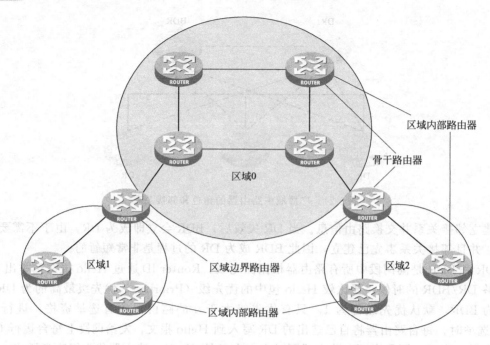

图 3-22　OSPF 区域

台路由器可以属于不同区域，但一个接口连接的网段（链路）只能属于一个区域，或者说运行 OSPF 协议的接口必须指明属于哪一个区域。而所有接口属于同一区域的路由器称为内部路由器（Internal Router）。至少一个或多个接口位于骨干区域的路由器称为骨干路由器（Backbone Router，BR），这意味着 ABR 可以成为骨干路由器。

在外部路由和内部路由之间，有一种路由器能够学习外部路由条目（RIP，EIGRP，BGP），通过重分发的方式注入 OSPF，叫做自治系统边界路由器（Autonomous System Boundary Router）。

划分区域后，可以在区域边界路由器上进行路由聚合，以减少通告到其他区域的 LSA 数量，还可以将网络拓扑变化带来的影响最小化。

OSPF 划分区域之后，并非所有区域都是平等关系，其中有一个区域是与众不同的，它的 Area ID 是 0，通常被称为骨干区域。所有非骨干区域必须与骨干区域保持连通。骨干区域负责各区域之间路由，非骨干区域间路由必须通过骨干区域转发。

4）OSPF 工作过程

如图 3-23 所示，OSPF 协议工作过程主要有如下四个阶段。

① 寻找邻居。启动配置完成后，本地收发 Hello 包，建立邻居关系，生成邻居表。

② 建立邻接关系。再进行条件的匹配，匹配失败将停留于邻居关系，仅 Hello 包保活即可。

③ 链路状态信息传递。匹配成功者之间建立邻接关系，需要与数据库描述报文（DBD）共享数据库目录，交互 LSA 信息，最终生成数据表 LSDB。

5）路由计算

LSDB 建立完成后，本地基于 OSPF 选路规则，采用 SPF 最短路径优先计算路由，然后将其加载到路由表中，完成收敛。如图 3-24 所示。

OSPF 路由计算通过以下步骤完成。

① 评估链路上所需要的开销（Cost）。OSPF 协议是根据路由器的每一个接口指定的度

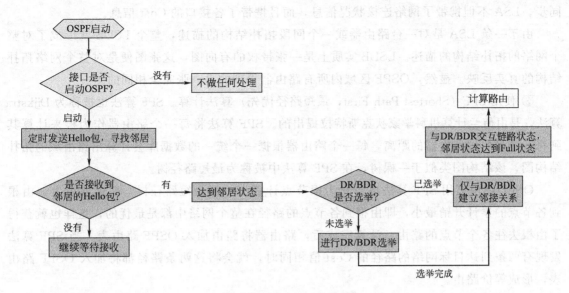

图 3-23 OSPF 四个阶段

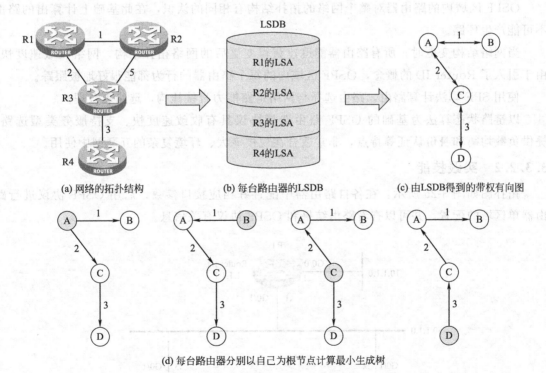

图 3-24 OSPF 路由计算过程

量值来决定最短路径的,这里的度量值指的是接口指定的开销。一条路由的开销是指沿着到达目的网络的路径上所有路由器出接口的开销总和。

Cost 值与接口带宽密切相关。A3C 路由器的接口开销是根据公式 100/带宽(Mbps)计算得到的,它可作为评估路由器之间网络资源的参考值。此外,用户也可以通过命令指定路由器接口的 Cost 值。

② 同步 OSPF 区域内每台路由器的 LSDB。OSPF 路由器通过交换 LSA 实现 LSDB 的

同步。LSA 不但携带了网络连接状况信息，而且携带了各接口的 Cost 信息。

由于一条 LSA 是对一台路由器或一个网段拓扑结构的描述，整个 LSDB 就形成了对整个网络的拓扑结构的描述。LSDB 实质上是一张带权的有向图，这张图便是对整个网络拓扑结构的真实反映。显然，OSPF 区域内所有路由器得到的是一张完全相同的图。

③ 使用 SPF（Shortest Path First，最短路径优先）算法计算。SPF 算法也被称为 Dijkstra 算法，是由荷兰计算机科学家狄克斯特拉提出的。SPF 算法将每一个路由器作为根来计算其到每一个目的地路由器的距离，每一个路由器根据一个统一的数据库会计算出路由域的拓扑结构图，该结构图类似于一棵树，在 SPF 算法中被称为最短路径树。

OSPF 路由器用 SPF 算法以自身为根节点计算出一棵最短路径树，在这棵树上，由根到各节点的累计开销最小，即由根到各节点的路径在整个网络中都是最优的，这样也就获得了由根去往各个节点的路由。计算完成后，路由器将路由加入 OSPF 路由表。当 SPF 算法发现有两条到达目标网络的路径的 Cost 值相同时，就会将这两条路径都将加入 OSPF 路由表，形成等价路由。

从 OSPF 协议的工作过程，能清晰地看出 OSPF 具备的优势：

OSPF 区域内的路由器对整个网络的拓扑结构有相同的认识，在此基础上计算出的路由不可能产生环路。

当网络结构变更时，所有路由器能迅速获得变更后的网络拓扑结构，网络收敛速度快；由于引入了 Router ID 的概念，OSPF 区域内的每个路由器的行为都能很好地被跟踪。

使用 SPF 算法计算路由，路由选择与网络链路能力直接挂钩，选路更合理。

以链路状态算法为基础的 OSPF 路由选择协议具有收敛速度快、支持服务类型选路、提供负载均衡和身份认证等特点，非常适合在规模庞大、环境复杂的互联网中使用。

3.3.2.2 实践技能

拓扑图如图 3-25 所示，在各自路由器中配置好相应接口参数，启用 OSPF 协议进行路由器单区域的配置，并可以查看路由结果和 OSPF 协议有关信息。

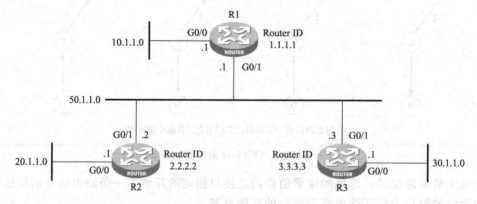

图 3-25　广播型单区域 OSPF

配置 OSPF 单区域的步骤如下。

（1）配置参数

本任务的配置准备数据详见表 3-20。

表 3-20　各路由器配置参数

设备名称	Router ID	接口名称	IP 地址
R1	1.1.1.1/32	G0/0	10.1.1.1/24
R1	1.1.1.1/32	G0/1	50.1.1.1/24
R1	1.1.1.1/32	Loopback 0	1.1.1.1/32
R2	2.2.2.2/32	G0/0	20.1.1.1/24
R2	2.2.2.2/32	G0/1	50.1.1.2/24
R2	2.2.2.2/32	Loopback 0	2.2.2.2/32
R3	3.3.3.3/32	G0/0	30.1.1.1/24
R3	3.3.3.3/32	G0/1	50.1.1.3/24
R3	3.3.3.3/32	Loopback 0	3.3.3.3/32

（2）所需配置命令

按照实验组网图连接好所有设备，给各设备加电后，开始按照以下步骤进行实验。常用命令说明如表 3-21 所示。

表 3-21　OSPF 常用命令含义

命令	说明
[Router]router id *router-id*	配置 Router ID
[Router]ospf[*process-id*]	ospf[*process-id*/router-id *router-id*]*process-id* 取值范围是 1～65535，*router-id* 为 OSPF 进程使用的 Router ID，为点分十进制形式
[Router-ospf-*process-id*]area *area-id*	配置 OSPF 区域
[Router-ospf-1-area-0.0.0.0]network ip-address *wildcard-mask*	在指定的接口上启动 OSPF，*wildcard-mask* 为地址掩码的反码，1 表示忽略对应的位，0 表示保留此位
[Router-Ethernet0/0] ospf dr-priority *priority*	配置 OSPF 接口优先级
[Router-Ethernet0/0]ospf cost *value*	配置 OSPF 接口 Cost

① 配置 Router ID。

[Router]router id *router-id*

② 启动 OSPF 进程。

[Router]ospf[*process-id*]

③ 重启 OSPF 进程。

〈Router〉reset ospf[*process-id*]process

④ 配置 OSPF 区域。

[Router-ospf-*process-id*]area *area-id*

⑤ 在指定的接口上启动 OSPF。

[Router-ospf-1-area-0.0.0.0]network *ip-address wildcard-mask*

⑥ 配置 OSPF 的区域描述。

[R1-ospf-1]description *description*

⑦ 配置 OSPF 接口优先级。

[Router-Ethernet0/0]ospf dr-priority *priority*

⑧ 配置 OSPF 接口 Cost。

[Router-Ethernet0/0]ospf cost *value*

连接好所有设备，给各设备加电后，开始按照以下步骤进行实验。

首先完成拓扑结构基本参数配置，如接口 IP 地址、Router ID 等，然后配置完成 OSPF 单区域的配置，见表 3-20 各路由器参数配置。

（3）配置内容

① 配置步骤。

R1 配置：

```
[R1]interface LoopBack 0
[R1-LoopBack0]ip address 1.1.1.1 32
[R1-LoopBack0]quit
[R1]router id 1.1.1.1 ..............................................//设置 router id 为 LoopBack 0 的 IP 地址
[R1]ospf 1
[R1-ospf-1]description test ..........................................//配置 OSPF 进程描述
[R1-ospf-1]area 0
[R1-ospf-1-area-0.0.0.0]description testarea
//配置 OSPF 的区域描述
[R1-ospf-1-area-0.0.0.0]network 1.1.1.1 0.0.0.0
[R1-ospf-1-area-0.0.0.0]network 10.1.1.0 0.0.0.255
[R1-ospf-1-area-0.0.0.0]network 50.1.1.0 0.0.0.255
//创建区域 0,在接口 G0/0、G0/1 使能 OSPF
```

R2 配置：

```
[R1]interface LoopBack 0
[R1-LoopBack0]ip address 2.2.2.2 32
[R1-LoopBack0]quit
[R1]router id 2.2.2.2
[R1]ospf 1
[R1-ospf-1]description test
[R1-ospf-1]area 0
[R1-ospf-1-area-0.0.0.0]description testarea
[R1-ospf-1-area-0.0.0.0]network 2.2.2.2 0.0.0.0
[R1-ospf-1-area-0.0.0.0]network 20.1.1.0 0.0.0.255
[R1-ospf-1-area-0.0.0.0]network 50.1.1.0 0.0.0.255
```

R3 配置：

```
[R1]interface LoopBack 0
[R1-LoopBack0]ip address 3.3.3.3 32
[R1-LoopBack0]quit
[R1]router id 3.3.3.3
```

```
[R1]ospf 1
[R1-ospf-1]description test
[R1-ospf-1]area 0
[R1-ospf-1-area-0.0.0.0]description testarea
[R1-ospf-1-area-0.0.0.0]network 3.3.3.3 0.0.0.0
[R1-ospf-1-area-0.0.0.0]network 30.1.1.0 0.0.0.255
[R1-ospf-1-area-0.0.0.0]network 50.1.1.0 0.0.0.255
```

② 查看 OSPF 单区域的路由信息。当 OSPF 网络的拓扑稳定后,使用 display 命令可以查看 H3C 路由器上输出的信息。

a. 显示路由表信息。

```
<R1>display ip routing-table。
Destinations:21                    Routes:21
   Destination/Mask    Proto      Pre    Cost    NextHop       Interface
   0.0.0.0/32          Direct     0      0       127.0.0.1     InLoop0
   1.1.1.1/32          Direct     0      0       127.0.0.1     InLoop0
   2.2.2.2/32          O_INTRA    10     1       50.1.1.2      GE0/1
   3.3.3.3/32          O_INTRA    10     1       50.1.1.3      GE0/1
   10.1.1.0/24         Direct     0      0       10.1.1.1      GE0/0
   10.1.1.0/32         Direct     0      0       10.1.1.1      GE0/0
   10.1.1.1/32         Direct     0      0       127.0.0.1     InLoop0
   10.1.1.255/32       Direct     0      0       10.1.1.1      GE0/0
   20.1.1.0/24         O_INTRA    10     2       50.1.1.2      GE0/1
   30.1.1.0/24         O_INTRA    10     2       50.1.1.3      GE0/1
   50.1.1.0/24         Direct     0      0       50.1.1.1      GE0/1
   50.1.1.0/32         Direct     0      0       50.1.1.1      GE0/1
   50.1.1.1/32         Direct     0      0       127.0.0.1     InLoop0
   50.1.1.255/32       Direct     0      0       50.1.1.1      GE0/1
   127.0.0.0/8         Direct     0      0       127.0.0.1     InLoop0
   127.0.0.0/32        Direct     0      0       127.0.0.1     InLoop0
   127.0.0.1/32        Direct     0      0       127.0.0.1     InLoop0
   127.255.255.255/32  Direct     0      0       127.0.0.1     InLoop0
   224.0.0.0/4         Direct     0      0       0.0.0.0       NULL0
   224.0.0.0/24        Direct     0      0       0.0.0.0       NULL0
   255.255.255.255/32  Direct     0      0       127.0.0.1     InLoop0
```

b. 显示 OSPF 路由表信息。

```
<R1>display ospf routing
OSPF Process 1 with Router ID 1.1.1.1
Routing Table
Topology base(MTID 0)
Routing for network
```

Destination	Cost	Type	NextHop	AdvRouter	Area
30.1.1.0/24	2	Stub	50.1.1.3	3.3.3.3	0.0.0.0
50.1.1.0/24	1	Transit	0.0.0.0	3.3.3.3	0.0.0.0
20.1.1.0/24	2	Stub	50.1.1.2	2.2.2.2	0.0.0.0
3.3.3.3/32	1	Stub	50.1.1.3	3.3.3.3	0.0.0.0
2.2.2.2/32	1	Stub	50.1.1.2	2.2.2.2	0.0.0.0
10.1.1.0/24	1	Stub	0.0.0.0	1.1.1.1	0.0.0.0
1.1.1.1/32	0	Stub	0.0.0.0	1.1.1.1	0.0.0.0

Total nets:7
Intra area:7   Inter area:0   ASE:0   NSSA:0

H3C 设备有两种方式来配置接口的开销值。一是通过 ospf cost value 在接口视图下直接配置开销值。二是通过 bandwidth-reference value 命令，配置接口的带宽参考值，OSPF 根据带宽参考值自动计算接口的开销值。默认情况下，H3C 设备接口的带宽参考值为 100Mbit/s。

各类型接口开销值通常如下：

56kbit/s 串口——开销的默认值为 1785。

64kbit/s 串口——开销的默认值为 1562。

E1(2.048 Mbit/s)——开销的默认值为 48。

Ethernet(100 Mbit/s)——开销的默认值为 1。

display ospf routing 命令查看 OSPF 路由表的信息。这是经 OSPF 算法计算学习到的路由信息。

c. 显示 OSPF 链路状态数据库信息及邻居概要、详细信息。

```
<R1>display ospf lsdb

          OSPF Process 1 with Router ID 1.1.1.1
                  Link State Database

                  Area:0.0.0.0
     Type      LinkStateID     AdvRouter       Age     Len     Sequence      Metric
     Router    3.3.3.3         3.3.3.3         1183    60      80000008      0
     Router    1.1.1.1         1.1.1.1         1182    60      80000007      0
     Router    2.2.2.2         2.2.2.2         1186    60      80000007      0
     Network   50.1.1.3        3.3.3.3         1183    36      80000002      0

     <R1>display ospf peer

          OSPF Process 1 with Router ID 1.1.1.1
                  Neighbor Brief Information

                  Area:0.0.0.0
     RouterID     Address      Pri     Dead-Time     State       Interface
     2.2.2.2      50.1.1.2     1       34            Full/BDR    GE0/1
     3.3.3.3      50.1.1.3     1       35            Full/DR     GE0/1

     <R1>display ospf peer verbose

          OSPF Process 1 with Router ID 1.1.1.1
                  Neighbors

     Area 0.0.0.0 interface 50.1.1.1(GigabitEthernet0/1)'s neighbors
```

```
Router ID:2.2.2.2          Address:50.1.1.2       GR state:Normal
  State:Full   Mode:Nbr is master   Priority:1
  DR:50.1.1.3   BDR:50.1.1.2   MTU:0
  Options is 0x42 (-|O|-|-|-|-|E|-)
  Dead timer due in 34   sec
  Neighbor is up for 00:27:46
  Authentication sequence:[0]
  Neighbor state change count:6
  BFD status:Disabled

Router ID:3.3.3.3          Address:50.1.1.3       GR state:Normal
  State:Full   Mode:Nbr is master   Priority:1
  DR:50.1.1.3   BDR:50.1.1.2   MTU:0
  Options is 0x42(-|O|-|-|-|-|E|-)
  Dead timer due in 35   sec
  Neighbor is up for 00:27:45
  Authentication sequence:[0]
  Neighbor state change count:6
  BFD status:Disabled
```

display ospf lsdb 命令查看 OSPF 链路状态数据库信息。

如果不指定 OSPF 进程号，将显示所有 OSPF 进程的链路状态数据库信息。

display ospf peer 命令查看 OSPF 邻居概要信息。看到 R1 有两个邻居，两个邻居的 Router ID 分别是 2.2.2.2 和 3.3.3.3。

以邻居 2.2.2.2 为例，显示了邻居路由器与 R1 相连的接口 IP 为 50.1.1.2，邻居路由器 Pri（优先级）为 1，DeadTime 参数表示 OSPF 的邻居失效时间。R1 与邻居相连的接口是 G0/1，State 参数表示 R1 与邻居的状态（Down、Init、Attempt、2-Way、Exstart、Exchange、Loading、Full），其中邻居状态有以下几种。

• Init 表示在邻居失效时间内收到来自邻居路由器的 Hello 报文，但该 Hello 报文内没有包含自己的 Router ID，双向通信还没有建立起来。

• 2-Way 表示双向通信已经建立，在从邻居路由器收到的 Hello 报文中看到了自己的 Router ID。

• Full 表示路由器与邻居路由器之间建立起完全邻接关系。

从 State 参数输出可以看到与邻居的状态为 Full/BDR，表示 R1 已经与邻居路由器建立了邻接关系，且邻居接口所处的状态为 BDR。

display ospf peer verbose 命令查看 OSPF 邻居详细信息。

除了能显示 OSPF 邻居概要信息中输出的信息外，还能够看到其他的参数。

Mode 参数表示路由器在数据库同步阶段，路由器需要与邻居协商主从关系，其中：

Nbr is Master 表示邻居路由器为主路由器，主动发出 DD 报文。

Nbr is Slave 表示邻居路由器为从路由器。

3.3.3 任务描述

某大学的学生宿舍网实施二期改造，新规划的几十个学生宿舍子网使用动态路由实现宿舍网和校园网连通，并经过网络中心接入互联网。

目前主流的动态路由有 RIPv2 和 OSPF，二者各有优缺点。但在宿舍网络连通选择具体的路由协议时，施工工程师和网络中心工程师的意见又发生了冲突：现场施工方工程师认为，在宿舍网络场景中，选择 RIPv2 路由基本满足建设需要，而且施工简单、高效；网络中心的工程师坚持使用 OSPF 路由协议，认为这样方便未来校园网的扩充。后通过沟通，施工方技术人员同意采纳网络中心工程师的意见，在宿合网二期规划上采用 OSPF 路由技术实现二期宿舍网络连通。

3.3.4 任务分析

路由器角色为核心路由器，需要连接多个内部子网和外网。内网规模较大，网段较多，超过了 RIP 协议的限制。由于核心路由器与其他路由器需要快速高效宣告路由信息，故采用 OSPF 协议能满足网络拓扑结构的要求。并且核心路由器连接了多个不同网段，配置为 OSPF 多区域，可以减少 LSA 的泛洪，提高路由器的转发效率。

3.3.5 任务实施

① 根据网络规划分析，选择在适当的设备上配置 OSPF 路由。
② 因为是多个网段，所以需要配置多区域 OSPF。
③ 网络设备上配置多区域 OSPF，查看链路状态和邻居信息。
④ 明确路由器邻居的状态和角色。

3.3.6 课后习题

1. OSPF 路由协议叫做（　　）。
   A. 开放最短路径优先　　　　　　　　B. 路由信息协议
   C. 开放路径　　　　　　　　　　　　D. 以上都不是
2. OSPF 路由协议是以（　　）作为衡量路由好坏标准的。
   A. 跳数　　　　B. 传输时延　　　　C. 带宽　　　　D. 线路利用率
3. OSPF 路由协议的优先级是（　　）。
   A. 0　　　　　B. 10　　　　　　　C. 60　　　　　D. 100
4. OSPF 路由协议的骨干区域是（　　）。
   A. 0　　　　　B. 1　　　　　　　C. 2　　　　　　D. 3
5. OSPF 如果配置成单区域，那该区域一定是（　　）。
   A. 0　　　　　B. 1　　　　　　　C. 100　　　　　D. 4094
6. OSPF 是一种（　　）路由协议。
   A. 距离矢量　　B. 链路状态　　　　C. 以上都不是　　D. 以上都是
7. 下列（　　）是配置路由器 ID 的命令。
   A. [RTB] route id 2.2.2.2
   B. [RTB] route id 2.2.2.2 255.255.255.255
   C. [RTB-ospf-100] route id 2.2.2.2
   D. [RTB] route id 2.2.2.2 0.0.0.0
8. 下列（　　）是启动 OSPF 协议的命令。
   A. [RTB-ospf-100-area-0.0.0.0] network 2.2.2.2 0.0.0.0
   B. [RTB] interface loopback 0

C. [RTB] ospf 100
D. [RTB-ospf-100] area 0

9. 下列（　　）是 OSPF 协议中发布接口网段的命令。

A. [RTB-ospf-100-area-0.0.0.0] network 10.0.0.0 255.255.255.0
B. [RTB-ospf-100-area-0.0.0.0] network 10.0.0.0 0.0.0.255
C. [RTB-ospf-100-area-0.0.0.0] network 10.0.0.0
D. 以上都不是

记一记：

项目 4 网络访问控制

随着网络规模的扩大和流量的增加,网络安全的控制、有效利用公网地址、广域网安全连接成为网络管理的重要内容,本项目通过 ACL、NAT、PPP 技术介绍,说明网络设备如何实现网络访问控制。

本项目包括如下 3 个训练任务:

任务 4.1 访问控制列表 ACL;

任务 4.2 网络地址转换技术 NAT;

任务 4.3 广域网技术 PPP。

通过以上 3 个任务的学习和技能训练,能够实现校园网等局域网络有效访问广域网,掌握网络访问控制相关知识与技能。

任务 4.1 介绍访问控制列表 ACL 相关知识技术,训练学生能够按照网络安全实际情况配置 ACL 的能力。

任务 4.2 介绍网络地址转换技术 NAT,训练学生能够按照校园企业等网络实际情况配置 NAT 的能力。

任务 4.3 介绍了广域网技术 PPP,训练学生按照广域网访问安全要求实际情况配置 PPP 的能力。

任务 4.1 访问控制列表 ACL

4.1.1 任务目标

访问控制列表（ACL）是一种基于包过滤的访问控制技术，它可以根据设定的条件对接口上的报文进行过滤，允许其通过或丢弃。访问控制列表被广泛地应用于路由器和三层交换机，借助于访问控制列表，可以有效地控制用户对网络的访问，从而最大限度地保障网络安全。

需解决问题
1. 了解 ACL 定义及应用。
2. 掌握 ACL 包过滤工作原理。
3. 掌握 ACL 的分类及应用。
4. 掌握 ACL 包过滤的配置。
5. 掌握 ACL 包过滤的配置应用注意事项。

4.1.2 技术准备

4.1.2.1 理论知识

（1）ACL 概述

访问控制列表（Access Control Lists，ACL）是应用在路由器和交换机接口的指令列表。这些指令列表用来告诉路由器和交换机哪些报文可以收，哪些报文需要拒绝。至于报文是被接收还是拒绝，可以由类似于源地址、目的地址、端口号等的特定指示条件来决定。

访问控制列表具有许多作用，如限制网络流量，提高网络性能；通信流量的控制，例如 ACL 可以限定或简化路由更新信息的长度，从而限制通过路由器某一网段的通信流量；提供网络安全访问的基本手段；在路由器端口处决定哪种类型的通信流量被转发或被阻塞。

通过 ACL，用户可以允许 E-mail 通信流量被路由拒绝所有的 Telnet 通信流量，例如，某部门要求只使用 WWW 这个功能；又例如，为了某部门的保密性，不允许其访问外网，也不允许外网访问它。

（2）ACL 的编号和名称

用户在创建 ACL 时必须为其指定编号或名称，不同的编号对应不同类型的 ACL，如表 4-1 所示；当 ACL 创建完成后，用户就可以通过指定编号或名称的方式来应用和编辑该 ACL。

对于编号相同的基本 ACL 或高级 ACL，必须通过 IPv6 关键字进行区分。对于名称相同的 ACL，必须通过 IPv6、MAC 和 WLAN 关键字进行区分。

（3）ACL 分类

根据规则的不同，可以将 ACL 分为如表 4-1 所示的几种类型。

表 4-1 ACL 分类

ACL 类型	编号范围	适用的 IP 版本	规则制订依据
无线客户端 ACL	100~199	IPv4 和 IPv6	无线客户端连接的 SSID(Service Set Identifier,服务集标识符)
无线接入点 ACL	200~299	IPv4 和 IPv6	无线接入点的 MAC 地址和序列号
基本 ACL	2000~2999	IPv4	报文的源 IPv4 地址
基本 ACL	2000~2999	IPv6	报文的源 IPv6 地址
高级 ACL	3000~3999	IPv4	报文的源 IPv4 地址、目的 IPv4 地址、报文优先级、IPv4 承载的协议类型及特性等三、四层信息
高级 ACL	3000~3999	IPv6	报文的源 IPv6 地址、目的 IPv6 地址、报文优先级、IPv6 承载的协议类型及特性等三、四层信息
二层 ACL	4000~4999	IPv4 和 IPv6	报文的源 MAC 地址、目的 MAC 地址、802.1p 优先级、链路层协议类型等二层信息

(4) ACL 的规则匹配顺序

当一个 ACL 中包含多条规则时,报文会按照一定的顺序与这些规则进行匹配,一旦匹配上某条规则便结束匹配过程。ACL 的规则匹配顺序有以下两种:

① 配置顺序:按照规则编号由小到大进行匹配。
② 自动排序:按照"深度优先"原则由深到浅进行匹配,各类型 ACL 的"深度优先"排序法则如表 4-2 所示。

说明:

无线客户端 ACL 和无线接入点 ACL 的规则只能按照配置顺序进行匹配,其他类型的 ACL 则可选择按照配置顺序或自动顺序进行匹配。

表 4-2 各类型 ACL 的"深度优先"排序法则

ACL 类型	"深度优先"排序法则
IPv4 基本 ACL	①先判断规则的匹配条件中是否包含 VPN 实例,包含者优先 ②如果 VPN 实例的包含情况相同,再比较源 IPv4 地址范围,较小者优先 ③如果源 IPv4 地址范围也相同,再比较配置的先后次序,先配置者优先
IPv4 高级 ACL	①先判断规则的匹配条件中是否包含 VPN 实例,包含者优先 ②如果 VPN 实例的包含情况相同,再比较协议范围,指定有 IPv4 承载的协议类型者优先 ③如果协议范围也相同,再比较源 IPv4 地址范围,较小者优先 ④如果源 IPv4 地址范围也相同,再比较目的 IPv4 地址范围,较小者优先 ⑤如果目的 IPv4 地址范围也相同,再比较四层端口(即 TCP/UDP 端口)号的覆盖范围,较小者优先 ⑥如果四层端口号的覆盖范围无法比较,再比较配置的先后次序,先配置者优先
IPv6 基本 ACL	①先判断规则的匹配条件中是否包含 VPN 实例,包含者优先 ②如果 VPN 实例的包含情况相同,再比较源 IPv6 地址范围,较小者优先 ③如果源 IPv6 地址范围也相同,再比较配置的先后次序,先配置者优先

续表

ACL 类型	"深度优先"排序法则
IPv6 高级 ACL	①先判断规则的匹配条件中是否包含 VPN 实例,包含者优先 ②如果 VPN 实例的包含情况相同,再比较协议范围,指定有 IPv6 承载的协议类型者优先 ③如果协议范围相同,再比较源 IPv6 地址范围,较小者优先 ④如果源 IPv6 地址范围也相同,再比较目的 IPv6 地址范围,较小者优先 ⑤如果目的 IPv6 地址范围也相同,再比较四层端口(即 TCP/UDP 端口)号的覆盖范围,较小者优先 ⑥如果四层端口号的覆盖范围无法比较,再比较配置的先后次序,先配置者优先
二层 ACL	①先比较源 MAC 地址范围,较小者优先 ②如果源 MAC 地址范围相同,再比较目的 MAC 地址范围,较小者优先 ③如果目的 MAC 地址范围也相同,再比较配置的先后次序,先配置者优先

说明:

① 比较 IPv4 地址范围的大小,就是比较 IPv4 地址通配符掩码中"0"位的多少:"0"位越多,范围越小。通配符掩码(又称反向掩码)以点分十进制表示,并以二进制的"0"表示"匹配","1"表示"不关心",这与子网掩码恰好相反,譬如子网掩码 255.255.255.0 对应的通配符掩码就是 0.0.0.255。此外,通配符掩码中的"0"或"1"可以是不连续的,这样可以更加灵活地进行匹配,譬如 0.255.0.255 就是一个合法的通配符掩码。

② 比较 IPv6 地址范围的大小,就是比较 IPv6 地址前缀的长短:前缀越长,范围越小。

③ 比较 MAC 地址范围的大小,就是比较 MAC 地址掩码中"1"位的多少:"1"位越多,范围越小。

(5) ACL 的步长

ACL 中的每条规则都有自己的编号,这个编号在该 ACL 中是唯一的。在创建规则时,可以手动为其指定一个编号,如未手动指定编号,则由系统为其自动分配一个编号。由于规则的编号可能影响规则匹配的顺序,因此当由系统自动分配编号时,为了方便后续在已有规则之前插入新的规则,系统通常会在相邻编号之间留下一定的空间,这个空间的大小(即相邻编号之间的差值)就称为 ACL 的步长。譬如,当步长为 5 时,系统会将编号 0、5、10、15、…依次分配给新创建的规则。

系统自动分配编号的方式如下:系统从规则编号的起始值开始,自动分配一个大于现有最大编号的步长最小倍数。譬如原有编号为 0、5、9、10 和 12 的 5 条规则,步长为 5,此时如果创建 1 条规则且不指定编号,那么系统将自动为其分配编号 15。

如果步长或规则编号的起始值发生了改变,ACL 内原有全部规则的编号都将自动从规则编号的起始值开始按步长重新排列。譬如,某 ACL 内原有编号为 0、5、9、10 和 15 的 5 条规则,当修改步长为 2 之后,这些规则的编号将依次变为 0、2、4、6 和 8。

(6) ACL 对分片报文的处理

传统报文过滤只对分片报文的首个分片进行匹配过滤,对后续分片一律放行,因此网络攻击者通常会构造后续分片进行流量攻击。为提高网络安全性,ACL 规则缺省会匹配所有非分片报文和分片报文的全部分片,但这样又带来效率低下的问题。为了兼顾网络安全和匹配效率,可将过滤规则配置为仅对后续分片有效。

4.1.2.2 实践技能

(1) ACL 配置限制和指导

通过编号创建的非无线 ACL，只能通过 acl{[ipv6]{advanced|basic}|mac}*acl-number* 命令进入其视图。

通过名称创建的非无线 ACL，只能通过 acl{[ipv6]{advanced|basic}|mac}name*acl-name* 命令进入其视图。

指定 ACL 编号创建的无线 ACL，只能通过 acl wlan{ap|client}*acl-number* 命令进入其视图。

指定 ACL 名称创建的无线 ACL，只能通过 acl wlan{ap|client}name *acl-name* 命令进入其视图。

如果 ACL 规则的匹配项中包含了除 IP 五元组（源 IP 地址、源端口号、目的 IP 地址、目的端口号、传输层协议）、ICMP 报文的消息类型和消息码信息、VPN 实例、日志操作和时间段之外的其他匹配项，则设备转发 ACL 匹配的这类报文时会启用慢转发流程。慢转发时设备会将报文上送控制平面，计算报文相应的表项信息。执行慢转发流程时，设备的转发能力将会有所降低。

(2) 配置基本 ACL

基本 ACL 根据报文的源 IP 地址来制订规则，对报文进行匹配。根据 IP 地址的两个版本，分别说明配置步骤。配置 IPv4 基本 ACL 步骤如下。

① 进入系统视图。

system-view

② 创建 IPv4 基本 ACL。

acl basic{*acl-number*|name *acl-name*}[match-order{auto|config}]

③（可选）配置 ACL 的描述信息。

description text

缺省情况下，未配置 ACL 的描述信息。

④（可选）配置规则编号的步长。

step *step-value*

缺省情况下，规则编号的步长为 5，起始值为 0。

⑤ 创建规则。

rule[*rule-id*]{deny|permit}[counting|fragment|logging|source{object-group address-group-name|source-addres ssource-wildcard|any}|time-range *time-range-name*|vpn-instance *vpn-instance-name*]*

logging 参数是否生效取决于引用该 ACL 的模块是否支持日志记录功能，例如报文过滤支持日志记录功能，如果其引用的 ACL 规则中配置了 logging 参数，该参数可以生效。

⑥（可选）为规则配置描述信息。

rule *rule-id* comment text

缺省情况下，未配置规则的描述信息。

配置 IPv6 基本 ACL 步骤如下。

① 进入系统视图。

system-view

② 创建 IPv6 基本 ACL。

acl ipv6 basic{ *acl-number* | name *acl-name* }[match-order{auto|config}]

③（可选）配置 ACL 的描述信息。

description text

缺省情况下，未配置 ACL 的描述信息。

④（可选）配置规则编号的步长。

step *step-value*

缺省情况下，规则编号的步长为 5，起始值为 0。

⑤ 创建规则。

rule[*rule-id*]{deny|permit}[counting|fragment|logging|routing[type *routing-type*]|source{ *object-group address-group-name* | *source-address source-prefix* | *source-address/source-prefix* | any } | *time-range time-range-name* | *vpn-instance vpn-instance-name*]*

logging 参数是否生效取决于引用该 ACL 的模块是否支持日志记录功能，例如报文过滤支持日志记录功能，如果其引用的 ACL 规则中配置了 logging 参数，该参数可以生效。

⑥（可选）为规则配置描述信息。

rule *rule-id* comment text

缺省情况下，未配置规则的描述信息。

（3）配置高级 ACL

高级 ACL 可根据报文的源地址、目的地址、报文优先级、QoS 本地值、承载的协议类型及特性（如 TCP/UDP 的源端口和目的端口、TCP 报文标识、ICMP 或 ICMPv6 协议的消息类型和消息码等），对报文进行匹配。用户可利用高级 ACL 制订比基本 ACL 更准确、丰富、灵活的规则。配置 IPv4 高级 ACL 步骤如下。

① 进入系统视图。

system-view

② 创建 IPv4 高级 ACL。

acl advanced{ *acl-number* | name *acl-name* }[match-order{auto|config}]

③（可选）配置 ACL 的描述信息。

description text

缺省情况下，未配置 ACL 的描述信息。

④（可选）配置规则编号的步长。

step *step-value*

缺省情况下，规则编号的步长为 5，起始值为 0。

⑤ 创建规则。

rule[*rule-id*]{deny|permit}protocol[{{ack *ack-value* | fin *fin-value* | psh *psh-value* | rst *rst-value* | syn *syn-value* | urg *urg-value* }* | established } | counting | destination{ *object-group address-group-name* | *dest-address dest-wildcard* | any } | destination-port{ *object-group port-group-name* | operator port1[port2] } | {dscp *dscp* | {precedence *precedence* | tos *tos* }* } | fragment | icmp-type{ icmp-type[*icmp-code*] | *icmp-message* } | logging | source{ *object-group address-group-name* | *source-address source-wildcard* | any } | source-port{ *object-group port-*

group-name | operator port1 [port2] } | time-range *time-range-name* | vpn-instance *vpn-instance-name*]*

logging 参数是否生效取决于引用该 ACL 的模块是否支持日志记录功能，例如报文过滤支持日志记录功能，如果其引用的 ACL 规则中配置了 logging 参数，该参数可以生效。

⑥（可选）为规则配置描述信息。

rule *rule-id* comment text

缺省情况下，未配置规则的描述信息。

配置 IPv6 高级 ACL 步骤如下。

① 进入系统视图。

system-view

② 创建 IPv6 高级 ACL。

acl ipv6 advanced{*acl-number* | name *acl-name*}[match-order{auto | config}]

③（可选）配置 ACL 的描述信息。

description text

缺省情况下，未配置 ACL 的描述信息。

④（可选）配置规则编号的步长。

step *step-value*

缺省情况下，规则编号的步长为 5，起始值为 0。

⑤ 创建规则。

rule[*rule-id*]{deny | permit}protocol[{{ack *ack-value* | fin *fin-value* | psh *psh-value* | rst *rst-value* | syn *syn-value* | urg *urg-value*}* | established} | counting | destination{object-group *address-group-name* | dest-address *dest-prefix* | dest-address/dest-prefix | any} | destination-port{object-group *port-group-name* | operator port1[port2]} | dscp *dscp* | flow-label *flow-label-value* | fragment | icmp6-type{*icmp6-type icmp6-code* | *icmp6-message*} | logging | routing[type *routing-type*] | hop-by-hop[type *hop-type*] | source{object-group *address-group-name* | source-address *source-prefix* | source-address/source-prefix | any} | source-port{object-group *port-group-name* | operator port1[port2]} | time-range *time-range-name* | vpn-instance *vpn-instance-name*]*

logging 参数是否生效取决于引用该 ACL 的模块是否支持日志记录功能，例如报文过滤支持日志记录功能，如果其引用的 ACL 规则中配置了 logging 参数，该参数可以生效。

⑥（可选）为规则配置描述信息。

rule *rule-id* comment text

缺省情况下，未配置规则的描述信息。

（4）配置二层 ACL

二层 ACL 可根据报文的源 MAC 地址、目的 MAC 地址、802.1p 优先级、链路层协议类型、报文的封装类型等二层信息来制订规则，对报文进行匹配。配置步骤如下。

① 进入系统视图。

system-view

② 创建二层 ACL。

acl mac{*acl-number* | name *acl-name*}[match-order{auto | config}]

③（可选）配置 ACL 的描述信息。
description text
缺省情况下，未配置 ACL 的描述信息。
④（可选）配置规则编号的步长。
step *step-value*
缺省情况下，规则编号的步长为 5，起始值为 0。
⑤ 创建规则。
rule[*rule-id*]{deny | permit}[cos dot1p | counting | *dest-mac dest-address dest-mask* | {lsap *lsap-type lsap-type-mask* | type *protocol-type protocol-type-mask*} | *source-mac source-address source-mask* | *time-range time-range-name*]*
⑥（可选）为规则配置描述信息。
rule *rule-id* comment text
缺省情况下，未配置规则的描述信息。

(5) 配置无线客户端 ACL

无线客户端 ACL 可以匹配客户端接入无线网络所使用的 SSID，用于对无线客户端进行接入控制。配置步骤如下。

① 进入系统视图。
system-view
② 创建无线客户端 ACL。
acl wlan client{ *acl-number* | name *acl-name* }
③（可选）配置 ACL 的描述信息。
description text
缺省情况下，未配置 ACL 的描述信息。
④（可选）配置规则编号的步长。
step *step-value*
缺省情况下，规则编号的步长为 5，起始值为 0。
⑤ 创建规则。
rule[*rule-id*]{deny | permit}[ssid *ssid-name*]
⑥（可选）为规则配置描述信息。
rule *rule-id* comment text
缺省情况下，未配置规则的描述信息。

(6) 配置无线接入点 ACL

通过无线接入点 ACL，可以根据 MAC 地址或序列号来匹配指定的无线接入点。配置步骤如下。

① 进入系统视图。
system-view
② 创建无线接入点 ACL。
acl wlan ap{ *acl-number* | name *acl-name* }
③（可选）配置 ACL 的描述信息。
description text

缺省情况下，未配置 ACL 的描述信息。

④（可选）配置规则编号的步长。

step *step-value*

缺省情况下，规则编号的步长为 5，起始值为 0。

⑤ 创建规则。

rule[*rule-id*]{deny|permit}[mac *mac-address mac-mask*][serial-id *serial-id*]

⑥（可选）为规则配置描述信息。

rule *rule-id* comment text

缺省情况下，未配置规则的描述信息。

（7）复制 ACL

用户可通过复制一个已存在的 ACL（即源 ACL），来生成一个新的同类型 ACL（即目的 ACL）。除了 ACL 的编号和名称不同外，目的 ACL 与源 ACL 完全相同。

目的 ACL 要与源 ACL 的类型相同，且目的 ACL 必须不存在，否则将导致复制 ACL 失败。配置步骤如下。

① 进入系统视图。

system-view

② 复制并生成一个新的 ACL。

acl[ipv6|mac]copy{*source-acl-number*|name *source-acl-name*}to{*dest-acl-number*|name *dest-acl-name*}

（8）配置 ACL 规则的加速匹配功能

在对基于会话的业务报文（如 NAT、ASPF 等）进行规则匹配时，通常只对首个报文进行匹配以加快报文的处理速度，但这有时并不足以解决报文匹配的效率问题。譬如，当有大量用户同时与设备新建连接时，需要对每个新建连接都进行规则匹配，如果 ACL 内包含有大量规则，那么这个匹配过程将很长，这会导致用户建立连接时间超长，从而影响设备新建连接的性能。

ACL 规则的加速匹配功能则可以解决上述问题，当对包含大量规则的 ACL 开启了加速匹配功能之后，其规则匹配速度将大大提高，从而提升设备的转发性能以及新建连接的性能。配置步骤如下。

① 进入系统视图。

system-view

② 创建 ACL，并进入 ACL 视图。

acl{[ipv6]{advanced|basic}{*acl-number*|name *acl-name*}|mac{*acl-number*|name *acl-name*}}[match-order{auto|config}]

③ 配置 ACL 规则的加速匹配功能。

accelerate

缺省情况下，ACL 规则的加速匹配功能处于关闭状态。

（9）应用 ACL 进行报文过滤

ACL 最基本的应用就是进行报文过滤。例如，将 ACL 规则应用到指定接口的入或出方向上，从而对该接口收到或发出的报文进行过滤。

第一是在接口上应用 ACL 进行报文过滤，一个接口在一个方向上最多可应用 32 个

ACL 进行报文过滤。配置步骤如下。

① 进入系统视图。

system-view

② 进入接口视图。

interface *interface-type interface-number*

③ 在接口上应用 ACL 进行报文过滤。

packet-filter[ipv6|mac]{*acl-number*|name *acl-name*}{inbound|outbound}

缺省情况下，未配置接口的报文过滤。

第二是在安全域间实例上应用 ACL 进行报文过滤。一个安全域间实例上最多可应用 32 个 ACL 进行报文过滤。配置步骤如下。

① 进入系统视图。

system-view

② 进入安全域间实例视图。

zone-pair security source *source-zone-name* destination *destination-zone-name*

③ 在安全域间实例上应用 ACL 进行报文过滤。

packet-filter[ipv6]{*acl-number*|name *acl-name*}

缺省情况下，安全域间实例不对报文进行过滤。

第三是配置报文过滤日志信息或告警信息的生成与发送周期。报文过滤日志或告警信息的生成与发送周期起始于报文过滤中 ACL 匹配数据流的第一个报文，报文过滤日志或告警信息包括周期内被匹配的报文数量以及所使用的 ACL 规则。在一个周期内：对于规则匹配数据流的第一个报文，设备会立即生成报文过滤日志或告警信息；对于规则匹配数据流的其他报文，设备将在周期结束后生成报文过滤日志或告警信息。

设备生成的报文过滤日志将发送给信息中心，设备生成的告警信息将发送给 SNMP。配置步骤如下。

① 进入系统视图。

system-view

② 配置报文过滤日志信息或告警信息的生成与发送周期。

acl{logging|trap}interval *interval*

缺省情况下，报文过滤日志信息或告警信息的生成与发送周期为 0min，即不记录报文过滤的日志和告警信息。

第四是配置报文过滤的缺省动作。系统缺省的报文过滤动作为 permit，即允许未匹配上 ACL 规则的报文通过。通过本配置可更改报文过滤的缺省动作为 deny，即禁止未匹配上 ACL 规则的报文通过。配置报文过滤的缺省动作在安全域间实例上不会生效。安全域间实例报文过滤的缺省动作为 deny。配置步骤如下。

① 进入系统视图。

system-view

② 配置报文过滤的缺省动作为 deny。

packet-filter default deny

缺省情况下，报文过滤的缺省动作为 permit，即允许未匹配上 ACL 规则的报文通过。

（10）ACL 显示和维护（见表 4-3）

表 4-3　ACL 显示和维护

配置	命令
显示 ACL 的配置和运行情况	display acl[ipv6]{*acl-number*	all	name *acl-name*}
显示 ACL 在报文过滤中的应用情况	display packet-filter{interface[*interface-type interface-number*][inbound	outbound]	interface vlan-interface *vlan-interface-number*[inbound	outbound][slot *slot-number*]}
显示 ACL 在报文过滤中应用的统计信息	display packet-filter statistics interface *interface-type interface-number* {inbound	outbound}[[ipv6]{*acl-number*	name *acl-name*}][brief]
显示 ACL 在报文过滤中应用的累加统计信息	display packet-filter statistics sum{inbound	outbound}[ipv6]{*acl-number*	name *acl-name*}[brief]
显示 ACL 在报文过滤中的详细应用情况	display packet-filter verbose interface *interface-type interface-number* {inbound	outbound}[[ipv6]{*acl-number*	name *acl-name*}][slot *slot-number*]
显示 QoS 和 ACL 资源的使用情况	display qos-acl resource[slot *slot-number*]
清除 ACL 的统计信息	reset acl[ipv6]counter{*acl-number*	all	name *acl-name*}
清除 ACL 在报文过滤中应用的统计信息（包括累加统计信息）	reset packet-filter statistics interface[*interface-type interface-number*]{inbound	outbound}[[ipv6]{*acl-number*	name *acl-name*}]

在完成上述配置后，在任意视图下执行 display 命令可以显示 ACL 配置后的运行情况，通过查看显示信息验证配置的效果。

在用户视图下执行 reset 命令可以清除 ACL 的统计信息。

4.1.3　任务描述

（1）在接口上应用包过滤的 ACL 配置举例

图 4-1 为 ACL 典型配置组网图，某公司内的各部门之间通过 Device 实现互联，该公司的工作时间为每周工作日的 8 点到 18 点。

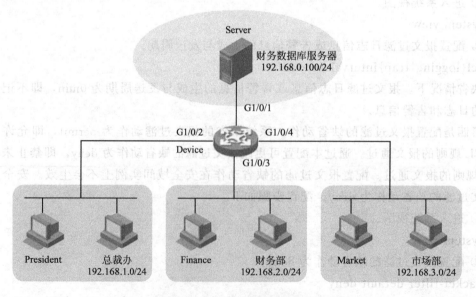

图 4-1　ACL 典型配置组网图

通过配置，允许总裁办在任意时间、财务部在工作时间访问财务数据库服务器，禁止其他部门在任何时间、财务部在非工作时间访问该服务器。

（2）在安全域间实例上应用包过滤的 ACL 配置

图 4-1 某公司内的各部门之间通过 Device 实现互联，总裁办、财务部和市场部分别属于 President 域、Finance 域和 Market 域。该公司的工作时间为每周工作日的 8 点到 18 点。

通过在安全域间实例上配置包过滤，允许总裁办在任意时间、财务部在工作时间访问财务数据库服务器，禁止其他部门在任何时间、财务部在非工作时间访问该服务器。

4.1.4 任务分析

根据任务要求，参照实践技能部分，查阅配置手册和帮助文档，完成配置任务。

4.1.5 任务实施

（1）在接口上应用包过滤的 ACL 配置命令参考

① 配置步骤。

a. 创建名为 work 的时间段，其时间范围为每周工作日的 8 点到 18 点。

```
<Device>system-view
[Device]time-range work 08:00 to 18:00 working-day
```

b. 创建 IPv4 高级 ACL 3000，并制订如下规则：允许总裁办在任意时间、财务在工作时间访问财务数据库服务器，禁止其他部门在任何时间、财务部在非工作时间访问该服务器。

```
[Device]acl advanced 3000
[Device-acl-ipv4-adv-3000]rule permit ip source 192.168.1.0 0.0.0.255 destination 192.168.0.100 0
[Device-acl-ipv4-adv-3000]rule permit ip source 192.168.2.0 0.0.0.255 destination 192.168.0.100 0 time-range work
[Device-acl-ipv4-adv-3000]rule deny ip source any destination 192.168.0.100 0
[Device-acl-ipv4-adv-3000]quit
```

应用 IPv4 高级 ACL 3000 对接口 GigabitEthernet 1/0/1 出方向上的报文进行过滤。

```
[Device]interface gigabitethernet 1/0/1
[Device-GigabitEthernet1/0/1]packet-filter 3000 outbound
[Device-GigabitEthernet1/0/1]quit
```

② 验证配置。配置完成后，在各部门的 PC（假设均为 Windows 操作系统）上可以使用 Ping 命令检验配置效果，在 Device 上可以使用 display acl 命令查看 ACL 的配置和运行情况。

a. 工作时间在财务部的 PC 上检查到财务数据库服务器是否可达。

```
C:\>ping 192.168.0.100
Pinging 192.168.0.100 with 32 bytes of data:
Reply from 192.168.0.100:bytes=32 time=1ms TTL=255
Reply from 192.168.0.100:bytes=32 time<1ms TTL=255
Reply from 192.168.0.100:bytes=32 time<1ms TTL=255
```

Reply from 192.168.0.100:bytes=32 time<1ms TTL=255
Ping statistics for 192.168.0.100:
Packets:Sent=4,Received=4,Lost=0(0% loss),Approximate round trip times in milli-seconds:
Minimum=0ms,Maximum=1ms,Average=0ms

由此可见，财务部的 PC 能够在工作时间访问财务数据库服务器。
b. 工作时间在市场部的 PC 上检查财务数据库服务器是否可达。

C:\> ping 192.168.0.100
Pinging 192.168.0.100 with 32 bytes of data:
Request timed out.
Request timed out.
Request timed out.
Request timed out. Request timed out. Request timed out.
 Ping statistics for 192.168.0.100:
    Packets:Sent=4,Received=0,Lost=4(100% loss)

由此可见，市场部的 PC 不能在工作时间访问财务数据库服务器。
c. 查看 IPv4 高级 ACL 3000 的配置和运行情况。

[Device]display acl 3000
Advanced IPv4 ACL 3000,3 rules,
ACL's step is 5
rule 0 permit ip source 192.168.1.0 0.0.0.255 destination 192.168.0.100 0
rule 5 permit ip source 192.168.2.0 0.0.0.255 destination 192.168.0.100 0 time-range work (4 times matched) (Active)
rule 10 deny ip destination 192.168.0.100 0(4 times matched)

由此可见，由于目前是工作时间，因此规则 5 是生效的；且由于之前使用了 Ping 命令的缘故，规则 5 和规则 10 分别被匹配了 4 次。
（2）在安全域间实例上应用包过滤的 ACL 配置举例
① 配置步骤。
a. 将接口 GigabitEthernet 1/0/1 加入 Server 域。

〈Device〉system-view
[Device]security-zone name Server
[Device-security-zone-Server]import interface gigabitethernet 1/0/1
[Device-security-zone-Server]quit

b. 将接口 GigabitEthernet 1/0/2 加入 President 域。

[Device]security-zone name President
[Device-security-zone-President] import interface gigabitethernet 1/0/2 [Device-security-zone-President]quit

c. 将接口 GigabitEthernet 1/0/3 加入 Finance 域。

[Device]security-zone name Finance
[Device-security-zone-Finance]import interface gigabitethernet 1/0/3 [Device-security-zone-Finance]quit

  d. 将接口 GigabitEthernet 1/0/4 加入 Market 域。

[Device]security-zone name Market
[Device-security-zone-Market]import interface gigabitethernet 1/0/4
[Device-security-zone-Market]quit

  e. 创建名为 work 的时间段，其时间范围为每周工作日的 8 点到 18 点。

[Device]time-range work 08:00 to 18:00 working-day

  f. 创建 IPv4 高级 ACL 3000，允许总裁办在任意时间访问财务数据库服务器。

[Device]acl advanced 3000
[Device-acl-ipv4-adv-3000]rule permit ip source 192.168.1.0 0.0.0.255 destination 192.168.0.100 0
[Device-acl-ipv4-adv-3000]quit

  g. 创建 IPv4 高级 ACL 3001，允许财务部在工作时间访问财务数据库服务器。

[Device]acl advanced 3001
[Device-acl-ipv4-adv-3001]rule permit ip source 192.168.2.0 0.0.0.255 destination 192.168.0.100 0 time-range work
[Device-acl-ipv4-adv-3001]quit

  h. 创建 IPv4 高级 ACL 3002，禁止其他部门在任何时间访问财务数据库服务器。

[Device]acl advanced 3002
[Device-acl-ipv4-adv-3002]rule deny ip source any destination 192.168.0.100 0 [Device-acl-ipv4-adv-3002]quit

  i. 创建域间实例（源域为 President、目的域为 Server），并在该域间实例上引用 ACL 3000 进行包过滤。

[Device]zone-pair security source president destination server
[Device-zone-pair-security-President-Server]packet-filter 3000
[Device-zone-pair-security-President-Server]quit

  j. 创建域间实例（源域为 Finance、目的域为 Server），并在该域间实例上引用 ACL 3001 进行包过滤。

[Device]zone-pair security source finance destination server
[Device-zone-pair-security-Finance-Server]packet-filter 3001
[Device-zone-pair-security-President-Server]quit

  k. 创建域间实例（源域为 Market、目的域为 Server），并在该域间实例上引用 ACL

3002 进行包过滤。

[Device]zone-pair security source market destination server
[Device-zone-pair-security-Market-Server]packet-filter 3002
[Device-zone-pair-security-Market-Server]quit

② 验证配置。配置完成后，在各部门的 PC（假设均为 Windows XP 操作系统）上可以使用 Ping 命令检验配置效果，在 Device 上可以使用 display acl 命令查看 ACL 的配置和运行情况。

a. 在工作时间在财务部的 PC 上检查到财务数据库服务器是否可达。

C:\> ping 192.168.0.100
Pinging 192.168.0.100 with 32 bytes of data:
Reply from 192.168.0.100:bytes=32 time=1ms TTL=255
Reply from 192.168.0.100:bytes=32 time<1ms TTL=255
Reply from 192.168.0.100:bytes=32 time<1ms TTL=255
Reply from 192.168.0.100:bytes=32 time<1ms TTL=255
Ping statistics for 192.168.0.100：
    Packets:Sent=4,Received=4,Lost=0 (0% loss),
Approximate round trip times in milli-seconds：
    Minimum=0ms,Maximum=1ms,Average=0ms

由此可见，财务部的 PC 能够在工作时间访问财务数据库服务器。

b. 在市场部的 PC 上检查财务数据库服务器是否可达。

C:\> ping 192.168.0.100
Pinging 192.168.0.100 with 32 bytes of data:Request timed out.
Request timed out.
Request timed out.
Request timed out.
Ping statistics for 192.168.0.100：
    Packets:Sent=4,Received=0,Lost=4(100% loss)

由此可见，市场部的 PC 不能在工作时间访问财务数据库服务器。

c. 查看 IPv4 高级 ACL 3001 和 ACL 3002 的配置和运行情况。

[Device]display acl 3001 Advanced IPv4 ACL 3001,2 rules,
    ACL's step is 5
    rule 0 permit ip source 192.168.2.0 0.0.0.255 destination
    192.168.0.100 0 time-range work (4 times matched) (Active)
    [Device]display acl 3002 Advanced IPv4 ACL 3002,1 rule,
ACL's step is 5
rule 0 deny ip destination 192.168.0.100 0 (4 times matched)

由此可见，由于目前是工作时间，因此 ACL 3001 的规则 0 是生效的；且由于之前使用了 Ping 命令的缘故，ACL 3001 和 ACL 3002 的规则 0 分别被匹配了 4 次。

4.1.6 课后习题

1. ACL 叫做（ ）。
   A. 流量控制　　　B. 访问控制列表　　　C. 差错控制　　　D. 以上都不是
2. ACL 的主要作用是进行（ ）。
   A. 包过滤　　　B. 差错控制　　　C. 访问控制列表　　　D. 以上都包含
3. 基本 ACL 的编号为（ ）。
   A. 1000～1999　　　B. 2000～2999　　　C. 3000～3999　　　D. 4000～4999
4. 高级访问控制列表的编号范围是（ ）。
   A. 1000～1999　　　B. 2000～2999　　　C. 3000～3999　　　D. 4000～4999
5. 下面有关基于 ACL 的包过滤技术的描述中错误的是（ ）。
   A. ACL 对报文进行逐个过滤，丢弃或允许通过
   B. ACL 是通过制订多条规则来实现包过滤的
   C. ACL 必须应用于路由器或是交换机的接口上
   D. 当 ACL 应用于路由器的某接口时，就会对进出该接口的报文进行过滤
6. 下列条件中，能用作基本 ACL 决定报文是转发还是丢弃的匹配条件有（ ）。
   A. 源主机 IP　　　B. 目标主机 IP　　　C. 协议类型　　　D. 协议端口号
7. 关于 ACL 包过滤工作流程说法正确的是（ ）。
   A. 当路由器的接口配置了 ACL，则出入的报文都需要进行规则匹配，然后决定是转发还是丢弃
   B. 报文只要进入路由器的接口就会进行包过滤
   C. ACL 进行包过滤时，必须应用于某个接口的某个方向上，仅当报文经过该接口时，才能被此接口的此方向的 ACL 过滤
   D. 以上说法都正确
8. 下列条件中，能用作高级 ACL 决定报文是转发还是丢弃的匹配条件有（ ）。
   A. 源主机 IP　　　B. 目标主机 IP　　　C. 协议类型　　　D. 协议端口号
9. 要配置 ACL 包过滤，必须（ ）。
   A. 创建 ACL　　　　　　　　　　B. 配置 ACL 规则
   C. 将 ACL 应用于某一接口的某一方向上　　　D. 以上都是
10. 某 ACL 规则为 rule deny source 10.0.0.0　0.0.0.255，该规则将匹配的 IP 地址范围为（ ）。
    A. 10.0.0.0/8　　　B. 10.0.0.0/16　　　C. 10.0.0.0/21　　　D. 10.0.0.0/24
11. 从 1.1.1.0/24 来，到 3.3.3.1 的 TCP 端口 80 去的报文不能通过（ ）。
    A. ［H3C-acl-ipv4-adv-3000］rule deny tcp source 1.1.1.0 0.0.0.255 destination 3.3.3.1 0 destination-port eq 80
    B. ［H3C-acl-ipv4-adv-3000］rule deny source 1.1.1.0 0.0.0.255 destination 3.3.3.1 0 destination-port eq 80
    C. ［H3C-acl-ipv4-adv-3000］rule deny tcp destination-port eq 80 source 1.1.1.0 0.0.0.255 destination 3.3.3.1 0
    D. ［H3C-acl-ipv4-adv-3000］rule deny tcp source 1.1.1.0 destination 3.3.3.1 destination-port eq 80

记一记：

任务 4.2 网络地址转换技术 NAT

4.2.1 任务目标

NAT（Network Address Translation，网络地址转换）是将 IP 报文头中的 IP 地址转换为另一个 IP 地址的过程。在实际应用中，NAT 主要应用在连接两个网络的边缘设备上，用于实现允许内部网络用户访问外部公共网络以及允许外部公共网络访问部分内部网络资源（例如内部服务器）的目的。NAT 最初的设计目的是实现私有网络访问公共网络的功能，后扩展为实现任意两个网络间进行访问时的地址转换应用。

需解决问题
1. 理解 NAT 技术出现的历史背景。
2. 理解 NAT 的分类及原理。
3. 配置常见 NAT 应用。
4. 在实际网络中灵活使用 NAT 技术。

4.2.2 技术准备

4.2.2.1 理论知识

（1）NAT 工作原理

配置了 NAT 功能的连接内部网络和外部网络的边缘设备，通常被称为 NAT 设备。当内部网络访问外部网络的报文经过 NAT 设备时，NAT 设备会用一个合法的公网地址替换原报文中的源 IP 地址，并对这种转换进行记录；之后，当报文从公网侧返回时，NAT 设备查找原有的记录，将报文的目的地址再替换回原来的私网地址，并转发给内网侧主机。这个过程，在私网侧或公网侧设备看来，与普通的网络访问并没有任何的区别。

NAT 可以让少量的外网网络 IP 地址代表较多的内部网络 IP 地址，这种地址转换能力具备以下优点：

① 私有网络内部的通信利用私网地址，如果私有网络需要与外部网络通信或访问外部资源，则可通过将大量的私网地址转换成少量的公网地址来实现，这在一定程度上缓解了 IPv4 地址空间日益枯竭的压力。

② 地址转换可以利用端口信息，将私网地址和端口作为地址端口对映射成公网地址和端口组合，使得多个私网用户可共用一个公网地址与外部网络通信，节省了公网地址。

③ 通过静态映射，不同的内部服务器可以映射到同一个公网地址。外部用户可通过公网地址和端口访问不同的内部服务器，同时还隐藏了内部服务器的真实 IP 地址，从而防止外部对内部服务器乃至内部网络的攻击。

④ 方便网络管理，例如私网服务器迁移时，无须过多配置的改变，仅仅通过调整内部服务器的映射表就可将这一变化体现出来。

1) 基本概念

① NAT 接口：NAT 设备上应用了 NAT 相关配置的接口。

② NAT 地址：用于进行地址转换的 IP 地址，与外部网络路由可达，可静态指定或动态分配。

③ NAT 表项：NAT 设备上用于记录网络地址转换映射关系的表项。

④ Easy IP 功能：NAT 转换时直接使用设备上接口的 IP 地址作为 NAT 地址。设备上接口的地址可通过 DHCP 或 PPPoE 等协议动态获取，因此对于支持 Easy IP 的 NAT 配置，不直接指定 NAT 地址，而是指定对应的接口或当前接口。

2) NAT 的基本组网类型

① 传统 NAT。报文经过 NAT 设备时，在 NAT 接口上仅进行一次源 IP 地址转换或一次目的 IP 地址转换。对于内网访问外网的报文，在出接口上进行源 IP 地址转换；对于外网访问内网的报文，在入接口上进行目的地址 IP 地址转换。

② 两次 NAT。报文入接口和出接口均为 NAT 接口。报文经过 NAT 设备时，先后进行两次 NAT 转换。对于内网访问外网的报文和外网访问内网的报文，均在入接口进行目的 IP 地址转换，在出接口进行源 IP 地址转换。这种方式常用于支持地址重叠的 VPN 间互访。

③ 双向 NAT。报文经过 NAT 设备时，在 NAT 接口上同时进行一次源 IP 地址转换和一次目的 IP 地址转换。对于内网访问外网的报文，在出接口上同时进行源 IP 地址和目的 IP 地址的转换；对于外网访问内网的报文，同时在入接口上进行目的地址 IP 地址和源 IP 地址的转换。这种方式常用于支持内网用户主动访问与之地址重叠的外网资源。

④ NAT hairpin。NAT hairpin 功能用于满足位于内网侧的用户之间或内网侧的用户与服务器之间通过 NAT 地址进行访问的需求。使能 NAT hairpin 的内网侧接口上会对报文同时进行源地址和目的地址的转换。它支持两种组网模式：

• P2P：位于内网侧的用户之间通过动态分配的 NAT 地址互访。

• C/S：位于内网侧的用户使用静态配置的 NAT 地址访问内网服务器。

3) 传统 NAT 的典型工作过程

如图 4-2 所示，一台 NAT 设备连接内网和外网，连接外网的接口为 NAT 接口，当有报文经过 NAT 设备时，NAT 的基本工作过程如下。

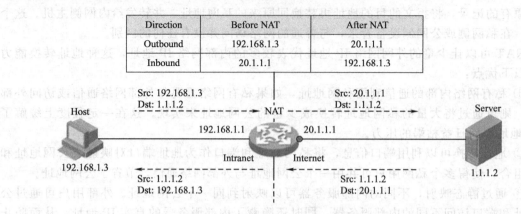

图 4-2　NAT 基本工作过程示意图

当内网用户主机（192.168.1.3）向外网服务器（1.1.1.2）发送的 IP 报文通过 NAT 设备时，NAT 设备查看报文的 IP 报头内容，发现该报文是发往外网的，则将其源 IP 地址字段的内网地址 192.168.1.3 转换成一个可路由的外网地址 20.1.1.1，并将该报文发送给外网服务器，同时在 NAT 设备上建立表项记录这一映射。

外网服务器给内网用户发送的应答报文到达 NAT 设备后，NAT 设备使用报文信息匹配建立的表项，然后查找匹配到的表项记录，用内网私有地址 192.168.1.3 替换初始的目的 IP 地址 20.1.1.1。

上述的 NAT 过程对终端（如图 4-2 中的 Host 和 Server）来说是透明的。对外网服务器而言，它认为内网用户主机的 IP 地址就是 20.1.1.1，并不知道有 192.168.1.3 这个地址。因此，NAT"隐藏"了企业的私有网络。

说明：私网 IP 地址是指内部网络或主机的 IP 地址，公网 IP 地址是指在因特网上全球唯一的 IP 地址。

RFC 1918 为私有网络预留出了三个 IP 地址块，如下：

A 类：10.0.0.0～10.255.255.255；

B 类：172.16.0.0～172.31.255.255；

C 类：192.168.0.0～192.168.255.255。

（上述三个范围内的地址不会在因特网上被分配，因此可以不向 ISP 或注册中心申请而在公司或企业内部自由使用。）

NAT 最初的设计目的是用于实现私有网络访问公共网络的功能，后扩展到实现任意两个网络间进行访问时的地址转换应用，本书中将这两个网络分别称为内部网络（内网）和外部网络（外网），通常私网为内部网络，公网为外部网络。

4）地址转换控制

在实际应用中，我们可能希望某些内部网络的主机可以访问外部网络，而某些主机不允许访问，即当 NAT 设备查看 IP 报文的报头内容时，如果发现源 IP 地址属于禁止访问外部网络的内部主机，它将不进行地址转换。另外，也希望只有指定的公网地址才可用于地址转换。

NAT 设备可以利用 ACL（Access Control List，访问控制列表）来对地址转换的使用范围进行控制，通过定义 ACL 规则，并将其与 NAT 配置相关联，实现只对匹配指定的 ACL permit 规则的报文才进行地址转换的目的。而且，NAT 仅使用规则中定义的源 IP 地址、源端口号、目的 IP 地址、目的端口号、传输层协议类型和 VPN 实例这几个元素进行报文匹配，忽略其他元素。

（2）NAT 实现方式

1）静态方式

静态地址转换是指外部网络和内部网络之间的地址映射关系由配置确定，该方式适用于内部网络与外部网络之间存在固定访问需求的组网环境。静态地址转换支持双向互访：内网用户可以主动访问外网，外网用户也可以主动访问内网。

2）动态方式

动态地址转换是指内部网络和外部网络之间的地址映射关系在建立连接的时候动态产生。该方式通常适用于内部网络有大量用户需要访问外部网络的组网环境。动态地址转换存在两种转换模式。

① NO-PAT 模式。NO-PAT（Not Port Address Translation）模式下，一个外网地址同一时间只能分配给一个内网地址进行地址转换，不能同时被多个内网地址共用。当使用某外网地址的内网用户停止访问外网时，NAT 会将其占用的外网地址释放并分配给其他内网用户使用。

该模式下，NAT 设备只对报文的 IP 地址进行 NAT 转换，同时会建立一个 NO-PAT 表项用于记录 IP 地址映射关系，并可支持所有 IP 协议的报文。

② PAT 模式。PAT（Port Address Translation）模式下，一个 NAT 地址可以同时分配给多个内网地址共用。该模式下，NAT 设备需要对报文的 IP 地址和传输层端口同时进行转换，且只支持 TCP、UDP 和 ICMP（Internet Control Message Protocol，因特网控制消息协议）查询报文。图 4-3 描述了 PAT 的基本原理。

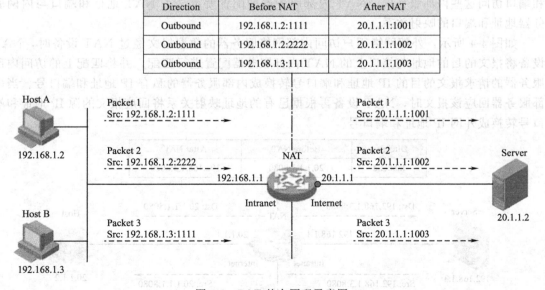

图 4-3 PAT 基本原理示意图

如图 4-3 所示，三个带有内网地址的报文到达 NAT 设备，其中报文 1 和报文 2 来自同一个内网地址但有不同的源端口号，报文1和报文3来自不同的内网地址但具有相同的源端口号。通过 PAT 映射，三个报文的源 IP 地址都被转换为同一个外网地址，但每个报文都被赋予了不同的源端口号，因而仍保留了报文之间的区别。当各报文的回应报文到达时，NAT 设备仍能够根据回应报文的目的 IP 地址和目的端口号来区别该报文应转发到的内部主机。

采用 PAT 方式可以更加充分地利用 IP 地址资源，实现更多内部网络主机对外部网络的同时访问。

目前，PAT 支持两种不同的地址转换模式：

① Endpoint-Independent Mapping（不关心对端地址和端口转换模式）：只要是来自相同源地址和源端口号的报文，不论其目的地址是否相同，通过 PAT 映射后，其源地址和源端口号都被转换为同一个外部地址和端口号，该映射关系会被记录下来并生成一个 EIM 表项；并且 NAT 设备允许所有外部网络的主机通过该转换后的地址和端口来访问这些内部网络的主机。这种模式可以很好地支持位于不同 NAT 网关之后的主机进行互访。

② Address and Port-Dependent Mapping（关心对端地址和端口转换模式）：对于来自相同源地址和源端口号的报文，相同的源地址和源端口号并不要求被转换为相同的外部地址和端口号，若其目的地址或目的端口号不同，通过 PAT 映射后，相同的源地址和源端口号通常会被转换成不同的外部地址和端口号。与 Endpoint-Independent Mapping 模式不同的是，NAT 设备只允许这些目的地址对应的外部网络的主机可以通过该转换后的地址和端口来访问这些内部网络的主机。这种模式安全性好，但由于同一个内网主机地址转换后的外部地址不唯一，因此不便于位于不同 NAT 网关之后的主机使用内网主机转换后的地址进行互访。

3）内部服务器

在实际应用中，内网中的服务器可能需要对外部网络提供一些服务，例如给外部网络提供 Web 服务，或是 FTP 服务。这种情况下，NAT 设备允许外网用户通过指定的 NAT 地址和端口访问这些内部服务器，NAT 内部服务器的配置就定义了 NAT 地址和端口与内网服务器地址和端口的映射关系。

如图 4-4 所示，外部网络用户访问内部网络服务器的数据报文经过 NAT 设备时，NAT 设备将报文的目的地址与接口上的 NAT 内部服务器配置进行匹配，并将匹配上的访问内部服务器的请求报文的目的 IP 地址和端口号转换成内部服务器的私有 IP 地址和端口号。当内部服务器回应该报文时，NAT 设备再根据已有的地址映射关系将回应报文的源 IP 地址和端口号转换成外网 IP 地址和端口号。

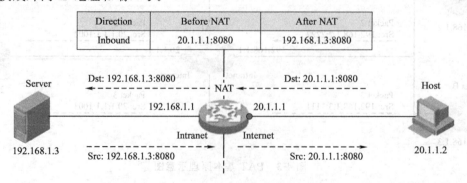

图 4-4 内部服务器基本原理示意图

4) NAT444 端口块方式

NAT444 是运营商网络部署 NAT 转换的整体解决方案,它基于 NAT444 网关,结合 AAA 服务器、日志服务器等配套系统,提供运营商级的 NAT 转换,并支持用户溯源等功能。在众多 IPv4 向 IPv6 网络过渡的技术中,NAT444 仅需在运营商侧引入二次 NAT,对终端和服务的更改较小,并且 NAT444 通过端口块分配方式解决用户溯源等问题,因此成为了运营商的首选过渡方案。NAT444 解决方案的架构如图 4-5 所示。

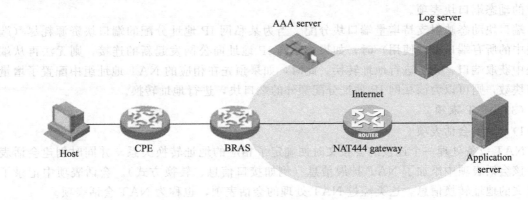

图 4-5　NAT444 解决方案架构

- CPE:实现用户侧地址转换。
- BRAS:负责接入终端,并配合 AAA 完成用户认证、授权和计费。
- NAT444 网关:实现运营商级地址转换。
- AAA 服务器:负责用户认证、授权和计费等。
- 日志服务器:接收和记录用户访问信息,响应用户访问信息查询。

NAT444 网关设备进行的地址转换(以下称为"NAT444 地址转换")是一种 PAT 方式的动态地址转换,但与普通动态地址转换不同的是,NAT444 地址转换是基于端口块的方式来复用公网 IP 地址的,即一个私网 IP 地址在一个时间段内独占一个公网 IP 地址的某个端口块。例如:假设私网 IP 地址 10.1.1.1 独占公网 IP 地址 202.1.1.1 的一个端口块 10001~10256,则该私网 IP 向公网发起的所有连接,源 IP 地址都将被转换为同一个公网 IP 地址 202.1.1.1,而源端口将被转换为端口块 10001~10256 之内的一个端口。

端口块的分配支持静态映射和动态映射两种方式。

① 端口块静态映射。端口块静态映射是指,NAT 网关设备根据手动配置的命令行,自动计算私网 IP 地址到公网 IP 地址、端口块的静态映射关系,并创建静态端口块表项。当私网 IP 地址成员中的某个私网 IP 地址向公网发起新建连接时,根据私网 IP 地址匹配静态端口块表项,获取对应的公网 IP 地址和端口块,并从端口块中动态为其分配一个公网端口,对报文进行地址转换。

配置端口块静态映射时,需要创建一个端口块组,并在端口块组中配置私网 IP 地址成员、公网 IP 地址成员、端口范围和端口块大小。假设端口块组中每个公网 IP 地址的可用端口块数为 m(即端口范围除以端口块大小),则端口块静态映射的算法如下:按照从小到大的顺序对私网 IP 地址成员中的所有 IP 地址进行排列,最小的 m 个私网 IP 地址对应最小的公网 IP 地址及其端口块,端口块按照起始端口号从小到大的顺序分配;次小的 m 个私网 IP 地址对应次小的公网 IP 地址及其端口块,端口块的分配顺序相同;以此类推。

② 端口块动态映射。端口块动态映射融合了普通 NAT 动态地址转换和 NAT444 端口

块静态映射的特点。当内网用户向外网发起连接时，首先根据动态地址转换中的 ACL 规则进行过滤，决定是否需要进行源地址转换。对于需要进行源地址转换的连接，当该连接为该用户的首次连接时，从所匹配的动态地址转换配置引用的 NAT 地址组中获取一个公网 IP 地址，从该公网 IP 地址中动态分配一个端口块，创建动态端口块表项，然后从端口块表项中动态分配一个公网端口，进行地址转换。对该用户后续连接的转换，均从生成的动态端口块表项中分配公网端口。当该用户的所有连接都断开时，回收为其分配的端口块资源，删除相应的动态端口块表项。

端口块动态映射支持增量端口块分配。当为某私网 IP 地址分配的端口块资源耗尽（端口块中的所有端口都被使用）时，如果该私网 IP 地址向公网发起新的连接，则无法再从端口块中获取端口，无法进行地址转换。此时，如果预先在相应的 NAT 地址组中配置了增量端口块数，则可以为该私网 IP 地址分配额外的端口块，进行地址转换。

（3）NAT 表项

1）NAT 会话表项

NAT 设备处理一个连接的首报文时便确定了相应的地址转换关系，并同时创建会话表项，该会话表项中添加了 NAT 扩展信息（例如接口信息、转换方式）。会话表项中记录了首报文的地址转换信息。这类经过 NAT 处理的会话表项，也称为 NAT 会话表项。

当该连接的后续报文经过 NAT 设备时，将与 NAT 会话表项进行匹配，NAT 设备从匹配到的会话表项中得到首报文的转换方式，并根据首报文的转换方式对后续报文进行处理。后续报文方向与首报文相同时，源和目的的转换方式与首报文相同；方向相反时，转换方式与首报文相反。也就是说，如果首报文转换了源地址，则后续报文需要转换目的地址；如果首报文转换了目的地址，则后续报文需要转换源地址。

NAT 会话表项的更新和老化由会话管理模块维护。

2）EIM 表项

如果 NAT 设备上使能了 Endpoint-Independent Mapping（EIM）模式，则在 PAT 方式的动态地址转换过程中，会首先创建一个 NAT 会话表项，然后创建一个 EIM 表项用于记录地址和端口的转换关系（内网地址和端口←→NAT 地址和端口），该表项有以下两个作用：

① 保证后续来自相同源地址和源端口的新建连接与首次连接使用相同的转换关系。

② 允许外网主机向 NAT 地址和端口发起的新建连接根据 EIM 表项进行反向地址转换。

该表项在与其相关联的所有 NAT 会话表项老化后老化。

3）NO-PAT 表项

在用 NO-PAT 方式进行源地址的动态转换过程中，NAT 设备首先创建一个 NAT 会话表项，然后建立一个 NO-PAT 表项用于记录该转换关系（内网地址←→NAT 地址）。除此之外，在 NAT 设备进行 ALG 处理时，也会触发创建 NO-PAT 表项。NO-PAT 表项有以下两个作用：

① 保证后续来自相同源地址的新建连接与首次连接使用相同的转换关系。

② 配置了 reversible 参数的情况下，允许满足指定条件的主机向 NAT 地址发起的新建连接根据 NO-PAT 表项进行反向地址转换。

该表项在与其相关联的所有 NAT 会话表项老化后老化。

4）NAT444 端口块表项

NAT444 端口块表项记录 1 个用户在 NAT444 网关转换前的私网 IP 地址、转换后对应的公网 IP 地址及其端口块。

端口块表项分为静态端口块表项和动态端口块表项：

① 静态端口块表项在配置了 NAT444 端口块静态映射的相关命令时由系统自动创建，在删除相关配置时删除。

② 动态端口块表项在收到某私网 IP 地址的首次连接时创建，在该私网 IP 地址的所有连接都已关闭，即表项中的所有端口都已回收时删除。

4.2.2.2 实践技能

若接口上同时存在普通 NAT 静态地址转换、普通 NAT 动态地址转换、NAT444 端口块静态映射、NAT444 端口块动态映射和内部服务器的配置，则在地址转换过程中，它们的优先级从高到低依次为：

① 内部服务器。

② 普通 NAT 静态地址转换。

③ NAT444 端口块静态映射。

④ NAT444 端口块动态映射和普通 NAT 动态地址转换，系统对二者不做区分，统一按照 ACL 编号由大到小的顺序匹配。

(1) 配置静态地址转换

配置静态地址转换时，需要首先在系统视图下配置静态地址转换映射，然后在接口下使该转换映射生效。

静态地址转换映射支持两种方式：一对一静态转换映射、网段对网段静态转换映射。静态地址转换可以支持配置在接口的出方向（nat static outbound）或入方向（nat static inbound）上，入方向的静态地址转换通常用于与其他 NAT 转换方式配合以实现双向 NAT，不建议单独配置。

① 配置准备。配置控制地址转换范围的 ACL。需要注意的是，NAT 仅关注 ACL 规则中定义的源 IP 地址、源端口号、目的 IP 地址、目的端口号、传输层协议类型和 VPN 实例，不关注 ACL 规则中定义的其他元素。

对于入方向静态地址转换，需要手动添加路由：目的地址为静态地址转换配置中指定的 local-ip 或 local-network；下一跳为静态地址转换配置中指定的外网地址，或者报文出接口的实际下一跳地址。

② 配置出方向一对一静态地址转换（见表 4-4）。出方向一对一静态地址转换通常应用在外网侧接口上，用于实现一个内部私有网络地址到一个外部公有网络地址的转换，具体过程如下。

表 4-4 配置出方向一对一静态地址转换

操作	命令	说明
进入系统视图	system-view	—
配置出方向一对一静态地址转换映射	nat static outbound *local-ip* [vpn-instance *local-name*] *global-ip* [vpn-instance *global-name*] [acl *acl-number* [reversible]]	缺省情况下，不存在任何地址转换映射
退回系统视图	quit	—
进入接口视图	interface *interface-type interface-number*	—
开启接口上的 NAT 静态地址转换功能	nat static enable	缺省情况下，NAT 静态地址转换功能处于关闭状态

对于经过该接口发送的内网访问外网的报文，将其源 IP 地址与指定的内网 IP 地址

local-ip 进行匹配,并将匹配的源 IP 地址转换为 global-ip。

对于该接口接收到的外网访问内网的报文,将其目的 IP 地址与指定的外网 IP 地址 global-ip 进行匹配,并将匹配的目的 IP 地址转换为 local-ip。

如果接口上配置的静态地址转换映射中指定了 ACL 参数,则仅对符合指定 ACL permit 规则的报文进行地址转换。

③ 配置出方向网段对网段静态地址转换(见表 4-5)。出方向网段对网段静态地址转换通常应用在外网侧接口上,用于实现一个内部私有网络到一个外部公有网络的地址转换,具体过程如下。

表 4-5 配置出方向网段对网段静态地址转换

操作	命令	说明
进入系统视图	system-view	—
配置出方向网段对网段静态地址转换映射	nat static outbound net-to-net *local-start-address local-end-address* [vpn-instance *local-name*] global *global-network* ⟨ *mask-length* | *mask* ⟩ [vpn-instance *global-name*] [acl *acl-number* [reversible]]	缺省情况下,不存在任何地址转换映射
退回系统视图	quit	—
进入接口视图	interface *interface-type interface-number*	—
开启接口上的 NAT 静态地址转换功能	nat static enable	缺省情况下,NAT 静态地址转换功能处于关闭状态

对于经过该接口发送的内网访问外网的报文,将其源 IP 地址与指定的内网网络地址进行匹配,并将匹配的源 IP 地址转换为指定外网网络地址之一。

对于该接口接收到的外网访问内网的报文,将其目的 IP 地址与指定的外网网络地址进行匹配,并将匹配的目的 IP 地址转换为指定的内网网络地址之一。

如果接口上配置的静态地址转换映射中指定了 ACL 参数,则仅对符合指定 ACL permit 规则的报文进行地址转换。

④ 配置入方向一对一静态地址转换(见表 4-6)。入方向一对一静态地址转换用于实现一个内部私有网络地址与一个外部公有网络地址之间的转换,具体过程如下。

表 4-6 配置入方向一对一静态地址转换

操作	命令	说明
进入系统视图	system-view	—
配置入方向一对一静态地址转换映射	nat static inbound *global-ip* [vpn-instance *global-name*] *local-ip* [vpn-instance *local-name*] [acl *acl-number* [reversible]]	缺省情况下,不存在任何地址转换映射
退回系统视图	quit	—
进入接口视图	interface *interface-type interface-number*	—
开启接口上的 NAT 静态地址转换功能	nat static enable	缺省情况下,NAT 静态地址转换功能处于关闭状态

对于经过该接口发送的内网访问外网的报文,将其目的 IP 地址与指定的内网 IP 地址

local-ip 进行匹配，并将匹配的目的 IP 地址转换为 global-ip。

对于该接口接收到的外网访问内网的报文，将其源 IP 地址与指定的外网 IP 地址 global-ip 进行匹配，并将匹配的源 IP 地址转换为 local-ip。

如果接口上配置的静态地址转换映射中指定了 ACL 参数，则仅对符合指定 ACL permit 规则的报文进行地址转换。

⑤ 配置入方向网段对网段静态地址转换（见表 4-7）。入方向网段对网段静态地址转换用于实现一个内部私有网络与一个外部公有网络之间的地址转换，具体过程如下。

表 4-7　配置入方向网段对网段静态地址转换

操作	命令	说明
进入系统视图	system-view	—
配置入方向网段对网段静态地址转换映射	nat static inbound net-to-net *global-start-address global-end-address* [vpn-instance *global-name*] local *local-network* ⟨ *mask-length* | *mask* ⟩[vpn-instance *local-name*][acl *acl-number*[reversible]]	缺省情况下，不存在任何地址转换映射
退回系统视图	quit	—
进入接口视图	interface *interface-type interface-number*	—
开启接口上的 NAT 静态地址转换功能	nat static enable	缺省情况下，NAT 静态地址转换功能处于关闭状态

对于经过该接口发送的内网访问外网的报文，将其目的 IP 地址与指定的内网网络地址进行匹配，并将匹配的目的 IP 地址转换为指定的外网网络地址之一。

对于该接口接收到的外网访问内网的报文，将其源 IP 地址与指定的外网网络地址进行匹配，并将匹配的源 IP 地址转换为指定的内网网络地址之一。

如果接口上配置的静态地址转换映射中指定了 ACL 参数，则仅对符合指定 ACL permit 规则的报文进行地址转换。

（2）配置动态地址转换

通过在接口上配置 ACL 和地址组（或接口地址）的关联即可实现动态地址转换。直接使用接口的 IP 地址作为转换后的地址，即实现 Easy IP 功能。选择使用地址组中的地址作为转换后的地址，根据地址转换过程中是否转换端口信息，可将动态地址转换分为 NO-PAT 和 PAT 两种方式。

1）配置限制和指导

在同时配置了多条动态地址转换的情况下：

指定了 ACL 参数的动态地址转换配置的优先级高于未指定 ACL 参数的动态地址转换配置；

对于指定了 ACL 参数的动态地址转换配置，其优先级由 ACL 编号的大小决定，编号越大，优先级越高。

2）配置准备

配置控制地址转换范围的 ACL。需要注意的是，NAT 仅关注 ACL 规则中定义的源 IP 地址、源端口号、目的 IP 地址、目的端口号、传输层协议类型和 VPN 实例，不关注 ACL 规则中定义的其他元素。

确定是否直接使用接口的 IP 地址作为转换后的报文源地址。

配置根据实际网络情况，合理规划可用于地址转换的公网 IP 地址组。

确定地址转换过程中是否使用端口信息。

对于入方向动态地址转换，如果指定了 add-route 参数，则有报文命中该配置时，设备会自动添加路由表表项：目的地址为本次地址转换使用的地址组中的地址，出接口为本配置所在接口，下一跳地址为报文的源地址；如果没有指定 add-route 参数，则用户需要在设备上手动添加路由。由于自动添加路由表表项速度较慢，通常建议手动添加路由。

3）配置出方向动态地址转换（见表 4-8）

表 4-8 配置出方向动态地址转换

操作		命令	说明
进入系统视图		system-view	—
创建一个 NAT 地址组，并进入 NAT 地址组视图		nat address-group *group-number*	缺省情况下，不存在地址组
添加地址组成员		address *start-address end-address*	缺省情况下，不存在地址组成员 可通过多次执行本命令添加多个地址组成员 当前地址组成员的 IP 地址段不能与该地址组中或者其他地址组中已有的地址成员组成员重叠
进入接口视图		interface *interface-type interface-number*	—
配置出方向动态地址转换	NO-PAT 方式	nat outbound［*acl-number*］address-group *group-number*［vpn-instance *vpn-instance-name*］no-pat［reversible］	二者至少选其一 缺省情况下，不存在出方向动态地址转换配置 一个接口下可配置多个出方向的动态地址转换
	PAT 方式	nat outbound［*acl-number*］［address-group *group-number*］［vpn-instance *vpn-instance-name*］［port-preserved］	
（可选）配置 PAT 方式地址转换的模式		nat mapping-behavior endpoint-independent［acl *acl-number*］	缺省情况下，PAT 方式地址转换的模式为 Address and Port-Dependent Mapping 该配置只对 PAT 方式的出方向动态地址转换有效

出方向动态地址转换通常应用在外网侧接口上，用于实现一个内部私有网络地址到一个外部公有网络地址的转换，具体过程如下：

① 对于经过该接口发送的内网访问外网的报文，将与指定 ACL permit 规则匹配的报文源 IP 地址转换为地址组中的地址。

② 在指定了 *no-pat reversible* 参数，并且已经存在 NO-PAT 表项的情况下，对于经过该接口收到的外网访问内网的首报文，将其目的 IP 地址与 NO-PAT 表项进行匹配，并将目的 IP 地址转换为匹配的 NO-PAT 表项中记录的内网地址。

4）配置入方向动态地址转换（见表 4-9）

表 4-9 配置入方向动态地址转换

操作	命令	说明
进入系统视图	system-view	—
创建一个 NAT 地址组，并进入 NAT 地址组视图	nat address-group *group-number*	缺省情况下，不存在 NAT 地址组

续表

操作	命令	说明
添加地址组成员	address *start-address end-address*	缺省情况下,不存在地址组成员 可通过多次执行本命令添加多个地址组成员 当前地址组成员的 IP 地址段不能与该地址组中或者其他地址组中已有的地址组成员重叠
进入接口视图	interface *interface-type interface-number*	—
配置入方向动态地址转换	nat inbound *acl-number* address-group *group-number* [vpn-instance *vpn-instance-name*][no-pat[reversible][add-route]]	缺省情况下,不存在入方向动态地址转换配置 一个接口下可配置多个入方向的动态地址转换

入方向动态地址转换功能通常与接口上的出方向动态地址转换(nat outbound)、内部服务器(nat server)或出方向静态地址转换(nat static outbound)配合,用于实现双向 NAT 应用,不建议单独使用。

入接口动态地址转换的具体过程如下:

① 对于该接口接收到的外网访问内网的首报文,将与指定的 ACL permit 规则匹配的报文的源 IP 地址转换为地址组中的地址。

② 在指定了 *no-pat reversible* 参数,并且已经存在 NO-PAT 表项的情况下,对于经过该接口发送的内网访问外网的首报文,将其目的 IP 地址与 NO-PAT 表项进行匹配,并将目的 IP 地址转换为匹配的 NO-PAT 表项中记录的外网地址。

需要注意的是,该方式下的地址转换不支持 Easy IP 功能。

(3) 配置内部服务器

通过在 NAT 设备上配置内部服务器,建立一个或多个内网服务器内网地址和端口与外网地址和端口的映射关系,使外部网络用户能够通过配置的外网地址和端口来访问内网服务器。内部服务器可以位于一个普通的内网内,也可以位于一个 VPN 实例内。

内部服务器通常配置在外网侧接口上。若内部服务器配置中引用了 ACL 参数,则表示与指定的 ACL permit 规则匹配的报文才可以使用内部服务器的映射表进行地址转换。需要注意的是,NAT 仅关注 ACL 规则中定义的源 IP 地址、源端口号、目的 IP 地址、目的端口号、传输层协议类型和 VPN 实例,不关注 ACL 规则中定义的其他元素。

① 配置普通内部服务器(见表 4-10)。普通的内部服务器是将内网服务器的地址和端口映射为外网地址和端口,允许外部网络中的主机通过配置的外网地址和端口访问位于内网的服务器。

② 配置负载分担内部服务器(见表 4-11)。负载分担内部服务器是指在配置内部服务器时,将内部服务器的内网信息指定为一个内部服务器组,组内的多台主机可以共同对外提供某种服务。外网用户向内部服务器指定的外网地址发起应用请求时,NAT 设备可根据内网服务器的权重和当前连接数,选择其中一台内网服务器作为目的服务器,实现内网服务器负载分担。

(4) 配置 NAT444 地址转换

通过在 NAT444 网关设备上配置 NAT444 地址转换,可以实现基于端口块的公网 IP 地址复用,使一个私网 IP 地址在一个时间段内独占一个公网 IP 地址的某个端口块。NAT444 是出方向地址转换,通常配置在外网侧接口上。

表 4-10 配置普通内部服务器

操作		命令	说明
进入系统视图		system-view	—
进入接口视图		interface *interface-type interface-number*	—
配置普通内部服务器	外网地址单一，未使用外网端口或外网端口单一	nat server protocol *pro-type* global { *global-address* | current-interface | interface *interface-type interface-number* } [*global-port*] [vpn-instance *global-name*] inside *local-address* [*local-port*] [vpn-instance *local-name*] [acl *acl-number*]	四者至少选其一 缺省情况下，不存在内部服务器 一个接口下可以配置多个普通内部服务器
	外网地址单一，外网端口连续	nat server protocol *pro-type* global { *global-address* | current-interface | interface *interface-type interface-number* } *global-port*1 *global-port*2 [vpn-instance *global-name*] inside { { *local-address* | *local-address*1 *local-address*2 } | *local-port* | *local-address local-port*1 *local-port*2 } [vpn-instance *local-name*] [acl *acl-number*]	
	外网地址连续，未使用外网端口或外网端口单一	nat server protocol *pro-type* global *global-address*1 *global-address*2 [*global-port*] [vpn-instance *global-name*] inside { *local-address* | *local-address*1 *local-address*2 } [*local-port*] [vpn-instance *local-name*] [acl *acl-number*]	
	外网地址连续，外网端口单一	nat server protocol *pro-type* global *global-address*1 *global-address*2 *global-port* [vpn-instance *global-name*] inside *local-address local-port*1 *local-port*2 [vpn-instance *local-name*] [acl *acl-number*]	

表 4-11 配置负载分担内部服务器

操作	命令	说明
进入系统视图	system-view	—
配置内部服务器组，并进入服务器组视图	nat server-group *group-number*	缺省情况下，不存在内部服务器组
添加内部服务器组成员	inside ip *inside-ip* port *port-number* [weight *weight-value*]	缺省情况下，内部服务器组内没有内部服务器组成员 一个内部服务器组内可以添加多个组成员
进入接口视图	interface *interface-type interface-number*	—
配置负载分担内部服务器	nat server protocol *pro-type* global { { *global-address* | current-interface | interface *interface-type interface-number* } { *global-port* | *global-port*1 *global-port*2 } | *global-address*1 *global-address*2 *global-port* } [vpn-instance *global-name*] inside server-group *group-number* [vpn-instance *local-name*] [acl *acl-number*]	缺省情况下，不存在内部服务器 一个接口下可以配置多个负载分担内部服务器

① 配置 NAT444 端口块静态映射（见表 4-12）。配置 NAT444 端口块静态映射需要创建一个端口块组，并在接口的出方向上应用该端口块组。端口块组中需要配置私网 IP 地址成员、公网 IP 地址成员、端口范围和端口块大小，系统会根据端口块组中的配置自动计算私网 IP 地址到公网 IP 地址、端口块的静态映射关系，创建静态端口块表项，并根据表项进行 NAT444 地址转换。

表 4-12 配置 NAT444 端口块静态映射

操作	命令	说明
进入系统视图	system-view	—
创建一个 NAT 端口块组，并进入 NAT 端口块组视图	nat port-block-group *group-number*	缺省情况下，不存在 NAT 端口块组
添加私网地址成员	local-ip-address *start-address end-address*	缺省情况下，不存在私网地址成员 一个端口块组内，可以配置多个私网地址成员，但各私网地址成员之间的 IP 地址不能重叠
添加公网地址成员	global-ip-pool *start-address end-address*	缺省情况下，不存在公网地址成员 一个端口块组内，可以配置多个公网地址成员，但各公网地址成员之间的 IP 地址不能重叠
（可选）配置公网地址的端口范围	port-range *start-port-number end-port-number*	缺省情况下，公网地址的端口范围为 1～65535
（可选）配置端口块大小	block-size *block-size*	缺省情况下，端口块大小为 256
退回系统视图	quit	—
进入接口视图	interface *interface-type interface-number*	—
配置 NAT444 端口块静态映射	nat outbound port-block-group *group-number*	缺省情况下，不存在 NAT444 端口块静态映射配置 一个接口下可配置多条基于不同端口块组的 NAT444 端口块静态映射
退回系统视图	quit	—
（可选）配置 PAT 方式出方向动态地址转换的模式	nat mapping-behavior endpoint-independent[acl *acl-number*]	缺省情况下，PAT 方式出方向动态地址转换的模式为 Address and Port-Dependent Mapping

② 配置 NAT444 端口块动态映射（见表 4-13）。NAT444 端口块动态映射的配置方式与普通的 PAT 方式出方向动态地址转换的配置基本相同，只要在接口的出方向上配置 ACL 和 NAT 地址组的关联即可。所不同的是，对于 NAT444 端口动态映射，必须在 NAT 地址组中配置端口块参数，以实现基于端口块的 NAT444 地址转换。

表 4-13 配置 NAT444 端口块动态映射

操作	命令	说明
进入系统视图	system-view	—
创建一个 NAT 地址组，并进入 NAT 地址组视图	nat address-group *group-number*	缺省情况下，不存在地址组
添加地址组成员	address *start-address end-address*	缺省情况下，不存在地址组成员 可通过多次执行本命令添加多个地址组成员 当前地址组成员的 IP 地址段不能与该地址组中或者其他地址组中已有的地址成员组成员重叠
配置端口范围	port-range *start-port-number end-port-number*	缺省情况下，端口范围为 1～65535 该配置仅对 PAT 方式地址转换生效
配置端口块参数	port-block block-size *block-size* [extended-block-number *extended-block-number*]	缺省情况下，不存在端口块参数 该配置仅对 PAT 方式地址转换生效
进入接口视图	interface *interface-type interface-number*	—

续表

操作	命令	说明
配置 PAT 方式出方向动态地址转换	nat outbound [acl-number] [address-group group-number] [vpn-instance vpn-instance-name] [port-preserved]	缺省情况下，不存在 PAT 方式出方向动态地址转换配置 port-preserved 参数对 NAT444 端口块动态映射
（可选）配置 PAT 方式地址转换的模式	nat mapping-behavior endpoint-independent [acl acl-number]	缺省情况下，PAT 方式出方向动态地址转换的模式为 Address and Port-Dependent Mapping

(5) 配置维护 NAT 日志
1) 配置 NAT 会话日志功能（见表 4-14）

表 4-14 配置 NAT 会话日志功能

操作	命令	说明
进入系统视图	system-view	—
开启 NAT 日志功能	nat log enable [acl acl-number]	缺省情况下，NAT 日志功能处于关闭状态
开启 NAT 新建会话的日志功能	nat log flow-begin	三者至少选其一 缺省情况下，创建、删除 NAT 会话或存在 NAT 活跃流时，均不生成 NAT 日志
开启 NAT 删除会话的日志功能	nat log flow-end	
开启 NAT 活跃流的日志功能，并设置生成活跃流日志的时间间隔	nat log flow-active time-value	

NAT 会话日志是为了满足网络管理员安全审计的需要，对 NAT 会话（报文经过设备时，源或目的信息被 NAT 进行过转换的连接）信息进行的记录，包括 IP 地址及端口的转换信息、用户的访问信息以及用户的网络流量信息。

有三种情况可以触发设备生成 NAT 会话日志：
① 新建 NAT 会话。
② 删除 NAT 会话。新增高优先级的配置、删除配置、报文匹配规则变更、NAT 会话老化以及执行删除 NAT 会话的命令时，都可能导致 NAT 会话被删除。
③ 存在 NAT 活跃流。NAT 活跃流是指在一定时间内存在的 NAT 会话。当设置的生成活跃流日志的时间间隔到达时，当前存在的 NAT 会话信息就被记录并生成日志。

2) NAT 显示和维护（见表 4-15）

表 4-15 NAT 显示和维护

操作	命令
显示所有的 NAT 配置信息	display nat all
显示 NAT 地址组的配置信息	display nat address-group [group-number]
显示 NAT DNS mapping 的配置信息	display nat dns-map
显示 NAT 入接口动态地址转换关系的配置信息	display nat inbound
显示 NAT 日志功能的配置信息	display nat log
显示 NAT 出接口动态地址转换关系的配置信息	display nat outbound
显示 NAT 内部服务器的配置信息	display nat server

续表

操作	命令
显示 NAT 内部服务器组的配置信息	display nat server-group[group-number]
显示 NAT 静态地址转换的配置信息	display nat static
显示 NAT444 端口块静态映射的配置信息	display nat outbound port-block-group
显示 NAT 端口块组配置信息	display nat port-block-group[group-number]

在完成上述配置后，在任意视图下执行 display 命令可以显示 NAT 配置后的运行情况，通过查看显示信息验证配置的效果。

在用户视图下，执行 reset 命令可以清除 NAT 表项。

4.2.3 任务描述

（1）内部网络用户使用外网地址（静态地址转换）

内部网络用户 10.110.10.8/24 使用外网地址 202.38.1.1 访问 Internet。如图 4-6 所示。

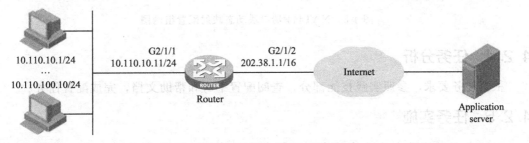

图 4-6 静态地址转换典型配置组网图

（2）外网用户通过外网地址访问内网服务器

如图 4-7 所示，某公司内部对外提供 Web、FTP 和 SMTP 服务，而且提供两台 Web 服务器。公司内部网址为 10.110.0.0/16。其中，内部 FTP 服务器地址为 10.110.10.3/16，内部 Web 服务器 1 的 IP 地址为 10.110.10.1/16，内部 Web 服务器 2 的 IP 地址为 10.110.10.2/16，内部 SMTP 服务器 IP 地址为 10.110.10.4/16。公司拥有 202.38.1.1～202.38.1.3 三个公网 IP 地址。需要实现如下功能：外部的主机可以访问内部的服务器；选用 202.38.1.1 作为公司对外提供服务的 IP 地址，Web 服务器 2 对外采用 8080 端口。

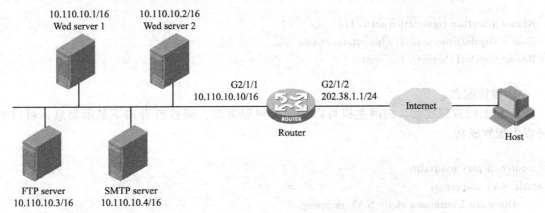

图 4-7 外网用户通过外网地址访问内网服务器

（3）NAT444 端口块动态映射配置

如图 4-8 所示，某公司内网使用的 IP 地址为 192.168.0.0/16。该公司拥有 202.38.1.2 和 202.38.1.3 两个外网 IP 地址。需要实现内部网络中的 192.168.1.0/24 网段的用户可以访问 Internet，其他网段的用户不能访问 Internet。基于 NAT444 端口块动态映射方式复用两个外网地址 202.38.1.2 和 202.38.1.3，外网地址的端口范围为 1024～65535，端口块大小为 300。当为某用户分配的端口块资源耗尽时，再为其增量分配 1 个端口块。

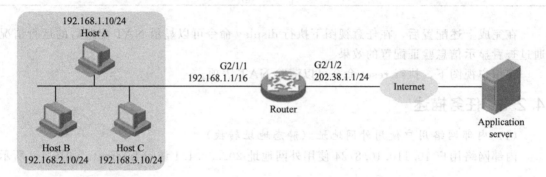

图 4-8　NAT444 端口块动态映射配置组网图

4.2.4　任务分析

根据任务要求，参照实践技能部分，查阅配置手册和帮助文档，完成配置任务。

4.2.5　任务实施

（1）内部网络用户使用外网地址（静态地址转换）配置步骤

① 按照组网图配置各接口的 IP 地址，具体配置过程略。

② 配置内网 IP 地址 10.110.10.8 到外网地址 202.38.1.100 之间的一对一静态地址转换映射。

〈Router〉system-view
［Router］nat static outbound 10.110.10.8 202.38.1.100

③ 使配置的静态地址转换在接口 GigabitEthernet 2/1/2 上生效。

［Router］interface gigabitethernet 2/1/2
［Router-GigabitEthernet2/1/2］nat static enable
［Router-GigabitEthernet2/1/2］quit

④ 验证配置。

a. 以上配置完成后，内网主机可以访问外网服务器。通过查看如下显示信息，可以验证以上配置成功。

［Router］display nat static
Static NAT mappings：
　There are 1 outbound static NAT mappings.
　IP-to-IP：

```
        Local   IP:10.110.10.8
        Global  IP:202.38.1.100
Interfaces enabled with static NAT:
    There are 1 interfaces enabled with static NAT.
    Interface:GigabitEthernet2/1/2
```

b. 通过以下显示命令，可以看到 Host 访问某外网服务器时生成 NAT 会话信息。

```
[Router]display nat session verbose
Initiator:
    Source      IP/port:10.110.10.8/42496
    Destination IP/port:202.38.1.111/2048
    DS-Lite tunnel peer:-
    VPN instance/VLAN ID/VLL ID:-/-/-
    Protocol:ICMP(1)
Responder:
    Source      IP/port:202.38.1.111/42496
    Destination IP/port:202.38.1.100/0
    DS-Lite tunnel peer:-
    VPN instance/VLAN ID/VLL ID:-/-/-
    Protocol:ICMP(1)
State:ICMP_REPLY
Application:OTHER
Start time:2012-08-16 09:30:49 TTL:27s
Interface(in):GigabitEthernet2/1/1
Interface(out):GigabitEthernet2/1/2
Initiator-〉Responder:5 packets 420 bytes
Responder-〉Initiator:5 packets 420 bytes
Total sessions found:1
```

(2) 外网用户通过外网地址访问内网服务器

① 配置步骤。

a. 按照组网图配置各接口的 IP 地址，具体配置过程略。

b. 进入接口 GigabitEthernet 2/1/2。

```
〈Router〉system-view
[Router]interface gigabitethernet 2/1/2
```

c. 配置内部 FTP 服务器，允许外网主机使用地址 202.38.1.1、端口号 21 访问内网 FTP 服务器。

```
[Router-GigabitEthernet2/1/2]nat server protocol tcp global 202.38.1.1 21 inside 10.110.10.3 ftp
```

d. 配置内部 Web 服务器 1，允许外网主机使用地址 202.38.1.1、端口号 80 访问内网 Web 服务器 1。

[Router-GigabitEthernet2/1/2]nat server protocol tcp global 202.38.1.1 80 inside 10.110.10.1 http

e. 配置内部 Web 服务器 2，允许外网主机使用地址 202.38.1.1、端口号 8080 访问内网 Web 服务器 2。

[Router-GigabitEthernet2/1/2]nat server protocol tcp global 202.38.1.1 8080 inside 10.110.10.2 http

f. 配置内部 SMTP 服务器，允许外网主机使用地址 202.38.1.1 以及 SMTP 协议定义的端口访问内网 SMTP 服务器。

[Router-GigabitEthernet2/1/2]nat server protocol tcp global 202.38.1.1 smtp inside 10.110.10.4 smtp
[Router-GigabitEthernet2/1/2]quit

② 验证配置

a. 以上配置完成后，外网 Host 能够通过 NAT 地址访问各内网服务器。通过查看如下显示信息，可以验证以上配置成功。

```
[Router]display nat all
NAT internal server information:
    There are 4 internal servers.
    Interface: GigabitEthernet2/1/2
        Protocol: 6(TCP)
        Global    IP/port: 202.38.1.1/21
        Local     IP/port: 10.110.10.3/21

    Interface: GigabitEthernet2/1/2
        Protocol: 6(TCP)
        Global    IP/port: 202.38.1.1/25
        Local     IP/port: 10.110.10.4/25
    Interface: GigabitEthernet2/1/2
        Protocol: 6(TCP)
        Global    IP/port: 202.38.1.1/80
        Local     IP/port: 10.110.10.1/80
    Interface: GigabitEthernet2/1/2
        Protocol: 6(TCP)
        Global    IP/port: 202.38.1.1/8080
        Local     IP/port: 10.110.10.2/80
    NAT logging:
        Log enable              : Disabled
        Flow-begin              : Disabled
        Flow-end                : Disabled
        Flow-active             : Disabled
        Port-block-assign       : Disabled
        Port-block-withdraw     : Disabled
        Alarm                   : Disabled
```

```
    NAT mapping behavior:
      Mapping mode:Address and Port-Dependent
      ACL              :---
    NAT ALG:
      DNS              :Enabled
      FTP              :Enabled
      H323             :Enabled
      ICMP-ERROR       :Enabled
      ILS              :Enabled
      MGCP             :Enabled
      NBT              :Enabled
      PPTP             :Enabled
      RTSP             :Enabled
      RSH              :Enabled
      SCCP             :Enabled
      SIP              :Enabled
      SQLNET           :Enabled
      TFTP             :Enabled
      XDMCP            :Enabled
```

b. 通过以下显示命令，可以看到 Host 访问 FTP server 时生成 NAT 会话信息。

```
[Router]display nat session verbose
Initiator:
    Source      IP/port:202.38.1.10/1694
    Destination IP/port:202.38.1.1/21
    DS-Lite tunnel peer:-
    VPN instance/VLAN ID/VLL ID:-/-/-
    Protocol:TCP(6)
Responder:
    Source      IP/port:10.110.10.3/21
    Destination IP/port:202.38.1.10/1694
    DS-Lite tunnel peer:-
    VPN instance/VLAN ID/VLL ID:-/-/-
    Protocol:TCP(6)
State:TCP_ESTABLISHED
Application:FTP
Start time:2012-08-15 14:53:29 TTL:3597s
Interface(in):GigabitEthernet2/1/2
Interface(out):GigabitEthernet2/1/1
Initiator->Responder:7 packets 08 bytes
Responder->Initiator:5 packets 312 bytes
Total sessions found:1
```

(3) NAT444 端口块动态映射配置

① 配置步骤。

a. 按照组网图配置各接口的 IP 地址，具体配置过程略。

b. 配置地址组 0，包含两个外网地址 202.38.1.2 和 202.38.1.3，外网地址的端口范围为 1024～65535，端口块大小为 300，增量端口块数为 1。

```
<Router> system-view
[Router]nat address-group 0
[Router-address-group-0]address 202.38.1.2 202.38.1.3
[Router-address-group-0]port-range 1024 65535
[Router-address-group-0]port-block block-size 300 extended-block-number 1
[Router-address-group-0]quit
```

c. 配置 ACL 2000，仅允许对内部网络中 192.168.1.0/24 网段的用户报文进行地址转换。

```
[Router]acl number 2000
[Router-acl-basic-2000]rule permit source 192.168.1.0 0.0.0.255
[Router-acl-basic-2000]quit
```

d. 在接口 GigabitEthernet 2/1/2 上配置出方向动态地址转换，允许使用地址组 0 中的地址对匹配 ACL 2000 的报文进行源地址转换，并在转换过程中使用端口信息。

```
[Router]interface gigabitethernet 2/1/2
[Router-GigabitEthernet2/1/2]nat outbound 2000 address-group 0
[Router-GigabitEthernet2/1/2]quit
```

② 验证配置。

a. 以上配置完成后，Host A 能够访问外网服务器，Host B 和 Host C 无法访问外网服务器。通过查看如下显示信息，可以验证以上配置成功。

```
[Router]display nat all
NAT address group information:
    There are 1 NAT address groups.
    Address group 0:
        Port range:1024-65535
        Port block size:300
        Extended block number:1
        Address information:
            Start address        End address
            202.38.1.2           202.38.1.3
NAT outbound information:
    There are 1 NAT outbound rules.
    Interface:GigabitEthernet2/1/2
        ACL:2000            Address group:0
        Port-preserved:N
        NO-PAT:N            Reversible:N
```

```
NAT logging：
    Log enable              :Disabled
    Flow-begin              :Disabled
    Flow-end                :Disabled
    Flow-active             :Disabled
    Port-block-assign       :Disabled
    Port-block-withdraw     :Disabled
    Alarm                   :Disabled
NAT mapping behavior：
    Mapping mode:Address and Port-Dependent
    ACL                     :---
NAT ALG：
    DNS                     :Enabled
    FTP                     :Enabled
    H323                    :Enabled
    ICMP-ERROR：            Enabled
    ILS                     :Enabled
    MGCP                    :Enabled
    NBT                     :Enabled
    PPTP                    :Enabled
    RSH                     :Enabled
    RTSP                    :Enabled
    SCCP                    :Enabled
    SIP                     :Enabled
    SQLNET                  :Enabled
    TFTP                    :Enabled
    XDMCP                   :Enabled
```

b. 通过以下显示命令，可以看到系统当前可分配的动态端口块总数和已分配的动态端口块个数。

```
[Router]display nat statistics
    Total session entries:0
    Total EIM entries:0
    Total inbound NO-PAT entries:0
    Total outbound NO-PAT entries:0
    Total static port block entries:0
    Total dynamic port block entries:430
    Active static port block entries:0
    Active dynamic port block entries:1
```

4.2.6 课后习题

1. NAT 技术叫做（　　）。
   A. 网络地址转化　　　　　　　　B. 访问控制列表
   C. 最短路径优先　　　　　　　　D. 以上都不是

2. NAT 技术产生的目的描述正确的是（   ）。

A. 为了隐藏局域网内部服务器的真实 IP 地址

B. 为了缓解 IP 地址空间枯竭的速度

C. IPv4 向 IPv6 过渡时期的手段

D. 一项专有技术，为了增加网络的可用率而开发

3. 将内部地址映射到外部网络的一个 IP 地址的不同端口上的技术是（   ）。

A. 静态 NAT   B. 动态 NAT

C. NAPT   D. 一对一映射

4. 以下 NAT 技术中，不允许外网主机主动对内网主机发起连接的是（   ）。

A. Basic NAT   B. NAPT

C. Easy IP   D. NAT Server

5. 在配置 NAT 时，（   ）确定了哪些内网主机的地址将被转换。

A. 地址池   B. NAT Table

C. ACL   D. 配置 NAT 的接口

6. 地址池 2 的地址范围为 202.101.10.7～202.101.10.15，以下（   ）命令在接口 Serial1/0 上配置了 NAT，使 ACL 2001 匹配的地址被转换成地址池 2 内的地址。

A. nat outbound 2001 address-group 2

B. nat outbound 2001 address-group 2 202.101.10.7 202.101.10.15

C. nat outbound acl 2001 address-group 2

D. nat outbound acl 2001 address-group 2 202.101.10.7 202.101.10.15

7. 校园网络中，一般在出口路由器上配置（   ）技术来实现局域网主机访问 Internet。

A. Basic NAT   B. NAPT

C. Easy IP   D. NAT Server

8. 家庭网络中，在无线路由器上一般采用（   ）技术来实现家中电脑能访问 Internet 服务。

A. Basic NAT   B. NAPT

C. Easy IP   D. NAT Server

记一记：

任务 4.3 广域网技术 PPP

4.3.1 任务目标

PPP（Point-to-Point Protocol，点对点协议）是一种点对点的链路层协议。它能够提供用户认证，易于扩充，并且支持同/异步通信。是目前家庭、办公等小型网络访问广域网的广泛应用的用户认证方式。

需解决问题
1. 掌握 PPP 协议的原理和特点。
2. 掌握 PPP 协议的协商过程。
3. 掌握 PPP 协议两种验证方法。
4. 掌握 PPP 协议的配置。
5. 掌握 PPP MP 的实现及配置。
6. 熟悉 PPP 协议的维护命令及方法。

4.3.2 技术准备

4.3.2.1 理论知识

PPP 定义了一整套协议，包括：

① 链路控制协议（Link Control Protocol，LCP）：用来建立、拆除和监控数据链路。

② 网络控制协议（Network Control Protocol，NCP）：用来协商在数据链路上所传输的网络层报文的一些属性和类型。

③ 认证协议：用来对用户进行认证，包括 PAP（Password Authentication Protocol，密码认证协议）、CHAP（Challenge Handshake Authentication Protocol，质询握手认证协议）、MS-CHAP（Microsoft CHAP，微软 CHAP 协议）和 MS-CHAP-V2（Microsoft CHAP Version 2）。

（1）PPP 链路建立过程

PPP 链路建立过程如图 4-9 所示。

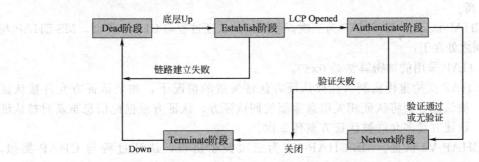

图 4-9 PPP 链路建立过程

① PPP 初始状态为不活动（Dead）状态，当物理层 Up 后，PPP 会进入链路建立（Establish）阶段。

② PPP 在 Establish 阶段主要进行 LCP 协商。LCP 协商内容包括：Authentication-Protocol（认证协议类型）、ACCM（Async-Control-Character-Map，异步控制字符映射表）、MRU（Maximum-Receive-Unit，最大接收单元）、Magic-Number（魔术字）、PFC（Protocol-Field-Compression，协议字段压缩）、ACFC（Address-and-Control-Field-Compression，地址控制字段压缩）、MP 等选项。如果 LCP 协商失败，LCP 会上报 Fail 事件，PPP 回到 Dead 状态；如果 LCP 协商成功，LCP 进入 Opened 状态，LCP 会上报 Up 事件，表示链路已经建立（此时对于网络层而言 PPP 链路还没有建立，还不能够在上面成功传输网络层报文）。

③ 如果配置了认证，则进入 Authenticate 阶段，开始 PAP、CHAP、MS-CHAP 或 MS-CHAP-V2 认证。如果认证失败，LCP 会上报 Fail 事件，进入 Terminate 阶段，拆除链路，LCP 状态转为 Down，PPP 回到 Dead 状态；如果认证成功，LCP 会上报 Success 事件。

④ 如果配置了网络层协议，则进入 Network 协商阶段，进行 NCP 协商（如 IPCP 协商）。如果 NCP 协商成功，链路就会 Up，就可以开始承载协商指定的网络层报文；如果 NCP 协商失败，NCP 会上报 Down 事件，进入 Terminate 阶段（对于 IPCP 协商，如果接口配置了 IP 地址，则进行 IPCP 协商，IPCP 协商通过后，PPP 才可以承载 IP 报文。IPCP 协商内容包括：IP 地址、DNS 服务器地址等）。

⑤ 到此，PPP 链路将一直保持通信，直至有明确的 LCP 或 NCP 消息关闭这条链路，或发生了某些外部事件（例如用户的干预）。

（2）PPP 认证

PPP 提供了在其链路上进行安全认证的手段，使得在 PPP 链路上实施 AAA 变得切实可行。将 PPP 与 AAA 结合，可在 PPP 链路上对对端用户进行认证、计费。

PPP 支持如下认证方式：PAP、CHAP、MS-CHAP、MS-CHAP-V2。

① PAP 认证。PAP 为两次握手协议，它通过用户名和密码来对用户进行认证。

PAP 在网络上以明文的方式传递用户名和密码，认证报文如果在传输过程中被截获，便有可能对网络安全造成威胁。因此，它适用于对网络安全要求相对较低的环境。

② CHAP 认证。CHAP 为三次握手协议。

CHAP 认证过程分为两种方式：认证方配置了用户名、认证方没有配置用户名。推荐使用认证方配置用户名的方式，这样被认证方可以对认证方的身份进行确认。

CHAP 只在网络上传输用户名，并不传输用户密码（准确地讲，它不直接传输用户密码，传输的是用 MD5 算法将用户密码与一个随机报文 ID 一起计算的结果），因此它的安全性要比 PAP 高。

③ MS-CHAP 认证。MS-CHAP 为三次握手协议，认证过程与 CHAP 类似，MS-CHAP 与 CHAP 的不同之处在于：

　　a. MS-CHAP 采用的加密算法是 0x80。

　　b. MS-CHAP 支持重传机制。在被认证方认证失败的情况下，如果认证方允许被认证方进行重传，被认证方会将认证相关信息重新发回认证方，认证方根据此信息重新对被认证方进行认证。认证方最多允许被认证方重传 3 次。

④ MS-CHAP-V2 认证。MS-CHAP-V2 为三次握手协议，认证过程与 CHAP 类似，MS-CHAP-V2 与 CHAP 的不同之处在于：

　　a. MS-CHAP-V2 采用的加密算法是 0x81。

　　b. MS-CHAP-V2 通过报文捎带的方式实现了认证方和被认证方的双向认证。

　　c. MS-CHAP-V2 支持重传机制。在被认证方认证失败的情况下，如果认证方允许被认证方进行重传，被认证方会将认证相关信息重新发回认证方，认证方根据此信息重新对被认证方进行认证。认证方最多允许被认证方重传 3 次。

　　d. MS-CHAP-V2 支持修改密码机制。被认证方由于密码过期导致认证失败时，被认证方会将用户输入的新密码信息发回认证方，认证方根据新密码信息重新进行认证。

（3）MP 简介

　　MP 是 MultiLink PPP 的缩写，是出于增加带宽的考虑，将多个 PPP 链路捆绑使用产生的。MP 会将报文分片（小于最小分片包长时不分片）后，从 MP 链路下的多个 PPP 通道发送到对端，对端将这些分片组装起来传递给网络层处理。

　　MP 主要是增加带宽的作用，除此之外，MP 还有负载分担的作用，这里的负载分担是链路层的负载分担；负载分担从另外一个角度解释就有了备份的作用。同时，MP 的分片可以起到减小传输时延的作用，特别是在一些低速链路上。

　　综上所述，MP 的作用主要是：增加带宽、负载分担、备份、利用分片降低时延。

　　MP 能在任何支持 PPP 封装的接口下工作，如串口、ISDN 的 BRI/PRI 接口等，也包括支持 PPPoX（PPPoE、PPPoA、PPPoFR 等）的虚拟接口，建议用户将同一类的接口捆绑使用，不要将不同类的接口捆绑使用。

（4）PPPoE 简介

　　PPPoE（Point-to-Point Protocol over Ethernet，在以太网上承载 PPP 协议）的提出，解决了 PPP 无法应用于以太网的问题，是对 PPP 的扩展。

　　PPPoE 将 PPP 报文封装在以太网帧之内，在以太网上提供点对点的连接。PPPoE 可以通过一个远端接入设备为以太网上的主机提供互联网接入服务，并对接入的每个主机实现控制、计费功能。由于很好地结合了以太网的经济性及 PPP 良好的可扩展性与管理控制功能，PPPoE 被广泛应用于小区组网等环境中。

　　PPPoE 使用 Client/Server 模型，PPPoE 的客户端为 PPPoE Client，服务器端为 PPPoE Server。PPPoE Client 向 PPPoE Server 发起连接请求，两者之间会话协商通过后，PPPoE Server 向 PPPoE Client 提供接入控制、认证等功能。

　　根据 PPP 会话的起止点所在位置的不同，有两种组网结构。

　　第一种组网结构如图 4-10 所示，在设备之间建立 PPP 会话，所有主机通过同一个 PPP

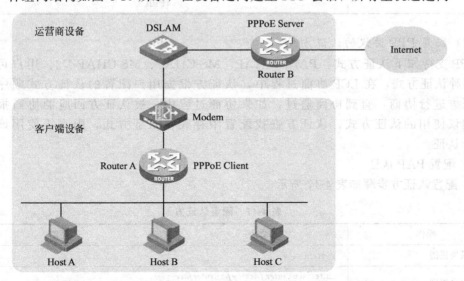

图 4-10　PPPoE 组网结构图 1

会话传送数据，主机上不用安装 PPPoE 客户端拨号软件，一般是一个企业（公司）共用一个账号（图中的 PPPoE Client 位于企业/公司内部，PPPoE Server 是运营商的设备）。

第二种组网结构如图 4-11 所示，PPP 会话建立在 Host 和运营商的路由器之间，为每一个 Host 建立一个 PPP 会话。每个 Host 都是 PPPoE Client，运营商的路由器作为 PPPoE Server。每个 Host 一个账号，方便运营商对用户进行计费和控制。Host 上必须安装 PPPoE 客户端拨号软件。这种组网适用于校园、小区等环境。

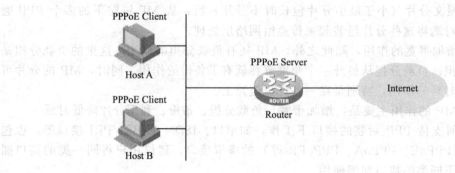

图 4-11 PPPoE 组网结构图 2

4.3.2.2 实践技能

（1）配置接口封装 PPP 协议

配置 PPP 协议必须首先配置接口封装 PPP 协议，配置步骤如表 4-16 所示。

表 4-16 配置接口封装 PPP 协议

操作	命令	说明
进入系统视图	system-view	—
进入接口视图	interface *interface-type interface-number*	—
配置接口封装的链路层协议为 PPP	link-protocol ppp	缺省情况下，除以太网接口、VLAN 接口、ATM 接口外，其他接口封装的链路层协议均为 PPP

（2）配置 PPP 协议的认证方式

PPP 支持如下认证方式：PAP、CHAP、MS-CHAP、MS-CHAP-V2。用户可以同时配置多种认证方式，在 LCP 协商过程中，认证方根据用户配置的认证方式顺序逐一与被认证方进行协商，直到协商通过。如果协商过程中，被认证方回应的协商报文中携带了建议使用的认证方式，认证方查找配置中存在该认证方式，则直接使用该认证方式进行认证。

1) 配置 PAP 认证

① 配置认证方步骤如表 4-17 所示。

表 4-17 配置认证方

操作	命令	说明
进入系统视图	system-view	—
进入接口视图	interface *interface-type interface-number*	—

续表

操作	命令	说明
配置本地认证对端的方式为PAP	ppp authentication-mode pap[[call-in]domain *isp-name*]	缺省情况下,PPP 协议不进行认证

② 配置被认证方步骤如表 4-18 所示。

表 4-18 配置被认证方

操作	命令	说明
进入系统视图	system-view	—
进入接口视图	interface *interface-type interface-number*	—
配置本地被对端以 PAP 方式认证时本地发送的 PAP 用户名和密码	ppp pap local-user *username* password{cipher|simple} *password*	缺省情况下,被对端以 PAP 方式认证时,本地设备发送的用户名和密码均为空

2) 配置 CHAP 认证

CHAP 认证分为两种:认证方配置了用户名和认证方没有配置用户名。

① 认证方配置了用户名步骤如表 4-19 和表 4-20 所示。

② 认证方没有配置用户名步骤如表 4-21 和表 4-22 所示。

表 4-19 配置认证方

操作	命令	说明
进入系统视图	system-view	—
进入接口视图	interface *interface-type interface-number*	—
配置本地认证对端的方式为 CHAP	ppp authentication-mode chap[[call-in]domain *isp-name*]	缺省情况下,PPP 协议不进行认证
配置采用 CHAP 认证时认证方的用户名	ppp chap user *username*	缺省情况下,CHAP 认证的用户名为空 在被认证方上为认证方配置的用户名必须跟此处配置的一致

表 4-20 配置被认证方

操作	命令	说明
进入系统视图	system-view	—
进入接口视图	interface *interface-type interface-number*	—
配置采用 CHAP 认证时被认证方的用户名	ppp chap user *username*	缺省情况下,CHAP 认证的用户名为空 在认证方上为被认证方配置的用户名必须跟此处配置的一致

表 4-21 配置认证方

操作	命令	说明
进入系统视图	system-view	—

操作	命令	说明
进入接口视图	interface *interface-type interface-number*	—
配置本地认证对端的方式为 CHAP	ppp authentication-mode chap[[call-in]domain *isp-name*]	缺省情况下,PPP 协议不进行认证

表 4-22　配置被认证方

操作	命令	说明
进入系统视图	system-view	—
进入接口视图	interface *interface-type interface-number*	—
配置采用 CHAP 认证时被认证方的用户名	ppp chap user *username*	缺省情况下,CHAP 认证的用户名为空 在认证方上为被认证方配置的用户名必须跟此处配置的一致
设置 CHAP 认证密码	ppp chap password{cipher|simple} *password*	缺省情况下,没有配置进行 CHAP 认证时采用的密码 在认证方上为被认证方配置的密码必须跟此处配置的一致

3) 配置 MS-CHAP 或 MS-CHAP-V2 认证

与 CHAP 认证相同,MS-CHAP 和 MS-CHAP-V2 认证也分为两种:认证方配置了用户名和认证方没有配置用户名,配置步骤如表 4-23 和表 4-24 所示。

表 4-23　配置 MS-CHAP 或 MS-CHAP-V2 认证的认证方(认证方配置了用户名)

操作	命令	说明
进入系统视图	system-view	—
进入接口视图	interface *interface-type interface-number*	—
配置本地认证对端的方式为 MS-CHAP 或 MS-CHAP-V2	ppp authentication-mode{ms-chap|ms-chap-v2}[[call-in]domain *isp-name*]	缺省情况下,PPP 协议不进行认证
配置采用 MS-CHAP 或 MS-CHAP-V2 认证时认证方的用户名	ppp chap user *username*	在被认证方上为认证方配置的用户名必须跟此处配置的一致

表 4-24　配置 MS-CHAP 或 MS-CHAP-V2 认证的认证方(认证方没有配置用户名)

操作	命令	说明
进入系统视图	system-view	—
进入接口视图	interface *interface-type interface-number*	—
配置本地认证对端的方式为 MS-CHAP 或 MS-CHAP-V2	ppp authentication-mode{ms-chap|ms-chap-v2}[[call-in]domain *isp-name*]	缺省情况下,PPP 协议不进行认证

配置 MS-CHAP 或 MS-CHAP-V2 认证时需注意:

① 设备只能作为 MS-CHAP 和 MS-CHAP-V2 的认证方来对其他设备进行认证。

② L2TP 环境下仅支持 MS-CHAP 认证，不支持 MS-CHAP-V2 认证。
③ MS-CHAP-V2 认证只有在 RADIUS 认证的方式下，才能支持修改密码机制。

4）配置轮询时间间隔

轮询时间间隔指的是接口发送 keepalive 报文的周期。当接口上封装的链路层协议为 PPP 时，链路层会周期性地向对端发送 keepalive 报文。如果接口在 10 个 keepalive 周期内无法收到对端发来的 keepalive 报文，链路层会认为对端故障，上报链路层 Down。

用户可以通过 timer-hold 命令修改 keepalive 报文轮询的时间间隔。如果将轮询时间间隔配置为 0s，则不发送 keepalive 报文。如表 4-25 所示。

表 4-25 配置轮询时间间隔

操作	命令	说明
进入系统视图	system-view	—
进入接口视图	interface *interface-type interface-number*	—
配置轮询时间间隔	timer-hold *period*	缺省情况下，轮询时间间隔为 10s

在速率非常低的链路上，轮询时间间隔不能配置过小。因为在低速链路上，大报文可能会需要很长的时间才能传送完毕，这样就会延迟 keepalive 报文的发送与接收。而接口如果在 10 个 keepalive 周期之后仍然无法收到对端的 keepalive 报文，它就会认为链路发生故障。如果 keepalive 报文被延迟的时间超过接口的这个限制，链路就会被认为发生故障而被关闭。

5）PPP 配置显示和维护（见表 4-26）

表 4-26 PPP 配置显示和维护

操作	命令
显示地址池的信息	display ip pool[*pool-name*	group *group-name*]
显示虚拟模板接口的相关信息	display interface[virtual-template[*interface-number*]][brief[description|down]]

在完成上述配置后，在任意视图下执行 display 命令可以显示 PPP 和 MP 配置后的运行情况，通过查看显示信息验证配置的效果。

在用户视图下执行 reset 命令可以清除相应接口的统计信息。

4.3.3 任务描述

（1）配置 PAP 单向认证

① 组网需求。如图 4-12 所示，Router A 和 Router B 之间用接口 Serial2/1/0 互联，要求 Router A 用 PAP 方式认证 Router B，Router B 不需要对 Router A 进行认证。

② 组网图。如图 4-12 所示。

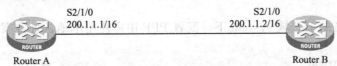

图 4-12 配置 PAP 单向认证组网图

(2) 配置 PAP 双向认证

如图 4-12 所示，Router A 和 Router B 之间用接口 Serial2/1/0 互联，要求 Router A 和 Router B 用 PAP 方式相互认证对方，要求设备 Router A 用 CHAP 方式认证设备 Router B。

(3) 配置 CHAP 单向认证

在图 4-12 中，要求设备 Router A 用 CHAP 方式认证设备 Router B。

4.3.4 任务分析

根据任务要求，查阅配置手册和帮助文档，完成配置任务。

4.3.5 任务实施

(1) 配置 PAP 单向认证步骤

① 配置 Router A。

a. 为 Router B 创建本地用户。

```
<RouterA>system-view
[RouterA]local-user userb class network
```

b. 设置本地用户的密码。

```
[RouterA-luser-network-userb]password simple passb
```

c. 设置本地用户的服务类型为 PPP。

```
[RouterA-luser-network-userb]service-type ppp
[RouterA-luser-network-userb]quit
```

d. 配置接口封装的链路层协议为 PPP（缺省情况下，接口封装的链路层协议为 PPP，此步骤可选）。

```
[RouterA]interface serial 2/1/0
[RouterA-Serial2/1/0]link-protocol ppp
```

e. 配置本地认证 Router B 的方式为 PAP。

```
[RouterA-Serial2/1/0]ppp authentication-mode pap domain system
```

f. 配置接口的 IP 地址。

```
[RouterA-Serial2/1/0]ip address 200.1.1.1 16
[RouterA-Serial2/1/0]quit
```

g. 在系统缺省的 ISP 域 system 下，配置 PPP 用户使用本地认证方案。

```
[RouterA]domain system
[RouterA-isp-system]authentication ppp local
```

② 配置 Router B。

a. 配置接口封装的链路层协议为 PPP（缺省情况下，接口封装的链路层协议为 PPP，此步骤可选）。

〈RouterB〉system-view
[RouterB]interface serial 2/1/0
[RouterB-Serial2/1/0]link-protocol ppp

b. 配置本地被 Router A 以 PAP 方式认证时 Router B 发送的 PAP 用户名和密码。

[RouterB-Serial2/1/0]ppp pap local-user userb password simple passb

c. 配置接口的 IP 地址。

[RouterB-Serial2/1/0]ip address 200.1.1.2 16

③ 验证配置。通过 display interface serial 命令，查看接口 Serial2/1/0 的信息，发现接口的物理层和链路层的状态都是 UP 状态，并且 PPP 的 LCP 和 IPCP 都是 opened 状态，说明链路的 PPP 协商已经成功，并且 Router A 和 Router B 可以互相 Ping 通对方。

[RouterB-Serial2/1/0]display interface serial 2/1/0
Serial2/1/0
Current state:UP
Line protocol state:UP
Description:Serial2/1/0 Interface
Bandwidth:64kbps
Maximum Transmit Unit:1500
Internet Address:200.1.1.2/16 Primary
Link layer protocol:PPP
LCP:opened,IPCP:opened
……
[RouterB-Serial2/1/0]ping 200.1.1.1
Ping 200.1.1.1 (200.1.1.1):56 data bytes,press CTRL_C to break
56 bytes from 200.1.1.1:icmp_seq=0 ttl=128 time=3.197 ms
56 bytes from 200.1.1.1:icmp_seq=1 ttl=128 time=2.594 ms
56 bytes from 200.1.1.1:icmp_seq=2 ttl=128 time=2.739 ms
56 bytes from 200.1.1.1:icmp_seq=3 ttl=128 time=1.738 ms
56 bytes from 200.1.1.1:icmp_seq=4 ttl=128 time=1.744 ms

---Ping statistics for 200.1.1.1---
5 packet(s) transmitted,5 packet(s) received,0.0% packet loss
round-trip min/avg/max/std-dev=1.738/2.402/3.197/0.576 ms

（2）配置 PAP 双向认证步骤

① 配置 Router A。

a. 为 Router B 创建本地用户。

\<RouterA\>system-view
[RouterA]local-user userb class network

b. 设置本地用户的密码。

[RouterA-luser-network-userb]password simple passb

c. 设置本地用户的服务类型为 PPP。

[RouterA-luser-network-userb]service-type ppp
[RouterA-luser-network-userb]quit

d. 配置接口封装的链路层协议为 PPP（缺省情况下，接口封装的链路层协议为 PPP，此步骤可选）。

[RouterA]interface serial 2/1/0
[RouterA-Serial2/1/0]link-protocol ppp

e. 配置本地认证 Router B 的方式为 PAP。

[RouterA-Serial2/1/0]ppp authentication-mode pap domain system

f. 配置本地被 Router B 以 PAP 方式认证时 Router A 发送的 PAP 用户名和密码。

[RouterA-Serial2/1/0]ppp pap local-user usera password simple passa

g. 配置接口的 IP 地址。

[RouterA-Serial2/1/0]ip address 200.1.1.1 16
[RouterA-Serial2/1/0]quit

h. 在系统缺省的 ISP 域 system 下，配置 PPP 用户使用本地认证方案。

[RouterA]domain system
[RouterA-isp-system]authentication ppp local

② 配置 Router B。
a. 为 Router A 创建本地用户。

\<RouterB\>system-view
[RouterB]local-user usera class network

b. 设置本地用户的密码。

[RouterB-luser-network-usera]password simple passa

c. 设置本地用户的服务类型为 PPP。

[RouterB-luser-network-usera]service-type ppp
[RouterB-luser-network-usera]quit

　　d. 配置接口封装的链路层协议为PPP（缺省情况下，接口封装的链路层协议为PPP，此步骤可选）。

[RouterB]interface serial 2/1/0
[RouterB-Serial2/1/0]link-protocol ppp

　　e. 配置本地认证Router A的方式为PAP。

[RouterB-Serial2/1/0]ppp authentication-mode pap domain system

　　f. 配置本地被Router A以PAP方式认证时Router B发送的PAP用户名和密码。

[RouterB-Serial2/1/0]ppp pap local-user userb password simple passb

　　g. 配置接口的IP地址。

[RouterB-Serial2/1/0]ip address 200.1.1.2 16
[RouterB-Serial2/1/0]quit

　　h. 在系统缺省的ISP域system下，配置PPP用户使用本地认证方案。

[RouterB]domain system
[RouterB-isp-system]authentication ppp local

　　③ 验证配置。通过display interface serial命令，查看接口Serial2/1/0的信息，发现接口的物理层和链路层的状态都是UP状态，并且PPP的LCP和IPCP都是opened状态，说明链路的PPP协商已经成功，并且Router A和Router B可以互相Ping通对方。

[RouterB-isp-system]display interface serial 2/1/0
Serial 2/1/0
Current state:UP
Line protocol state:UP
Description:Serial 2/1/0 Interface
Bandwidth:64kbps
Maximum Transmit Unit:1500
Internet Address:200.1.1.2/16 Primary
Link layer protocol:PPP
LCP opened,IPCP opened
……
[RouterB-isp-system]ping 200.1.1.1
Ping 200.1.1.1 (200.1.1.1):56 data bytes,press CTRL_C to break
56 bytes from 200.1.1.1:icmp_seq=0 ttl=128 time=3.197 ms
56 bytes from 200.1.1.1:icmp_seq=1 ttl=128 time=2.594 ms
56 bytes from 200.1.1.1:icmp_seq=2 ttl=128 time=2.739 ms
56 bytes from 200.1.1.1:icmp_seq=3 ttl=128 time=1.738 ms

56 bytes from 200.1.1.1:icmp_seq=4 ttl=128 time=1.744 ms

---Ping statistics for 200.1.1.1---
5 packet(s) transmitted,5 packet(s) received,0.0% packet loss
round-trip min/avg/max/std-dev=1.738/2.402/3.197/0.576 ms

(3) 配置 CHAP 单向认证
1) 配置方法一
① 配置 Router A。
a. 为 Router B 创建本地用户。

〈RouterA〉system-view
[RouterA]local-user userb class network

b. 设置本地用户的密码。

[RouterA-luser-network-userb]password simple hello

c. 设置本地用户的服务类型为 PPP。

[RouterA-luser-network-userb]service-type ppp
[RouterA-luser-network-userb]quit

d. 配置接口封装的链路层协议为 PPP（缺省情况下，接口封装的链路层协议为 PPP，此步骤可选）。

[RouterA]interface serial 2/1/0
[RouterA-Serial2/1/0]link-protocol ppp

e. 配置采用 CHAP 认证时 Router A 的用户名。

[RouterA-Serial2/1/0]ppp chap user usera

f. 配置本地认证 Router B 的方式为 CHAP。

[RouterA-Serial2/1/0]ppp authentication-mode chap domain system

g. 配置接口的 IP 地址。

[RouterA-Serial2/1/0]ip address 200.1.1.1 16
[RouterA-Serial2/1/0]quit

h. 在系统缺省的 ISP 域 system 下，配置 PPP 用户使用本地认证方案。

[RouterA]domain system
[RouterA-isp-system]authentication ppp local

② 配置 Router B。
a. 为 Router A 创建本地用户。

〈RouterB〉system-view
[RouterB]local-user usera class network

b. 设置本地用户的密码。

[RouterB-luser-network-usera]password simple hello

c. 设置本地用户的服务类型为 PPP。

[RouterB-luser-network-usera]service-type ppp
[RouterB-luser-network-usera]quit

d. 配置接口封装的链路层协议为 PPP（缺省情况下，接口封装的链路层协议为 PPP，此步骤可选）。

[RouterB]interface serial 2/1/0
[RouterB-Serial2/1/0]link-protocol ppp

e. 配置采用 CHAP 认证时 Router B 的用户名。

[RouterB-Serial2/1/0]ppp chap user userb

f. 配置接口的 IP 地址。

[RouterB-Serial2/1/0]ip address 200.1.1.2 16

2）配置方法二（以 CHAP 方式认证对端时，认证方没有配置用户名）
① 配置 Router A。
a. 为 Router B 创建本地用户。

〈RouterA〉system-view
[RouterA]local-user userb class network

b. 设置本地用户的密码。

[RouterA-luser-network-userb]password simple hello

c. 设置本地用户的服务类型为 PPP。

[RouterA-luser-network-userb]service-type ppp
[RouterA-luser-network-userb]quit

d. 配置本地认证 Router B 的方式为 CHAP。

[RouterA]interface serial 2/1/0
[RouterA-Serial2/1/0]ppp authentication-mode chap domain system

e. 配置接口的 IP 地址。

[RouterA-Serial2/1/0]ip address 200.1.1.1 16
[RouterA-Serial2/1/0]quit

f. 在系统缺省的 ISP 域 system 下，配置 PPP 用户使用本地认证方案。

[RouterA]domain system
[RouterA-isp-system]authentication ppp local

② 配置 Router B。
a. 配置采用 CHAP 认证时 Router B 的用户名。

〈RouterB〉system-view
[RouterB]interface serial 2/1/0
[RouterB-Serial2/1/0]ppp chap user userb

b. 设置缺省的 CHAP 认证密码。

[RouterB-Serial2/1/0]ppp chap password simple hello

c. 配置接口的 IP 地址。

[RouterB-Serial2/1/0]ip address 200.1.1.2 16

③ 验证配置。通过 display interface serial 命令，查看接口 Serial2/1/0 的信息，发现接口的物理层和链路层的状态都是 UP 状态，并且 PPP 的 LCP 和 IPCP 都是 opened 状态，说明链路的 PPP 协商已经成功，并且 Router A 和 Router B 可以互相 Ping 通对方。

[RouterB-Serial2/1/0]display interface serial 2/1/0
Serial2/1/0
Current state：UP
Line protocol state：UP
Description：Serial2/1/0 Interface
Bandwidth：64kbps
Maximum Transmit Unit：1500
Internet Address：200.1.1.2/16 Primary
Link layer protocol：PPP
LCP opened，IPCP opened
……
[RouterB-Serial2/1/0]ping 200.1.1.1
Ping 200.1.1.1 (200.1.1.1)：56 data bytes，press CTRL_C to break
56 bytes from 200.1.1.1：icmp_seq=0 ttl=128 time=3.197 ms
56 bytes from 200.1.1.1：icmp_seq=1 ttl=128 time=2.594 ms

```
56 bytes from 200.1.1.1:icmp_seq=2 ttl=128 time=2.739 ms
56 bytes from 200.1.1.1:icmp_seq=3 ttl=128 time=1.738 ms
56 bytes from 200.1.1.1:icmp_seq=4 ttl=128 time=1.744 ms

---Ping statistics for 200.1.1.1---
5 packet(s) transmitted,5 packet(s) received,0.0% packet loss
round-trip min/avg/max/std-dev = 1.738/2.402/3.197/0.576 ms
```

4.3.6 课后习题

1. 下面有关 PPP 协议说法正确的是（　　）。
   A. PPP 协议支持同步和异步线路　　　B. PPP 协议支持验证
   C. PPP 协议支持 IP 地址协商　　　　　D. 以上说法都正确
2. PPP PAP 认证要通过（　　）次握手来完成。
   A. 两　　　　B. 三　　　　C. 四　　　　D. 都可以
3. 如果数据帧在传输的过程中进行了纠错，那么就不是透明传输（　　）。
   A. 正确　　　B. 错误
4. 相比于同步传输，异步传输的数据链路传输效率更高（　　）。
   A. 正确　　　B. 错误
5. PPP PAP 认证时，被认证方需要向主认证方发送（　　）提出认证申请。
   A. 用户名　　　　　　　　　　　　　B. 密码
   C. 用户名＋密码　　　　　　　　　　D. 以上都可以
6. PPP PAP 认证时发送的密码是密文的（　　）。
   A. 正确　　　B. 错误
7. PAP 认证中，主认证方和被认证方都需要配置 ppp authentication-mode pap（　　）。
   A. 正确　　　B. 错误
8. PAP 认证中，（　　）需要 [H3C-Serial1/0]ppp pap local-user username password {cipher|simple} password 命令。
   A. 主认证方　　　　　　　　　　　　B. 被认证方
   C. 主、被认证方都需要　　　　　　　D. 哪一方都不需要
9. （　　）更适合链路多变的广域网环境，还能提供一定的安全性。
   A. HDLC　　　B. PPP　　　C. Ethernet　　　D. WLAN
10. CHAP 是由（　　）发起的认证请求。
    A. 主认证方　　B. 被认证方　　C. 双方均可以　　D. 双方均不可以
11. CHAP 认证过程中在链路上传送的是（　　）。
    A. 用户名　　B. 用户名＋密码　　C. 密码　　D. 以上都可以
12. CHAP 认证过程中传送的是密文密码（　　）。
    A. 正确　　　B. 错误
13. CHAP 认证在认证的过程中不需要密码（　　）。
    A. 正确　　　B. 错误
14. PPP CHAP 认证要通过（　　）次握手来完成。
    A. 两　　　　B. 三　　　　C. 四　　　　D. 都不对

记一记：

项目 5 网络设备的管理

在网络工程的实施过程中，当网络中的设备完成了功能性配置后，就需要为网络设备管理进行相应的配置，这里我们为了工程人员能够进行远程设备信息查询、故障排除以及操作系统的升级等，方便后续网络的运行与维护，详细介绍网络设备的远程访问技术以及网络设备的文件管理，要求掌握最基本的设备管理技能。

项目 5 包括如下 2 个训练任务：

任务 5.1 网络设备远程访问管理；

任务 5.2 网络设备文件管理。

任务 5.1 通过介绍 H3C 交换机或是路由器的远程访问方法，使学生掌握 Telnet 和 SSH 等远程登录技术的原理以及基本配置，实现 H3C 网络设备的远程访问管理。

任务 5.2 通过介绍 H3C 网络设备文件系统的管理操作以及配置 FTP 服务器，使学生掌握网络设备的文件管理。

通过以上两个任务的理论学习与技能训练，使学生掌握网络设备的远程访问与文件管理的配置，方便管理员进行网络维护与设备设计。

任务 5.1　网络设备远程访问管理

为了解决网络应用问题，人们开发了各种各样的应用层协议。Telnet 是一种最常用的网络设备远程访问技术。用户可以使用 Telnet 远程登录到支持 Telnet 服务的任意网络设备，从而实现远程配置、维护等工作，从而节省网络管理维护成本，所以得到了广泛的应用。

需解决问题
1. 理解 Telnet 工作过程。
2. 掌握 Telnet 远程配置命令。

5.1.1　任务目标

3A 网络技术有限公司在组建校园网络工程中，已经完成了各设备的功能性配置，完成了交换网络、路由功能以及网络安全等功能实现。根据校园网络需求，要求网络中的核心设备能够实现远程访问，以方便网络管理员对网络的日常维护，3A 网络公司的技术人员需要对此需求进行设备配置。

5.1.2　技术准备

5.1.2.1　理论知识

（1）Telnet 概述

Telnet（Telecommunication Network Protocol，远程通信网络协议）起源于 ARPANET，是最古老的 Internet 应用之一。Telnet 给用户提供了一种终端通过网络远程登录服务器的方式。

Telnet 使用 TCP 为传输层协议，使用端口号 23 来用于主机或终端之间远程连接并进行数据交互。Telnet 协议采用客户机/服务器模式，使用户的本地计算机能够与远程计算机连接，成为远程主机的一个终端，从而允许用户登录到远程主机系统进行操作。

网络设备可以作为 Telnet 服务器，为用户提供远程登录服务。在这种连接模式下，用户通过一台作为 Telnet 客户端的计算机直接对网络设备发起 Telnet 登录，登录成功后即可对设备进行操作配置。

使用 Telnet 方式有一些先决条件。首先，客户端与网络设备（服务器）之间必须具备 IP 可达性，这意味着网络设备和客户端必须配置了 IP 地址，并且其中间网络必须具备正确的路由；其次，出于安全性考虑，网络设备必须配置一定的 Telnet 验证信息，包括用户名、口令等；另外，中间网络还必须允许 TCP 和 Telnet 协议报文通过，而不能禁止。当然，网络设备也可以作为 Telnet 客户端登录到其他网络设备上。

（2）Telnet 工作过程

当用户通过 Telnet 登录远程计算机或是网络设备时，实际上启动了两个程序：一个是 Telnet 客户端程序，它运行在用户的本地计算机上；另一个是 Telnet 服务器端程序，它运行在要登录的远程计算机或是网络设备上。因此，在远程登录过程中，用户的本地计算机是一个客户端，而提供服务的远程计算机或是网络设备则是一个服务器。

客户端与服务器间的 Telnet 远程登录包含以下交互过程。

① Telnet 客户端通过 IP 地址或域名与远程 Telnet 服务器端程序建立连接。该过程实际上是在客户端与服务器之间建立一个 TCP 连接，服务器端程序所侦听的端口号是 23。

② 系统将客户端上输入的命令或字符通过网络传送到服务端。包括登录用户名、口令及以后输入的任何命令或字符，都以 IP 报文的形式进行传送。

③ 服务器端将输出的数据转化为客户端所能接收的格式送回客户端，包括输入命令回显和命令执行结果。

④ 客户端发送命令对 TCP 连接进行断开，远程登录结束。

（3）Telnet 服务器配置

在对服务器端路由器或是交换机进行远程登录前，必须对设备进行配置。第一次对设备做配置时，必须通过 Console 口进行本地配置。这里讲解 Telnet 远程登录路由器的基本配置。交换机的相关配置非常近似。

1）启动 Telnet 服务

默认情况下，交换机和路由器的 Telnet 服务器功能是关闭的，若要实现远程登录到设备上，必须先开启 Telnet 服务器功能。在系统视图下启动 Telnet 服务。

[H3C] telnet server enable

2）配置与网络相连端口的 IP 地址

Telnet 客户端与 Telnet 服务器能够进行信息交互的前提是客户端与服务器间网络互通，因此在网络设备上至少配置一个 IP 地址，以便提供 IP 连通性。在接口视图下配置接口 IP 地址。

[H3C-GigabitEthernet0/0] ip address *ip-address* {*mask* | *mask-length*}

3）进入 VTY 用户界面视图

对于 Telnet 访问，使用 VTY 用户界面。在系统视图下进入 VTY 用户界面。

[H3C] line vty *first-num* [*last-num*]

参数 *first-num* 为开始线路编号，*last-num* 为结束线路编号。在 H3C 设备中，*first-num* 为 0，*last-num* 一般为 63，这表示该设备允许同时 64 个虚拟终端远程登录到设备上进行远程访问。第一个登录的远程用户为 VTY 0，第二个为 VTY 1，以此类推。此处可以选择要配置的 VTY 编号，但在该命令中一般会将设备所允许的虚拟终端同时进行配置，即命令为 [H3C] line vty 0 63，将所有虚拟终端属性设置相同。

4）设置 VTY 验证方式

在 VTY 用户界面视图下，配置 VTY 用户验证方式。

[H3C-line-vty0-63] authentication-mode {none | password | scheme}

这里有三种认证方式可以选择，关键字 none 表示不验证；password 表示使用单纯的密码验证方法，登录时只需要输入密码；scheme 表示使用用户名＋密码验证方法，登录时须输入用户名及其密码。

默认情况下，使用 VTY 用户界面登录的用户的认证方式是 password。可以在用户界面下配置认证方式，以提高访问网络设备的安全性。

5）绑定 VTY 用户所使用的协议

在 VTY 用户视图下，配置用户所使用的协议。

[H3C-line-vty0-63] protocol inbound {telnet | ssh | all}

VTY 用户支持 Telnet 和 SSH 两种协议，也可以设置成同时支持两种协议。

6) 设置 VTY 用户级别

［H3C-line-vty0-63］user-role *role-name*

参数 *role-name* 的用户角色有很多，主要有 network-admin、network-operator 和 level-*n*（*n*＝0～15）。每一种用户角色对应不同的用户权限。network-admin 用户角色具有最高权限，可操作系统所有的功能和资源；network-operator 用户角色可执行与系统所有的功能和资源相关的 display 命令，display history-command all 除外；level-*n*（*n*＝0～15），level-0～level-14 可以由管理员为其配置权限，其中 level-0、level-1 和 level-9 有缺省用户权限，level-15 的用户权限和 network-admin 相同，管理员无法对其进行配置。

7) 配置用户验证信息

用户选择不同的验证模式，则需要配置不同的用户验证信息。

① password 认证模式。如果选择了 password 验证方法，则需要在 VTY 用户视图下配置一个验证密码。

［H3C-line-vty0-63］set authentication password｛hash｜simple｝*password*

hash 表示配置文件输出显示为密文密码，而 simple 表示配置文件输出显示为明文密码。

② Scheme 认证模式。如果采用 Scheme 认证模式，则系统采用本地用户数据库中的用户信息进行校验，因此需要配置本地用户名、密码和用户角色等信息，用户服务类型选择 Telnet，表示此用户用于 Telnet 远程访问验证使用。

在系统视图下，配置本地用户名，进入本地用户管理视图。

［H3C］local-user *username*

在本地用户管理视图下，配置该用户的登录密码。

［H3C-luser-manage-xxx］password｛hash｜simple｝*password*

在本地用户管理视图下，配置该用户的服务类型。

［H3C-luser-manage-xxx］service-type｛ssh｜telnet｜terminal｝

默认情况下，在设备上没有配置用户的服务类型。当使用 VTY 用户界面登录时，服务类型需要配置为 Telnet 或 SSH；当使用 Console 或者 Aux 用户界面登录时，服务类型需要配置为 terminal。

在本地用户管理视图下，配置用户的用户角色。

［H3C-luser-manage-xxx］authorization-attribute user-role *role-name*

这里需要指出，当本地用户的用户级别与其登录时所用用户界面中的用户级别不同时，系统优先采用前者作为登录后的实际用户级别。

（4）Telnet 客户端配置

当 H3C 交换机和路由器作为 Telnet 客户端时，只需要进行相应配置实现与 Telnet 服务器的 IP 连通性。在用户视图下远程登录 Telnet 服务器。

〈H3C〉telnet *ip-address*

其中，参数 *ip-address* 是 Telnet 服务器的 IP 地址。

当 PC 作为 Telnet 客户端时，需要依次打开【控制面板】→【程序】→【程序和功能】→【打开或关闭 Windows 功能】，打开【Windows 功能】对话框，选中 Telnet 客户端，如图5-1所示，开启 PC 的 Telnet 客户端功能。

当 PC 与 Telnet 服务器网络互通后，即可在 DOS 命令窗口访问 Telnet 服务器。

C：\Users\Administrator〉telnet *ip-address*

5.1.2.2 实践技能

网络管理员小张近日在外出差，今日接到单位电话，说单位网络出现了故障，要小张想

项目 5 网络设备的管理

图 5-1 开启 Telnet 客户端

办法解决。小张想来想去，只能通过 Telnet 方式远程登录到单位的网络设备上，于是要同事将网络设备都配置成 Telnet 服务器。网络拓扑结构如图 5-2 所示。

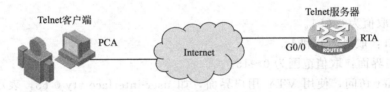

图 5-2 网络拓扑结构图

小张同事对此任务进行分析，提出三个解决方案，具体实施如下。

（1）配置 Telnet 的用户名＋密码认证访问

第 1 步：配置 H3C 路由器。

H3C 路由器配置为 Telnet 服务器，若采用用户名＋密码认证访问时主要包括以下四个方面的设置：①配置接口 IP，用于 Telnet 登录；②开启 Telnet 服务；③建立用于 Telnet 登录的用户；④设置用户访问界面。具体配置如下所示。

```
<H3C>system-view
[H3C]sysname Server
[Server]interface GigabitEthernet 0/0
[Server-GigabitEthernet0/0]ip address 192.168.10.254 24      //配置 Telnet 登录 IP 地址
[Server-GigabitEthernet0/0]quit
[Server]telnet server enable                                  //开启 Telnet 服务
[Server]local-user h3c                                        //建立名为 h3c 的用户
[Server-luser-admin]password simple 123456                    //该用户密码为 123456
[Server-luser-admin]service-type telnet                       //该用户用于 Telnet 访问
[Server-luser-admin]authorization-attribute user-role network-admin
                                                              //该用户级别为网络管理员,最高级别
[Server]user-interface vty 0 63                               //进入用户访问界面
```

207

```
[Server-ui-vty0-63]authentication-mode scheme          //用户的认证模式为用户名+密码
[Server-ui-vty0-63]protocol inbound telnet             //协议绑定为 Telnet
[Server-ui-vty0-63]user-role network-admin             //用户访问时的用户级别
[Server-ui-vty0-63]terminal type vt100                 //用户终端类型为 vt100
[Server-ui-vty0-63]idle-timeout 20                     //配置用户连接的超时时间
[Server-ui-vty0-63]history-command max-size 15         //配置最大历史命令条数
[Server-ui-vty0-63]quit
```

补充命令注释：

① password {cipher | simple} *password*：在用户视图下，设置用户认证用的密码。

cipher：配置文件输出显示为密文密码。

simple：配置文件输出显示为明文密码。

② service type {ssh|telnet|terminal}：在用户视图下，设置用户可以使用的服务类型。

当使用 VTY 用户界面用户登录时，服务类型需要配置为 telnet 或 ssh；当使用 Console 或者 Aux 用户界面用户登录时，服务类型需要配置为 terminal。

③ authorization-attribute user-role *level*：在用户视图下，设置用户的访问级别。最小值为 *level* 0，最大值为 *level* 15，数值越大，用户的级别越高。

④ user-interface {aux|console|vty} *first-num*[*last-num*]：在 H3C 设备上进入用户界面配置视图。

Aux 口：取值为 0 和 1。

Console 口：取值为 0 和 1。

VTY 用户界面：取值范围为 0~15。

对于 Telnet 访问，使用 VTY 用户界面，如 user-interface vty 0 63，表示同时允许 64 个用户登录设备。

⑤ protocol inbound {all|ssh|telnet}：配置所在用户界面支持的协议。默认情况下，用户界面支持所有的协议。

all：支持所有的协议，包括 Telnet 和 SSH。

ssh：支持 SSH 协议。

telnet：支持 Telnet 协议。

⑥ authentication-mode {scheme|password|none}：配置用户的认证方式。

可以在用户界面下配置认证方式，以实现访问 H3C 设备的安全性。H3C 设备支持的认证方式有 3 种：

• none：用户在登录 H3C 设备时，不需要用户名和密码。使用命令 authentication-mode none。

• password：用户在登录 H3C 设备时，只需要密码认证。使用命令 authentication-mode password。同时还需要设置访问时认证用的密码，命令为 set authentication password {cipher | simple} password。

• scheme：用户在登录 H3C 设备时，必须输入用户名和密码。使用命令 authentication-mode scheme。

⑦ terminal type {ansi | vt100}：配置用户界面下的终端显示类型。

默认情况下，终端显示类型为 ANSI。

H3C 设备支持两种终端显示类型：ANSI 和 VT100。

当 H3C 设备的终端类型与访问客户端的终端类型不一致，或者都设置为 ANSI，并且当前编辑的命令行的总字符超过 80 个字符时，访问的客户端会出现光标错位、终端屏幕不能正常显示的现象。因此建议两端都设置为 VT100 类型。

⑧ idle-timeout minutes[seconds]：配置用户连接的超时时间。默认情况下，用户连接的超时时间为 10min。当超时时间设置为 0 时，表示关闭 H3C 设备的超时断开连接功能，用户的连接将永不超时。

第 2 步：通过 PC 上的 Telnet 客户端访问 H3C 路由器。

① 配置 PC 的 IP 地址为 192.168.10.1，子网掩码为 255.255.255.0，通过 Ping 命令测试 PC 与路由器的连通性。

② 在命令行视图下，通过 Telnet 远程登录到 H3C 路由器。

```
C:\Documents and Settings\Administrator>telnet 192.168.10.254
Trying 192.168.10.254 ...
Press CTRL+K to abort
Connected to 192.168.10.254. ...
******************************************************************
* Copyright (c) 2004-2007 Hangzhou H3C Tech. Co.,Ltd. All rights reserved.    *
* Without the owner's prior written consent,                                  *
* no decompiling or reverse-engineering shall be allowed.                     *
******************************************************************
Login authentication
Username:h3c                                                      //输入用户名 h3c
Password:*****                                                    //输入密码
<Server>
```

当客户端出现〈Server〉标识后，PC 客户端已成功登录到 Telnet 服务器上，依据登录用户的用户角色所具有的权限对路由器进行相应的操作。

(2) 配置 Telnet 的密码认证访问

第 1 步：配置 H3C 路由器。

```
<H3C>system-view
[H3C]sysname Server
[Server]telnet server enable
[Server]interface GigabitEthernet 0/0
[Server-GigabitEthernet0/0]ip address 192.168.10.254 24
[Server]line vty 0 63
[Server-line-vty0-63]authentication-mode password         //设置密码认证模式
[Server-line-vty0-63]set authentication password simple 123456    //设置验证密码
[Server-line-vty0-63]user-role network-admin
```

第 2 步：通过 PC 上的 Telnet 客户端访问 H3C 路由器。

```
C:\Users\Chen>telnet 192.168.10.254
******************************************************************
Copyright (c) 2004-2014 Hangzhou H3C Tech. Co.,Ltd. All rights reserved.
Without the owner's prior written consent
```

no decompiling or reverse-engineering shall be allowed.
* *
Password：* * * * * ....//仅需要输入密码
〈Server〉

当客户端出现〈Server〉标识后，PC 客户端已成功登录到 Telnet 服务器上，依据登录用户的用户角色所具有的权限对路由器进行相应的操作。

（3）配置 Telnet 的无认证访问

第 1 步：配置 H3C 路由器。

〈H3C〉system-view
[H3C]sysname Server
[Server]telnet server enable
[Server]interface GigabitEthernet 0/0
[Server-GigabitEthernet0/0]ip address 192.168.10.254 24
[Server]line vty 0 63
[Server-line-vty0-63]authentication-mode none..//设置无认证模式
[Server-line-vty0-63]user-role network-admin

第 2 步：通过 PC 上的 Telnet 客户端访问 H3C 路由器。

C:\Users\Chen〉telnet 192.168.10.254
* *
Copyright (c) 2004-2014 Hangzhou H3C Tech. Co.,Ltd. All rights reserved.
Without the owner's prior written consent
no decompiling or reverse-engineering shall be allowed.
* *
〈Server〉..//不需要输入任何认证信息即可登录

当客户端出现〈Server〉标识后，PC 客户端已成功登录到 Telnet 服务器上，依据登录用户的用户角色所具有的权限对路由器进行相应的操作。

5.1.3 任务描述

3A 网络技术有限公司承建的高校校园网工程已经接近尾声，但根据网络需求，网络中的任何设备都要具有远程访问的功能，以方便网络管理员进行远程登录访问，解决网络问题。

5.1.4 任务分析

为了实现远程登录网络设备，需要将网络设备开启 Telnet 服务器功能，并且为了保证网络安全，必须配置一定的 Telnet 验证信息，包括用户名、口令等。

5.1.5 任务实施

① 规划 Telnet 认证模式，进而规划用户名和密码等参数。
② 在网络设备上开启 Telnet 服务器功能，根据规划进行 Telnet 服务器参数配置。
③ 在远程主机上开启 Telnet 客户端功能，进行登录测试。

④ 登录设备，进行操作权限验证。

5.1.6 课后习题

1. Telnet 服务的端口号是（　　）。
   A. TCP 22　　　　B. TCP 23　　　　C. UDP 53　　　　D. UDP 69
2. Telnet 采用（　　）工作模式。
   A. 客户端/服务器　　B. 对等网络　　C. 浏览器/服务器　　D. 以上都不是
3. Telnet 登录的认证方式有（　　）。
   A. 无认证　　　　　　　　　　　　　B. 密码认证
   C. 用户名＋密码认证　　　　　　　　D. 以上都对
4. 若设置 Telnet 的登录认证方式是用户名＋密码，则下列（　　）是正确的配置命令。
   A. ［H3C-line-vty0-63］authentication-mode none
   B. ［H3C-line-vty0-63］authentication-mode password
   C. ［H3C-line-vty0-63］authentication-mode scheme
   D. 以上都不对
5. 用户角色中，（　　）的用户权限最高。
   A. network-admin　　　　　　　　　B. network-operator
   C. level 0　　　　　　　　　　　　D. level 1

记一记：

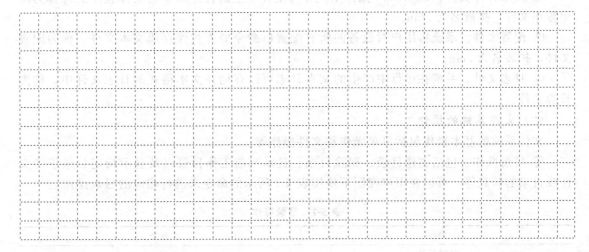

任务 5.2　网络设备文件管理

网络设备在启动和运行的过程中会需要和产生一些基本的程序和数据，这些数据都是以文件的形式保存在设备中的，如操作系统文件、配置文件和日志文件等。为了对设备的文件进行有效的操作和管理，本任务将介绍 H3C 网络设备文件系统的基本操作、配置文件的管理维护以及操作系统软件的升级。

需解决问题

1. 了解 H3C 网络设备文件系统的作用与操作方法。
2. 掌握配置文件保存、擦除、备份与恢复的操作方法。
3. 掌握网络设备软件的升级等操作方法。
4. 掌握用 FTP 传输系统文件的方法。

5.2.1 任务目标

3A 网络技术有限公司所承建的高校校园网络工程已经接近尾声,但根据网络需求,网络中设备能够根据需要随时进行系统文件的版本升级、日志文件的查看与下载、配置文件的保存与更新等操作,3A 网络技术有限公司的技术人员需要为实现上述功能完成设备的最后配置。

5.2.2 技术准备

5.2.2.1 理论知识

(1) 文件系统概述

网络设备在启动和运行的过程中会需要和产生一些基本的程序和数据,这些程序和数据都是以文件的形式保存在设备中的。网络设备通过文件系统对这些文件进行管理和控制,在网络设备文件系统中主要保存的文件类型包括以下内容。

① 应用程序文件。Comware 操作系统在特定设备上的特定版本的实体程序文件称为应用程序文件,扩展名为 .bin。

② 配置文件。系统将用户对设备的所有配置以命令的方式保存成文本文件,称为配置文件,扩展名为 .cfg。

③ 日志文件。系统在运行中产生的文本日志可以存储在文本格式的日志文件中,称为日志文件。

(2) 文件系统的操作

文件系统的基本操作包括目录操作和文件操作等。

① 目录操作。包括创建目录、删除目录、显示当前工作目录以及显示指定目录下的文件或目录的信息等。可以在用户视图下使用表 5-1 所示的命令来进行相应的目录操作。

表 5-1 目录操作

操作	命令
创建目录	mkdir *directory*
删除目录	rmdir *directory*
显示当前的工作路径	pwd
显示目录或文件信息	dir[/all][*file-url*]
改变当前目录	cd *directory*

② 文件操作。包括删除文件、恢复删除的文件、彻底删除文件、显示文件的内容、重命名文件、复制文件、移动文件、显示指定的文件的信息等。可以使用表 5-2 所示的命令来进行相应的文件操作。

表 5-2 文件操作

操作	命令
删除文件	delete[/unreserved] file-url
恢复删除文件	undelete file-url
彻底删除回收站中的文件	reset recycle-bin[file-url][/force]
显示文件的内容	more file-url
重命名文件	rename fileurl-source fileurl-dest
复制文件	copy fileurl-source fileurl-dest
移动文件	move fileurl-source fileurl-dest
显示目录或文件信息	dir[/all][file-url]
执行批处理文件	execute filename

默认情况下，对于有可能导致数据丢失的命令，比如删除文件、覆盖文件等命令，文件系统将提示用户进行确认。

(3) FTP 技术概述

文件传输协议（File Transfer Protocol，FTP）是在网络中进行上传、下载和传输文件的应用层协议。FTP 使用 TCP 协议，使用端口 20 和 21 进行连接。其中，端口 20 用于数据连接，端口 21 用于控制连接。TCP 协议采用客户端/服务器模式，能够在客户端和远程服务器端之间进行可靠的数据传输。

① FTP 概述。FTP 用于在远端服务器和本地主机之间传输文件，是 IP 网络上传输文件的通用协议。FTP 承载在 TCP 协议之上，采用客户机/服务器的设计模式工作。FTP 支持对登录服务器的用户名和口令进行验证，可以提供交互式的文件访问，允许客户指定文件的传输类型，并且可以设定文件的存取权限等。

FTP 的文件传输过程采用双 TCP 连接方式，分别是控制连接和数据连接，如图 5-3 所示。

FTP 控制连接使用 TCP 端口号 21，负责 FTP 客户端和 FTP 服务器之间交互 FTP 控制命令与命令执行的应答信息，在整个 FTP 会话过程中一直保持打开；而 FTP 数据连接使用 TCP 端口号 20，

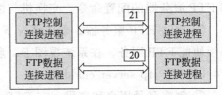

图 5-3 FTP 进程连接

负责在 FTP 客户端和 FTP 服务器之间进行文件与文件列表的传输，仅在需要传输数据的时候建立数据连接，数据传输完毕后终止。

② FTP 文件传输模式。FTP 使用两种文件传输模式：ASCII 码模式和二进制模式。

ASCII 码模式：用于传输文本格式的文件，如后缀名为 .txt、.bat 和 .cfg 的文件。发送方把本地文件转换成标准的 ASCII 码，然后在网络中传输；接收方收到文件后，根据自己的文件存储表达方式把它转换成本地文件。

二进制模式：也称为图像文件传输模式，用于传输程序文件，如后缀名为 .bin 和 .btm 的文件。发送方不作任何转换，把文件按照比特流的方式进行传输。

在 H3C 设备上默认以 ASCII 码模式传输文件。

③ FTP 数据传输方式。FTP 数据传输方式分为主动方式和被动方式。

a. FTP 主动方式也称为 PORT 方式。

主动方式控制连接建立过程如下：FTP 服务器以被动方式打开端 21 启动监听，等待

FTP 客户端连接；FTP 客户端采用临时端口主动发起控制连接的建立请求，建立连接；FTP 客户端控制连接的临时端口与服务器 21 号端口之间的控制连接建立完毕。

主动方式数据连接建立过程如下：FTP 客户端发起建立数据连接的命令；FTP 客户端为该数据连接选择一个临时端口号，并使用 PORT 命令通过控制连接把端口号发送给 FTP 服务器；FTP 服务器通过控制连接的接收端口号，向 FTP 客户端发布一个数据连接；FTP 客户端数据连接的临时端口与服务器的 20 号端口之间的数据连接建立完毕。

b. FTP 被动方式也称为 PASV 方式。

被动方式控制连接建立过程如下：FTP 服务器以被动方式打开端口 21 启动监听，等待连接；FTP 客户端主动发起控制连接的建立请求，建立连接；FTP 客户端控制连接的临时端口与 FTP 服务器 21 号端口之间的控制连接建立完毕。

被动方式数据连接建立过程如下：FTP 客户端发起建立数据连接的命令，发送给 FTP 服务器一个命令字 PASV，向服务器请求端口号；FTP 服务器为该数据连接选择一个临时端口号，并且通过控制连接把端口号发送给 FTP 客户端；FTP 客户端通过控制连接向 FTP 服务器发布一个数据连接；FTP 客户端数据连接的临时端口与 FTP 服务器的用户数据连接的临时端口之间的数据连接建立完毕。

在 H3C 设备上，FTP 数据传输默认采用被动方式。

（4）配置 FTP

FTP 采用客户端/服务器模式工作，在配置 FTP 时也包含了服务器端配置与客户端配置两个方面。

1）FTP 服务器端配置

在交换机和路由器等网络设备上都可以配置 FTP 服务器，这里以 H3C 路由器为例，讲解 FTP 服务器的配置命令，交换机与之相似。

① 启动 FTP 服务器。默认情况下，网络设备的 FTP 服务器功能处于关闭状态，所以必须使能 FTP 服务。在系统视图下，启动 FTP 服务器。

[H3C] ftp server enable

② 创建登录用户和密码。在 FTP 服务中，服务器会对登录的用户进行身份识别，判定该用户是否可以访问服务器，以及用户访问服务器后的用户权限等。这些都需要在服务器的本地用户数据库中进行配置。

在系统视图下，创建本地用户，进入到本地用户视图。

[H3C] local-user *user-name* class {manage | network}

在 FTP 服务中，选择 manage 类型。

在本地用户视图下，设置当前本地用户密码。

[H3C-luser-abc] password {hash | simple} *password*

在本地用户视图下，设置本地用户的权限级别。

[H3C-luser-abc] authorization-attribute user-role *role-name*

在本地用户视图下，设置服务。

[H3C-luser-abc] service-type {ftp | ssh | telnet | terminal}

默认情况下，FTP 用户的权限级别是 0。针对不同的用户设置不同的用户权限，实现不同的操作。

2) FTP 客户端配置

PC 和网络设备都可以作为 FTP 客户端，建立与远程 FTP 服务器的连接，访问远程 FTP 服务器上的文件。

① 登录 FTP 服务器。在网络设备的用户视图或是 PC 的命令窗口访问 FTP 服务器。

〈H3C〉ftp *ftp-server*

或是 C：\Users\Administrator〉ftp *ftp-server*

参数 *ftp-server* 是远程 FTP 服务器的 IP 地址。只要客户端与服务器端 IP 网络互通即可。

② 下载文件。在提示符"ftp〉"下将 FTP 服务器上的文件下载到本地。

ftp〉get *remotefile* [*localfile*]

参数 *remotefile* 代表远程服务器上将要被下载的文件名，*localfile* 代表下载到本地后的文件名，*localfile* 参数可以没有，那么下载文件就将保留源文件名。

③ 上传文件。在提示符"ftp〉"下将本地文件上传到远程的 FTP 服务器上。

ftp〉put *localfile* [*remotefile*]

将本地文件 *localfile* 上传到远程服务器，并改名为 *remotefile*，如果参数 *remotefile* 缺省，则代表保持源文件名称不变。

④ 断开连接。断开本地客户端与远程 FTP 服务器的连接。

ftp〉bye

通过 FTP 服务，可以根据需要将某些网络设备的配置文件以及应用程序文件进行上传与下载，并通过相应的命令实现设备配置文件的更新以及系统应用程序的升级等操作。

5.2.2.2 实践技能

(1) 文件系统的管理操作

H3C 设备在运行过程中所需要的文件主要包括 Comware 软件、配置文件、日志文件等，它们保存在设备的存储设备中，为了方便用户对存储设备进行有效的管理，设备以文件系统的方式对这些文件进行管理，主要包括目录管理、文件管理、存储设备管理等。作为网络技术人员，要求能够熟练掌握如下的文件系统的基本管理操作。

第 1 步：目录操作。

目录操作包括创建目录、删除目录、显示当前的工作路径以及显示指定目录或文件信息等。

```
〈H3C〉dir ........................................................//显示当前目录下所有可见文件及文件夹的信息
Directory of flash：
   0 rw-      253    Aug 17 2017 02：11：21   ifindex.dat
   1 rw-    43136    Aug 17 2017 00：07：58   licbackup
   2 rw-    43136    Aug 17 2017 00：07：58   licnormal
   3 rw-        0    Aug 17 2017 00：07：58   msr36-cmw710-boot-a5901.bin
   4 rw-        0    Aug 17 2017 00：07：58   msr36-cmw710-system-a5901.bin
   5 drw-       -    Aug 17 2017 00：07：58   seclog
   6 rw-     2078    Aug 17 2017 02：11：21   startup.cfg
   7 rw-     4849    Aug 17 2017 02：11：21   startup.mdb

1046512 KB total (1046368 KB free)
```

dir 命令显示出的第一列为编号；第二列为属性，drw-为目录，-rw-为可读写文件；第三列为文件大小。后面分别是日期、时间以及文件或目录名。

```
<H3C>dir /all                                           //显示当前目录下所有的文件及子文件夹信息
Directory of flash:
   0 rw-    253        Aug 17 2017 02:11:21   ifindex.dat
   1 rw-    43136      Aug 17 2017 00:07:58   licbackup
   2 rw-    43136      Aug 17 2017 00:07:58   licnormal
   3 rw-    0          Aug 17 2017 00:07:58   msr36-cmw710-boot-a5901.bin
   4 rw-    0          Aug 17 2017 00:07:58   msr36-cmw710-system-a5901.bin
   5 drw-   -          Aug 17 2017 00:07:58   seclog
   6 rw-    2078       Aug 17 2017 02:11:21   startup.cfg
   7 rw-    34849      Aug 17 2017 02:11:21   startup.mdb
   8 rwh    18         Aug 17 2017 02:12:06   .privatedata.main

1046512 KB total (1046368 KB free)
```

dir /all 命令显示当前目录下所有的文件及子文件夹信息，显示内容包括隐藏文件、隐藏子文件夹以及回收站中的原属于该目录下的文件的信息。

```
<H3C>mkdir test                                        //在当前路径下创建目录 test
Creating directory flash:/test... Done.
<H3C>rmdir test2                                       //移除当前路径下的 test2 目录
Remove directory flash:/test/test2 and the files in the recycle-bin under this directory will be deleted permanently. Continue?[Y/N]:y
Removing directory flash:/test/test2... Done.
<H3C>pwd                                               //显示当前工作路径
flash:/test
<H3C>pwd
flash:/test
<H3C>cd test2                                          //改变当前工作路径
<H3C>pwd
flash:/test/test2
<H3C>pwd
flash:/test
<H3C>cd ..                                             //返回上一级目录
<H3C>pwd
flash:
```

当移除目录时必须保证目录为空，才能正常移除，否则不能移除。移除目录操作必须在上一路径下操作，并且系统会提示是否确定执行删除操作。

第 2 步：文件操作。

文件操作包括显示指定目录或文件信息、显示文件的内容、重命名文件、拷贝文件、移动文件、删除文件、恢复删除的文件、彻底删除文件。

```
<H3C>more startup.cfg                                              //显示文本文件内容
#
version 7.1.059,Alpha 7159
#
sysname H3C
#
system-working-mode standard
xbar load-single
password-recovery enable
lpu-type f-series
#
----More----
<H3C>rename startup.cfg backup.cfg                        //重命名 startup.cfg 为 backup.cfg
Rename flash:/startup.cfg as flash:/backup.cfg? [Y/N]:y
Renaming flash:/startup.cfg as flash:/backup.cfg... Done.
<H3C>copy startup.cfg test/
                                              //复制 flash:/startup.cfg 到 flash:/test/startup.cfg
Copy flash:/startup.cfg to flash:/test/startup.cfg? [Y/N]:y
Copying file flash:/startup.cfg to flash:/test/startup.cfg... Done.
<H3C>cd test
<H3C>dir
Directory of flash:/test
   0 -rw-        2078 Aug 17 2017 04:00:27   startup.cfg
<H3C>move flash:/startup.cfg flash:/test/startup.cfg
                                              //移动 flash:/startup.cfg 到 flash:/test/startup.cfg
Move flash:/startup.cfg to flash:/test/startup.cfg? [Y/N]:y
Moving file flash:/startup.cfg to flash:/test/startup.cfg... Done.
<H3C>delete flash:/test/startup.cfg
             //删除 flash:/test/startup.cfg 文件,被删除后被存放在回收站中,可以使用 undelete 命令恢复
Delete flash:/test/startup.cfg? [Y/N]:y
Deleting file flash:/test/startup.cfg... Done.
<H3C>dir
Directory of flash:/test
The directory is empty.
1046512 KB total (1046352 KB free)
<H3C>undelete flash:/test/startup.cfg                //恢复删除的 flash:/test/startup.cfg 文件
Undelete flash:/test/startup.cfg? [Y/N]:y
Undeleting file flash:/test/startup.cfg... Done.
<H3C>dir
Directory of flash:/test
   0 -rw-        2078 Aug 17 2017 04:00:27   startup.cfg
1046512 KB total (1046356 KB free)
<H3C>delete /unreserved flash:/startup.cfg                //彻底删除文件,不可恢复
The file cannot be restored. Delete flash:/startup.cfg? [Y/N]:y
Deleting the file permanently will take a long time. Please wait...
```

```
Deleting file flash:/startup.cfg... Done.
<H3C>reset recycle-bin                                //彻底删除当前目录下处于回收站中的文件
Clear flash:/test/startup.cfg?[Y/N]:y
Clearing file flash:/test/startup.cfg... Done.
```

第3步：存储设备操作。

存储设备的操作包括恢复存储设备的空间、格式化存储设备等。由于异常操作等原因，存储设备的某些空间可能不可用时，可以通过 fixdisk 命令来恢复存储设备的空间，也可用 format 命令进行存储设备的格式化。

```
<H3C>fixdisk flash:                                   //恢复存储设备 flash:的空间
Restoring flash:may take some time...
Restoring flash:... Done.
<H3C>format flash:........    //存储设备 flash:进行格式化,格式化后存储设备上内容消失,并且不可恢复
All data on flash:will be lost,continue?[Y/N]:y
Formatting flash:... Done.
<H3C>dir
Directory of flash:
The directory is empty.
1046512 KB total (1046508 KB free)
```

（2）通过配置 FTP 服务器升级路由器操作系统

某单位网络有一台路由器，由于操作系统软件版本老化，很多新的功能都不支持，作为网络管理员的你，为了满足网络需求，已经从设备厂家网站上下载该型号路由器最新的操作系统软件，以升级路由器的操作系统。

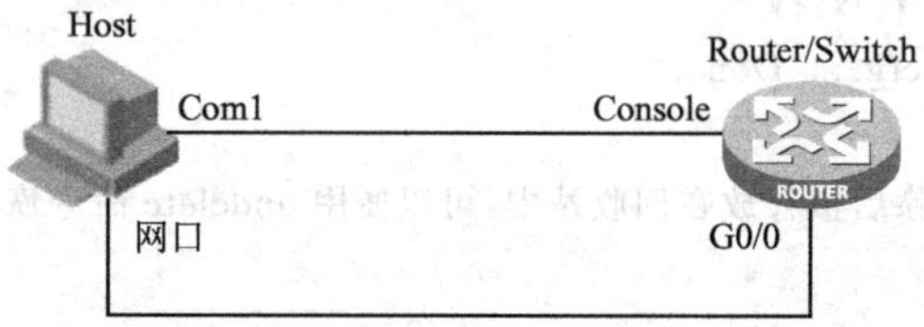

为了完成路由器的升级任务，管理员需要将下载的操作系统上传到路由器内，因此需要将路由器配置为 FTP 服务器，网络拓扑简化如图 5-4 所示。

图 5-4 网络拓扑简化图

具体操作如下。

第1步：配置路由器为 FTP 服务器。

配置命令如下：

```
<H3C>system-view
System View:return to User View with Ctrl+Z.
[H3C]ftp server enable                                //开启 FTP 服务功能
[H3C]interface GigabitEthernet 0/0
[H3C-GigabitEthernet0/0]ip address 192.168.1.254 24
                                                      //为该端口设置 IP 地址,用于 FTP 服务登录
[H3C-GigabitEthernet0/0]quit
[H3C]local-user ftp-server                            //创建本地用户 ftp-server
New local user added.
[H3C-luser-manage-ftp-server]password simple ftp-server    //认证密码为明文
[H3C-luser-manage-ftp-server]service-type ftp             //本用户的服务类型为 FTP
```

[H3C-luser-manage-ftp-server]authorization-attribute user-role network-admin
　　　　　　　　　　　　　　　　　　　　　　　　　　　　　　//用户级别为网络管理员,最高级别
[H3C-luser-manage-ftp-server]quit
[H3C]

第 2 步：使用 PC 通过 FTP 进行文件的上传及下载。

① 打开 PC，配置 PC 的 IP 地址为 192.168.1.1，子网掩码为 255.255.255.0。此处说明一下，PC 的 IP 地址不一定要和路由器的 IP 在一个网段，只需保证 PC 与路由器的连通性即可。

② 在 Windows 环境下运行 cmd，进入命令行视图，使用 Ping 命令测试 PC 到路由器的连通性。

③ 在 Windows 命令行视图下，使用 ftp 命令连接到 FTP 服务器。

```
C:\ocuments and Settings\Administrator>ftp 192.168.1.254           //访问 FTP 服务器
Press CTRL+C to abort.
Connected to 172.16.1.254 (172.16.1.254).
220 FTP service ready.
User (172.16.1.254:(none)):ftp-server                              //登录用户名
331 Password required for ftp.
Password:*******                                                   //登录密码输入
230 User logged in.                                                //表示用户已经成功登录 FTP 服务器
Remote system type is UNIX.
Using binary mode to transfer files.
ftp>
```

④ 使用 FTP 上传最新的操作系统文件。如果要通过命令行的方式向 H3C 设备上传文件，需要把准备上传的文件放置在当前账号的"我的文档"目录下，并使用 FTP 的 put 命令上传文件。

```
ftp>put MSR20-CMW520-R2207P45-SI.BIN                               //向服务器上传文件
200 Port command okay.
150 Opening BINARY mode data connection for/MSR20-CMW520-R2207P45-SI.BIN
226 Transfer complete.
ftp:发送 245555 字节,用时 4.6 秒,860 节/秒。
ftp>
```

⑤ 指定启动文件。登录路由器，在用户视图下通过命令指定上传的路由器最新版本操作系统软件为下次启动加载的应用程序文件。之后重新启动路由器，就完成路由器的操作系统的升级。

<H3C>boot-loader file MSR20-CMW520-R2207P45-SI.BIN

⑥ 退出 FTP 服务器。当 FTP 的用户退出 FTP 服务器时，在 Windows 的命令行视图下使用 bye 命令。

```
ftp>bye                                                            //退出 FTP 服务
211 server closing
C:\ocuments and Settings\Administrator>
```

5.2.3 任务描述

在组建校园网络的过程中,3A 网络技术有限公司现场技术人员已经完成了综合布线、设备安装以及设备配置等内容,现在学院网络管理人员为了保障后期网络维护,要求公司提供每台设备的配置文件的备份,以及核心设备应用程序文件的备份。

5.2.4 任务分析

为了实现配置文件以及应用程序文件的备份,一种行之有效的方法就是采用 FTP 技术来实现所需文件的上传与下载,因此需要技术人员具有网络设备文件系统的基本操作能力以及 FTP 服务配置能力。

5.2.5 任务实施

① 完成网络设备文件系统基本操作。
② 规划 FTP 服务相关参数,配置网络设备为 FTP 服务器。
③ 通过主机访问 FTP 服务器,进行文件上传与下载。
④ 完成网络设备配置文件更新与系统升级等操作。

5.2.6 课后习题

1. FTP 所使用的数据连接和控制连接端口号分别是（   ）。
   A. 23、24   B. 21、22   C. 20、21   D. 21、20
2. FTP 协议是基于（   ）的协议。
   A. UDP   B. TCP   C. IPX   D. SSH
3. 在 MSR 路由器上,如果想从 FTP Server 下载文件,应使用 FTP 命令中的（   ）命令。
   A. get   B. put   C. download   D. load
4. 互联网上文件传输的标准协议是（   ）。
   A. TFTP   B. SFTP   C. FTP   D. STFTP

记一记:

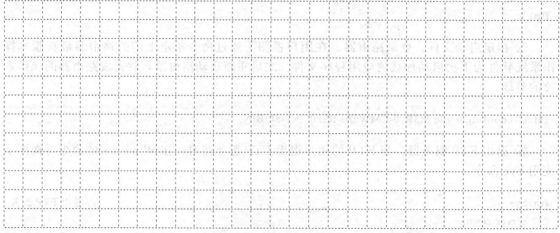

项目 6 综合实训项目

任务 6.1 项目背景

6.1.1 项目描述

某集团公司在国内建立了总部,后在欧洲地区建立了分部。总部设有研发、市场、供应链、售后等 4 个部门,统一进行 IP 及业务资源的规划和分配。

公司规模在 2016 年快速发展,业务数据量和公司访问量增长巨大。为了更好地管理数据,提供服务,集团决定建立自己的小型数据中心及云计算服务平台,以达到快速、可靠交换数据,以及增强业务部署弹性的目的。

6.1.2 网络拓扑

集团总部及欧洲地区分部的网络架设(实际设备)网络拓扑结构如图 6-1 所示。

其中两台 S5800 交换机编号为 S4、S5,用于服务器高速接入;两台 S3600V2 编号为 S2、S3,作为总部的核心交换机;两台 MSR2630 路由器编号为 R2、R3,作为总部的核心路由器;一台 S3600V2 编号为 S1,作为接入交换机;一台 MSR2630 路由器编号为 R1,作为分支机构路由器。

请根据网络拓扑结构图及物理连接表(见表 6-1)完成设备的连线。

6.1.3 服务规划

集团公司原有 2 台服务器,分别给 2 个不同业务部门使用,承载着 FTP、Web 等业务。公司在实施云计算后,将所有的物理服务器都改成虚拟机,以增强服务器的可靠性、可

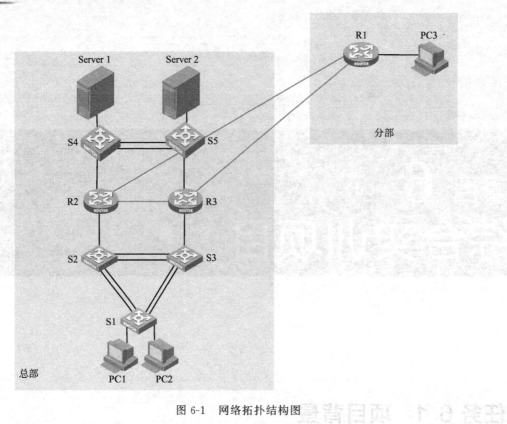

图 6-1　网络拓扑结构图

表 6-1　网络物理连接表

源设备名称	设备接口	目标设备名称	设备接口
S1	E1/0/1	PC1	
S1	E1/0/2	PC2	
S1	E1/0/17	S2	E1/0/19
S1	E1/0/18	S2	E1/0/20
S1	E1/0/19	S3	E1/0/19
S1	E1/0/20	S3	E1/0/20
S2	E1/0/21	S3	E1/0/21
S2	E1/0/22	S3	E1/0/22
S2	E1/0/23	R2	G0/0
S3	E1/0/23	R3	G0/0
R2	G0/1	S4	G1/0/24
R3	G0/1	S5	G1/0/24
S4	G1/0/21	S5	G1/0/21
S4	G1/0/22	S5	G1/0/22
S4	G1/0/1	Server 1	
S5	G1/0/1	Server 2	
R1	S2/0	R2	S2/0
R1	S3/0	R3	S2/0
R1	G0/0	PC3	
R2	S3/0	R3	S3/0

扩展性，并合理利用资源。

公司业务具体信息如表 6-2 所示。

表 6-2　公司业务具体信息

服务器名	业务部门	所属 VLAN	IPv4 地址	网关
Win-1	研发	VLAN 11	100.10.11.200/24	100.10.11.254
Win-2	市场	VLAN 21	100.10.21.200/24	100.10.21.254

服务器具体信息如表 6-3 所示。

表 6-3　服务器具体信息

服务器名	内存	磁盘容量	操作系统	业务
Win-1	2048MB	60GB	Windows Server 2008 r2	FTP
Win-2	2048MB	40GB	Windows Server 2008 r2	Web

任务 6.2　云计算网络构建

根据项目需求，构建如下云计算网络。

6.2.1　PPP 部署

总部路由器与分部路由器间属于广域网链路。需要使用 PPP 进行安全保护。
PPP 的具体要求如下：
- 使用 CHAP 协议；
- 双向认证，用户名＋验证口令方式；
- 用户名和密码均为 123456。

6.2.2　链路聚合

总部核心交换机 S2、S3 与接入交换机 S1 间使用链路聚合来增加链路带宽并增强可靠性。具体要求如下：
- 使用动态聚合模式；
- 聚合组内配置聚合负载分担类型，根据源 IP 地址与目的 IP 地址进行聚合负载分担。

6.2.3　虚拟局域网

为了减少广播，需要规划并配置 VLAN。具体要求如下：
- 配置合理，链路上不允许不必要的数据流通过。
- 交换机与路由器间的互联物理端口、S2 和 S3 间的 E1/0/22 端口、S4 和 S5 间的 G1/0/22 端口直接使用三层模式互联。
- 规划 S4 和 S5 交换机的 G1/0/1 至 G1/0/16 端口为连接服务器的端口；S2 和 S3 间的 E1/0/21 端口、S4 和 S5 间的 G1/0/21 端口为 Trunk 类型。
- 物理服务器管理端口属于 VLAN 101。

根据表 6-4，在交换机上完成 VLAN 配置和端口分配。

表 6-4　VLAN 分配表

设备	VLAN 编号	VLAN 名称	端口	说明
S1	VLAN 11	RD	E1/0/1 至 E1/0/4	研发
	VLAN 21	Sales	E1/0/5 至 E1/0/8	市场
	VLAN 31	Supply	E1/0/9 至 E1/0/12	供应链
	VLAN 41	Service	E1/0/13 至 E1/0/16	售后

6.2.4　IPv4 地址部署

根据表 6-5，为网络设备分配 IPv4 地址。

表 6-5　IPv4 地址分配表

设备	接口	IPv4 地址
S2	VLAN 11	200.20.11.252/24
	VLAN 21	200.20.21.252/24
	VLAN 31	200.20.31.252/24
	VLAN 41	200.20.41.252/24
	E1/0/22	11.0.0.1/30
	E1/0/23	11.0.0.5/30
	LoopBack 0	9.9.9.202/32
S3	VLAN 11	200.20.11.253/24
	VLAN 21	200.20.21.253/24
	VLAN 31	200.20.31.253/24
	VLAN 41	200.20.41.253/24
	E1/0/22	11.0.0.2/30
	E1/0/23	11.0.0.9/30
	LoopBack 0	9.9.9.203/32
S4	VLAN 11	100.10.11.252/24
	VLAN 21	100.10.21.252/24
	VLAN 31	100.10.31.252/24
	VLAN 41	100.10.41.252/24
	VLAN 101	100.10.0.252/24
	G1/0/22	11.0.0.33/30
	G1/0/24	11.0.0.26/30
	LoopBack 0	9.9.9.204/32
S5	VLAN 11	100.10.11.253/24
	VLAN 21	100.10.21.253/24
	VLAN 31	100.10.31.253/24
	VLAN 41	100.10.41.253/24
	VLAN 101	100.10.0.253/24
	G1/0/22	11.0.0.34/30
	G1/0/24	11.0.0.30/30
	LoopBack 0	9.9.9.205/32

续表

设备	接口	IPv4 地址
R1	S2/0	11.0.0.13/30
	S3/0	11.0.0.17/30
	G0/0	100.10.50.254/24
	LoopBack 0	9.9.9.1/32
R2	G0/0	11.0.0.6/30
	G0/1	11.0.0.25/30
	S2/0	11.0.0.14/30
	S3/0	11.0.0.21/30
	LoopBack 0	9.9.9.2/32
R3	G0/0	11.0.0.10/30
	G0/1	11.0.0.29/30
	S2/0	11.0.0.18/30
	S3/0	11.0.0.22/30
	LoopBack 0	9.9.9.3/32

6.2.5 IPv4 IGP 路由部署

总部的 S2、S3、R2、R3 使用 RIP 协议；S4、S5、R2、R3 使用 OSPF 协议。具体要求如下：

- R2、R3 是边界路由器，且其互联接口属于 OSPF 区域；
- RIP 进程号为 1，版本号为 RIP-2，取消自动聚合；
- OSPF 进程号为 10，区域 0；
- 要求业务网段中不出现协议报文；
- 要求所有路由协议都发布具体网段；
- 为了管理方便，需要发布 Loopback 地址，并尽量在 OSPF 域中发布；
- 优化 OSPF 相关配置，以尽量加快 OSPF 收敛；
- 不允许发布缺省路由，也不允许使用静态路由。

6.2.6 IPv4 BGP 路由部署

总部与分部间使用 BGP 协议。具体要求如下：

- 分部为 AS200，总部为 AS100；
- 总部内 R2、R3 需要建立 IBGP 连接；
- 分部的所有路由必须通过 network 命令来发布，总部路由通过引入方式来发布；
- 分部向总部发布缺省路由；
- 要求全网路由互通。

6.2.7 路由优化部署

考虑路由协议众多，且有引入路由的行为，为了防止本路由域内始发路由被再引回到本路由域，从而造成环路，规划在路由引入时使用 Route-Policy 来进行过滤。具体要求如下：

- 采用给路由打标签的方式来实现；
- OSPF 路由标签值为 10，BGP 路由标签值为 100，RIP 标签值为 50；
- 要求配置简单，实现合理。

同时，需要考虑通过合理配置从而杜绝次优路径的产生（提示：可通过配置不同路由协议的优先级值来实现）。

6.2.8 PBR

考虑分部到总部间有 2 条广域网线路，为合理利用带宽，规划从分部去往总部的 FTP 数据通过 R1-R2 的线路转发，从分部去往总部的 Web 数据通过 R1-R3 的线路转发。为达到上述目的，采用 PBR 来实现。具体要求如下：

- 分部去往总部的 FTP 数据由 ACL 3001 来定义；
- 分部去往总部的 Web 数据由 ACL 3002 来定义。

6.2.9 MSTP 及 VRRP 部署

在总部交换机 S2、S3 上配置 MSTP 防止二层环路；要求 VLAN 11 和 VLAN 21 的数据流经过 S2 转发，S2 失效时经过 S3 转发；VLAN 31 和 VLAN 41 的数据流经过 S3 转发，S3 失效时经过 S2 转发。所配置的参数要求如下：

- region-name 为 H3C。
- 实例 1 对应 VLAN 11 和 VLAN 21，实例 2 对应 VLAN 31 和 VLAN 41。
- S2 作为实例 1 中的主根，实例 2 中的从根；S3 作为实例 2 中的主根，实例 1 中的从根。

在 S2 和 S3 上配置 VRRP，实现主机的网关冗余。所配置的参数要求如表 6-6 所示。

表 6-6 VRRP 参数表（1）

VLAN	VRRP 备份组号(VRID)	VRRP 虚拟 IP
VLAN 11	10	200.20.11.254
VLAN 21	20	200.20.21.254
VLAN 31	30	200.20.31.254
VLAN 41	40	200.20.41.254

- S2 作为 VLAN 11 和 VLAN 21 内主机的实际网关，S3 作为 VLAN 31 和 VLAN 41 内主机的实际网关，且互为备份；其中各 VRRP 组中高优先级设置为 150，低优先级设置为 110。

在 S4 和 S5 上配置 VRRP，实现主机的网关冗余。所配置的参数要求如表 6-7 所示。

表 6-7 VRRP 参数表（2）

VLAN	VRRP 备份组号(VRID)	VRRP 虚拟 IP
VLAN 11	10	100.10.11.254
VLAN 21	20	100.10.21.254
VLAN 31	30	100.10.31.254
VLAN 41	40	100.10.41.254
VLAN 101	50	100.10.0.254

- S4 作为 VLAN 11、VLAN 21 和 VLAN 101 内主机的实际网关，S5 作为 VLAN 31 和 VLAN 41 内主机的实际网关，且互为备份；其中各 VRRP 组中高优先级设置为 150，低优先级设置为 110。

6.2.10 QoS 部署

因总部与分部间的广域网带宽有限，为了保证关键的应用，需要在设备上配置 QoS，使分部与总部 DNS 服务器（100.10.31.200）间的 DNS 数据流能够被加速转发（EF），最大带宽为链路带宽的 10%。所配置的参数要求如下：
- ACL 编号为 3030（匹配 DNS 数据流）；
- classifier 名称为 DNS；
- behavior 名称为 DNS；
- QoS 策略名称为 DNS。

6.2.11 设备与网络管理部署

根据表 6-8，为网络设备配置主机名。

表 6-8 网络设备名称表

拓扑图中设备名称	配置主机名(Sysname 名)	说明
S1	S1	总部接入交换机
S2	S2	总部核心交换机 1
S3	S3	总部核心交换机 2
S4	S4	总部数据中心交换机 1
S5	S5	总部数据中心交换机 2
R1	R1	分部路由器
R2	R2	总部路由器 1
R3	R3	总部路由器 2

- 为路由器开启 SSH（STelnet）服务端功能，对 SSH 用户采用 Password 认证方式，用户名和密码为 admin，密码为明文类型，用户角色为 network-admin。
- 为交换机开启 Telnet 功能，对所有 Telnet 用户采用本地认证的方式。创建本地用户，设定用户名和密码为 admin 的用户有 3 级命令权限，用户名和密码为 000000 的用户有 1 级命令权限。密码为明文类型。
- 为路由器开启简单网络管理协议（SNMP）。要求网管服务器只能通过 SNMPv3 访问设备，且用户只能读写节点 SNMP 下的对象；mib 对象名、SNMP 组名和用户名都为 2016，认证算法为 md5，加密算法为 3des，认证密码和加密密码都是明文方式，密码是 123456。

参 考 文 献

[1] 杭州华三通信技术有限公司. 路由交换技术第1卷 [M]. 上册. 北京：清华大学出版社，2011.
[2] 杭州华三通信技术有限公司. 路由交换技术第1卷 [M]. 下册. 北京：清华大学出版社，2011.
[3] 李亚方. 网络设备配置与维护项目化教程 [M]. 北京：北京理工大学出版社，2018.
[4] 张国清，孙丽萍，崔升广. 网络设备配置与调试项目实训 [M]. 北京：电子工业出版社，2013.
[5] 桑世庆，卢晓慧. 交换机/路由器配置与管理 [M]. 北京：人民邮电出版社，2011.
[6] 刘敬贤，高静，周建坤. 网络设备配置项目教程 [M]. 北京：清华大学出版社，2016.
[7] 张建辉，尹光成. 基于工作过程的中小企业网络组建 [M]. 北京：清华大学出版社，2016.
[8] 汪双顶，武春岭. 基于工作过程的中小企业网络组建 [M]. 北京：清华大学出版社，2016.